GO MATH!

¡VIVAN LAS MATEMÁTICAS!

Volumen 1

Hecho en los Estados Unidos
Impreso en papel reciclado

Houghton Mifflin Harcourt

GO MATH!

¡VIVAN LAS MATEMÁTICAS!

Printed in the U.S.A.

ISBN 978-0-544-67821-7

1 2 3 4 5 6 7 8 9 10 0868 24 23 22 21 20 19 18 17 16 15

4500534467 ^ B C D E F G

Estimados estudiantes y familiares:

Bienvenidos a **Go Math! ¡Vivan las Matemáticas!** para 6.° grado. En este interesante programa de matemáticas encontrarán actividades prácticas y problemas del mundo real que tendrán que resolver. Y lo mejor de todo es que podrán escribir sus ideas y sus respuestas directamente en el libro. Escribir y dibujar en las páginas de **Go Math! ¡Vivan las Matemáticas!** les ayudará a percibir de manera detallada lo que están aprendiendo y ¡entenderán muy bien las matemáticas!

A propósito, todas las páginas de este libro están impresas en papel reciclado. Queremos que sepan que al participar en el programa **Go Math! ¡Vivan las Matemáticas!**, están ayudando a proteger el medio ambiente.

Atentamente,

Los autores

Hecho en los Estados Unidos
Impreso en papel reciclado

GO MATH!
¡VIVAN LAS MATEMÁTICAS!

Autores

Juli K. Dixon, Ph.D.
Professor, Mathematics Education
University of Central Florida
Orlando, Florida

Edward B. Burger, Ph.D.
President, Southwestern University
Georgetown, Texas

Steven J. Leinwand
Principal Research Analyst
American Institutes for Research (AIR)
Washington, D.C.

Matthew R. Larson, Ph.D.
K-12 Curriculum Specialist for Mathematics
Lincoln Public Schools
Lincoln, Nebraska

Martha E. Sandoval-Martinez
Math Instructor
El Camino College
Torrance, California

Contributor

Rena Petrello
Professor, Mathematics
Moorpark College
Moorpark, CA

English Language Learners Consultant

Elizabeth Jiménez
CEO, GEMAS Consulting
Professional Expert on English Learner Education
Bilingual Education and Dual Language
Pomona, California

VOLUMEN 1

El sistema numérico

Estándares comunes **Área de atención** Completar la comprensión de la división de fracciones y ampliar la noción de los números al sistema de los números racionales, lo cual incluye números negativos

1 Números enteros y números decimales 3

ÁREA El sistema numérico

ESTÁNDARES ESTATALES COMUNES 6.NS.B.2, 6.NS.B.3, 6.NS.B.4

2 Fracciones 67

ÁREA El sistema numérico

ESTÁNDARES ESTATALES COMUNES 6.NS.A.1, 6.NS.B.4, 6.NS.C.6c

Área de atención

APRENDE EN LÍNEA

¡Aprende en línea! Tus lecciones de matemáticas son interactivas. Usa *i*Tools, Modelos matemáticos animados y el Glosario multimedia.

Presentación del Capítulo 1

En este capítulo explorarás y descubrirás las respuestas a las siguientes **Preguntas esenciales:**

- ¿Cómo resuelves problemas del mundo real con números enteros y números decimales?
- ¿Cómo te ayuda la estimación a resolver problemas con números decimales y números enteros?
- ¿Cómo puedes usar el MCD y el m.c.m. para resolver problemas?

Presentación del Capítulo 2

En este capítulo explorarás y descubrirás las respuestas a las siguientes **Preguntas esenciales:**

- ¿Cómo puedes usar la relación entre la multiplicación y la división para dividir fracciones?
- ¿Qué es un número mixto?
- ¿Cómo puedes estimar los productos y los cocientes de las fracciones y los números mixtos?

Presentación del Capítulo 3

En este capítulo explorarás y descubrirás las respuestas a las siguientes **Preguntas esenciales:**

- ¿Cómo escribes, interpretas y usas los números racionales?
- ¿Cómo calculas el valor absoluto de un número?
- ¿Cómo representas gráficamente un par ordenado?

3 Números racionales 137

ÁREA El sistema numérico

ESTÁNDARES ESTATALES COMUNES 6.NS.C.5, 6.NS.C.6a, 6.NS.C.6b, 6.NS.C.6c, 6.NS.C.7a, 6.NS.C.7b, 6.NS.C.7c, 6.NS.C.7d, 6.NS.C.8

Razones y tazas

Estándares comunes **Área de atención** Conectar razón y tasa a la multiplicación y división de números enteros, y usar los conceptos de razón y tasa para resolver problemas

Área de atención

APRENDE EN LÍNEA

¡Aprende en línea! Tus lecciones de matemáticas son interactivas. Usa *i*Tools, Modelos matemáticos animados y el Glosario multimedia.

Presentación del Capítulo 4

En este capítulo explorarás y descubrirás las respuestas a las siguientes **Preguntas esenciales:**

- ¿Cómo puedes usar razones para expresar relaciones y resolver problemas?
- ¿Cómo puedes escribir una razón?
- ¿Qué son las razones equivalentes?
- ¿Cómo se relacionan las tasas con las razones?

Presentación del Capítulo 5

En este capítulo explorarás y descubrirás las respuestas a las siguientes **Preguntas esenciales:**

- ¿Cómo puedes usar el razonamiento proporcional para resolver problemas de porcentajes?
- ¿Cómo puedes escribir un porcentaje como una fracción?
- ¿Cómo puedes usar una razón para hallar el porcentaje de un número?

Entrenador personal en matemáticas
Evaluación e intervención en línea

Presentación del Capítulo 6

En este capítulo explorarás y descubrirás las respuestas a las siguientes **Preguntas esenciales:**

- ¿Cómo puedes usar las medidas para describir y comparar objetos?
- ¿Por qué necesitas convertir las unidades de medida?
- ¿Cómo puedes usar una razón para convertir unidades?
- ¿Cómo transformas unidades para resolver problemas?

Práctica y tarea

Repaso de la lección y Repaso en espiral en cada lección

6 Unidades de medida 313

ÁREA Razones y relaciones proporcionales

ESTÁNDARES ESTATALES COMUNES 6.RP.A.3d

VOLUMEN 2

Expresiones y ecuaciones

Estándares comunes **Área de atención** Escribir, interpretar y usar expresiones y ecuaciones

7 Álgebra: Expresiones 355

ÁREA Expresiones y ecuaciones

ESTÁNDARES ESTATALES COMUNES 6.EE.A.1, 6.EE.A.2a, 6.EE.A.2b, 6.EE.A.2c, 6.EE.A.3, 6.EE.A.4, 6.EE.B.6

© Houghton Mifflin Harcourt Publishing Company

Área de atención

APRENDE EN LÍNEA

¡Aprende en línea! Tus lecciones de matemáticas son interactivas. Usa *i*Tools, Modelos matemáticos animados y el Glosario multimedia.

Presentación del Capítulo 7

En este capítulo explorarás y descubrirás las respuestas a las siguientes **Preguntas esenciales:**

- ¿Cómo escribes, interpretas y usas expresiones algebraicas?
- ¿Cómo puedes usar expresiones para representar situaciones de la vida cotidiana?
- ¿Cómo usas el orden de las operaciones para evaluar expresiones?
- ¿Cómo puedes saber si dos expresiones son equivalentes?

Entrenador personal en matemáticas
Evaluación e intervención en línea

Presentación del Capítulo 8

En este capítulo explorarás y descubrirás las respuestas a las siguientes **Preguntas esenciales:**

- ¿Cómo puedes usar ecuaciones y desigualdades para representar situaciones y resolver problemas?
- ¿Cómo puedes usar las propiedades de la igualdad para resolver ecuaciones?
- ¿En qué se diferencian las desigualdades de las ecuaciones?
- ¿Por qué es útil usar el álgebra para describir situaciones?

Práctica y tarea

Repaso de la lección y Repaso en espiral en cada lección

Presentación del Capítulo 9

En este capítulo explorarás y descubrirás las respuestas a las siguientes **Preguntas esenciales:**

- ¿Cómo puedes mostrar las relaciones entre las variables?
- ¿Cómo puedes determinar qué ecuación representa la relación entre dos variables?
- ¿Cómo puedes usar tablas y gráficas para visualizar la relación entre dos variables?

8 Álgebra: Ecuaciones y desigualdades 419

ÁREA Expresiones y ecuaciones

ESTÁNDARES ESTATALES COMUNES 6.EE.B.5, 6.EE.B.7, 6.EE.B.8

9 Álgebra: Relaciones entre variables 489

ÁREA Álgebra: Relaciones entre variables

ESTÁNDARES ESTATALES COMUNES 6.EE.C.9

Geometría y estadística

Estándares comunes

Área de atención Resolver problemas matemáticos y del mundo real relacionados al área, el área total y el volumen; y desarrollar la comprensión del pensamiento estadístico

10 Área **531**

ÁREA Geometría

ESTÁNDARES ESTATALES COMUNES 6.G.A.1, 6.G.A.3

11 Área total y volumen **595**

ÁREA Geometría

ESTÁNDARES ESTATALES COMUNES 6.G.A.2, 6.G.A.4

Área de atención

APRENDE EN LÍNEA

¡Aprende en línea! Tus lecciones de matemáticas son interactivas. Usa *i*Tools, Modelos matemáticos animados y el Glosario multimedia.

Presentación del Capítulo 10

En este capítulo explorarás y descubrirás las respuestas a las siguientes **Preguntas esenciales:**

- ¿Cómo puedes usar las medidas para describir figuras bidimensionales?
- ¿Qué representa el área?
- ¿Cómo se relacionan las áreas de los rectángulos y los paralelogramos?
- ¿Cómo se relacionan las áreas de los triángulos y los trapecios?

Presentación del Capítulo 11

En este capítulo explorarás y descubrirás las respuestas a las siguientes **Preguntas esenciales:**

- ¿Cómo puedes usar las medidas para describir figuras tridimensionales?
- ¿Cómo puedes usar una plantilla para hallar el área total de una figura tridimensional?
- ¿Cómo puedes hallar el volumen de un prisma rectangular?

Presentación del Capítulo 12

En este capítulo explorarás y descubrirás las respuestas a las siguientes **Preguntas esenciales:**

- ¿Cómo puedes representar datos y analizar medidas de tendencia central?
- ¿Cuándo tiene sentido representar datos en un diagrama de puntos? ¿Y en un histograma?
- ¿Cuáles son las diferencias entre las tres medidas de tendencia central?

Práctica y tarea

Repaso de la lección y Repaso en espiral en cada lección

Presentación del Capítulo 13

En este capítulo explorarás y descubrirás las respuestas a las siguientes **Preguntas esenciales:**

- ¿Cómo puedes describir el patrón de un conjunto de datos usando gráficas, medidas de tendencia central y medidas de dispersión?
- ¿Cómo calculas las diferentes medidas de tendencia central?
- ¿Cómo calculas las diferentes medidas de dispersión?

12 Representaciones de datos y medidas de tendencia central 647

ÁREA Estadística y probabilidad

ESTÁNDARES ESTATALES COMUNES 6.SP.A.1, 6.SP.B.4, 6.SP.B.5a, 6.SP.B.5b, 6.SP.B.5c, 6.SP.B.5d

13 Dispersión y distribuciones de datos 705

ÁREA Estadística y probabilidad

ESTÁNDARES ESTATALES COMUNES 6.SP.A.2, 6.SP.A.3, 6.SP.B.4, 6.SP.B.5c, 6.SP.B.5d

Área de atención

El sistema numérico

Estándares comunes

ÁREA DE ATENCIÓN Completar la comprensión de la división de fracciones y ampliar la noción de los números al sistema de los números racionales, lo cual incluye números negativos

En el mundo **Proyecto**

Dulce éxito

Las empresas que venden productos alimenticios deben combinar ingredientes en las cantidades correctas. También deben determinar qué precio cobrarán por los productos que venden.

Para comenzar

ESCRIBE *Matemáticas*

Una empresa vende granola de manzanas y cerezas. Preparan grandes tandas de granola; cada tanda sirve para llenar 250 bolsas. Determina cuántas libras de cada ingrediente se deben usar para preparar una tanda de granola de manzanas y cerezas. Luego decide cuánto debería cobrar la empresa por cada bolsa de granola y explica cómo tomaste la decisión.

Datos importantes

Ingredientes para preparar granola de manzanas y cerezas (1 bolsa)

- $\frac{3}{4}$ de libra de manzanas secas
- $\frac{1}{2}$ de libra de cerezas secas
- $\frac{1}{4}$ de libra de nueces

Costo de los ingredientes

- manzanas secas: $2.80 por libra
- cerezas secas: $4.48 por libra
- nueces: $3.96 por libra

Completado por ______________________

Capítulo 1

Números enteros y números decimales

Muestra lo que sabes

Entrenador personal en matemáticas
Evaluación e intervención en línea

Comprueba si comprendes las destrezas importantes.

Nombre ____________________

Factores **Halla todos los factores del número.** (4.OA.B.4)

1. 16 ____________
2. 27 ____________
3. 30 ____________
4. 45 ____________

Redondear números decimales **Redondea al lugar del dígito subrayado.** (5.NBT.A.4)

5. $0.\underline{3}23$ ____________
6. $\underline{4}.096$ ____________
7. $1\underline{0}.67$ ____________
8. $5.2\underline{7}8$ ____________

Multiplicar números de 3 dígitos y de 4 dígitos **Multiplica.** (5.NBT.B.5)

9. $2{,}143 \times 6$ ____________
10. 375×8 ____________
11. $3{,}762 \times 7$ ____________
12. 603×9 ____________

Matemáticas En el mundo

Maxwell ahorró $18 para comprar un kit de huellas dactilares que cuesta $99. Gastó 0.25 de sus ahorros para comprar una lupa. Ayuda a Maxwell a calcular cuánto dinero más debe ahorrar para comprar el kit de huellas dactilares.

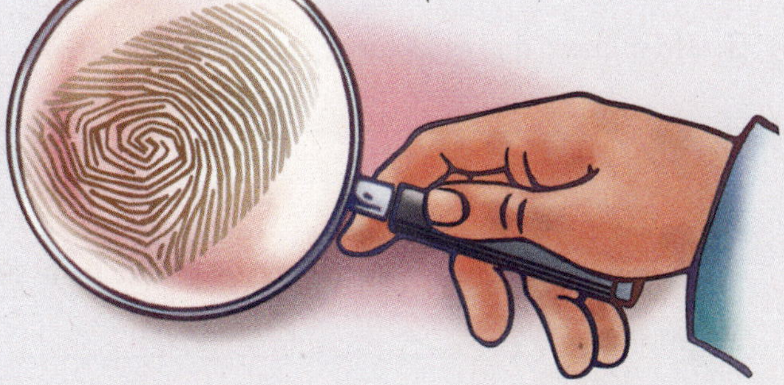

Desarrollo del vocabulario

Visualízalo

Completa el diagrama de flujo con las palabras marcadas con ✓.

Estimación

División →

______ 84.15	÷	______ 18.7	=	______ 4.5

______

80	÷	20	=	4

Palabras de repaso

- ✓ cociente
- ✓ dividendo
- divisible
- ✓ divisor
- factor
- número decimal
- número primo
- ✓ números compatibles

Palabras nuevas

- descomposición en factores primos
- factor común
- máximo común divisor
- mínimo común múltiplo

Comprende el vocabulario

Completa las oraciones con las palabras nuevas.

1. El número más pequeño que es múltiplo común de dos o más números es el ______.

2. El divisor más grande que tienen en común dos o más números es el ______.

3. Un número que es factor de dos o más números es un ______.

4. La expresión de un número como el producto de sus factores primos es la ______ del número.

APRENDE EN LÍNEA
- Libro interactivo del estudiante
- Glosario multimedia

Visita a Washington, D. C.

Para 2 a 4 jugadores

Materiales

- 3 de 1 color para cada jugador: fichas de juego rojas, azules, verdes y amarillas
- 1 cubo numerado

Instrucciones

1. Coloca tus 3 fichas de juego en el círculo de SALIDA del mismo color.
2. Para que salga una ficha de la SALIDA, debes sacar un 6.
   - Si sacas un 6, avanza 1 de tus fichas hasta el círculo del camino que tiene el mismo color. Si no sacas un 6, espera hasta el próximo turno.
3. Una vez que tengas una ficha en el camino, lanza el cubo numerado para jugar. Avanza la ficha ese número de espacios color café. Todas tus fichas deben estar en el camino.
4. Si caes en un espacio con una pregunta, respóndela. Si tu respuesta es correcta, avanza 1 espacio.
5. Para alcanzar la LLEGADA, debes mover tus fichas por el camino del mismo color que las fichas. Ganará la partida el primer jugador que alcance la LLEGADA con las tres fichas.

Recuadro de palabras

- descomposición en factores primos
- dividendo
- divisor
- factor
- factor común
- máximo común divisor (MCD)
- mínimo común múltiplo (m.c.m.)
- número primo

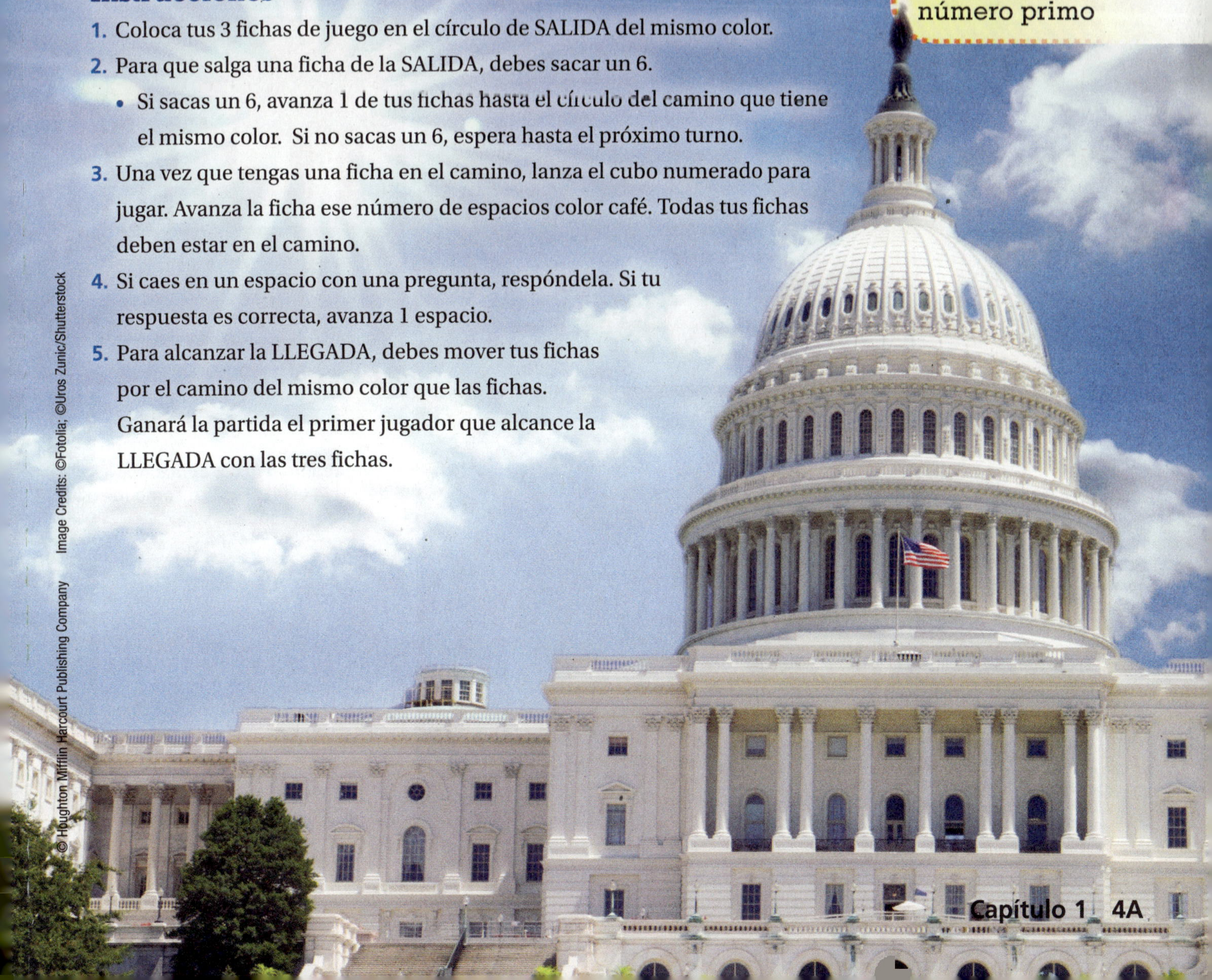

SALIDA

¿Cómo puedes usar una lista para hallar el mínimo común múltiplo de dos números?

Explica cómo usar la descomposición en factores primos para hallar el mínimo común múltiplo.

¿Cuántos factores tiene un número primo?

Nombra dos factores comunes de 32 y 40.

Explica dos maneras de hallar la descomposición en factores primos de 210.

¿Cuál es el máximo común divisor de 28 y 49?

LLEGADA

SALIDA

Verdadero o falso: El m.c.m. de 7 y 14 es 42. Explica cómo lo sabes.

¿Cómo puedes hallar los factores comunes de dos números?

SALIDA

Explica por qué una descomposición en factores primos puede usarse como código secreto.

$2 \times 2 \times 3 \times 5$ ¿De qué número es la descomposición en factores primos?

LLEGADA

¿Cuál es el mínimo común múltiplo de 4 y 10?

¿Cuál es el dividendo en $48 \div 8$?

¿Qué es un *mínimo común múltiplo*?

¿Qué es un *máximo común divisor*?

¿Por qué estimarías cuando un dividendo tiene un número decimal?

¿Cómo puedes convertir un divisor como 16.3 en un número entero?

SALIDA

Escríbelo

Reflexiona

Elige una idea. Escribe sobre ella.

- Explica cómo descomponer 140 en factores primos.
- Dos estudiantes hallaron el mínimo común múltiplo de 6 y 16. Explica cómo sabes cuál de las dos respuestas es correcta.
  Estudiante A: El m.c.m. de 6 y 16 es 96.
  Estudiante B: El m.c.m. de 6 y 16 es 48.
- Describe dos maneras de hallar el máximo común divisor de 36 y 42.
- Escribe y resuelve un problema en el que se use un número entero como divisor y un número decimal como dividendo.

Nombre ____________________

Dividir números de varios dígitos

Pregunta esencial ¿Cómo divides números de varios dígitos?

Estándares comunes **El sistema numérico— 6.NS.B.2**

PRÁCTICAS MATEMÁTICAS
MP1, MP2, MP6

Soluciona el problema — En el mundo

En las caricaturas, los cuadros parecen fundirse para formar una imagen en movimiento. Una caricatura que dura solo 92 segundos requiere 2,208 cuadros. ¿Cuántos cuadros ves por segundo cuando miras una caricatura?

Divide 2,208 ÷ 92.

Usa números compatibles para estimar. _____ ÷ _____ = _____

```
      2▢
 92)2,208     Divide las decenas.
   −1 84↓
      368     Divide las unidades.
    − ▢
      ▢
```

Compara tu estimación con el cociente. Puesto que la estimación, _____,

está cerca de _____, el resultado es razonable.

Entonces, ves _____ cuadros por segundo cuando miras una caricatura.

Ejemplo 1 Divide 12,749 ÷ 18.

Usa números compatibles para estimar. _____ ÷ _____ = _____

Idea matemática

Puedes escribir el residuo con una *r* adelante, como una parte fraccionaria del divisor o como un número decimal. Para 131 ÷ 5, el cociente se puede escribir como 26 r1, $26\frac{1}{5}$ o 26.2.

PASO 1 Divide.

```
       70▢ r5
 18)12,749
   −12 6↓
      14
     − 0↓
      149
     − ▢
       ▢
```

PASO 2 Comprueba tu resultado.

```
     ▢
   × 18        Multiplica el número entero del cociente por el divisor.
     ▢
   + ▢
     ▢
   + ▢         Suma el residuo.
  12,749
```

Entonces, 12,749 ÷ 18 = __________.

Ejemplo 2

Divide 59,990 ÷ 280. **Escribe el residuo como una fracción.**

Usa números compatibles para estimar. ______ ÷ ______ = ______

PASO 1 Divide.

$$280\overline{)59{,}990}$$

$-$ ______

$-$ ______

$-$ ______

70

PASO 2 Escribe el residuo como una fracción.

$\frac{\text{residuo}}{\text{divisor}} = \frac{\square}{280}$ Escribe el residuo sobre el divisor.

$\frac{70 \div \square}{280 \div \square} = \frac{\square}{\square}$ Simplifica.

Compara tu estimación con el cociente. Puesto que la estimación, ______,

está cerca de ______, el resultado es razonable.

Entonces, 59,990 ÷ 280 = ______.

PRÁCTICA MATEMÁTICA 1 **Describe** dos maneras de comprobar tu resultado en el Ejemplo 2.

______

______

______

Comparte y muestra MATH BOARD

Estima. Luego halla el cociente. Escribe el residuo, si lo hubiera, con una *r* adelante.

1. $29\overline{)986}$ **Piensa:** 30 × 3 = 90

______

2. $37\overline{)3{,}786}$

______

Nombre ______________________

Estima. Luego halla el cociente. Escribe el residuo, si lo hubiera, como una fracción.

3. 6,114 ÷ 63

4. 11,050 ÷ 26

Charla matemática

PRÁCTICAS MATEMÁTICAS 6

Explica por qué puedes usar la multiplicación para comprobar un problema de división.

Por tu cuenta

Estima. Luego halla el cociente. Escribe el residuo, si lo hubiera, como una fracción.

5. 3,150 ÷ 9

6. 2,115 ÷ 72

7. 20,835 ÷ 180

8. Halla el número entero más pequeño que puede reemplazar el ■ para hacer que el enunciado sea verdadero.

110 < ■ ÷ 47

9. PRÁCTICA MATEMÁTICA 2 **Usa el razonamiento** Escribe dos números enteros que puedan reemplazar el ■ para hacer que ambos enunciados sean verdaderos.

2 × ■ < 1,800 ÷ 12 ■ > 3,744 ÷ 52

10. MÁS AL DETALLE Los 128 empleados de una empresa hacen 12,480 horas de trabajo voluntario en 26 semanas. En promedio, ¿cuántas horas de trabajo voluntario hacen todos los empleados por semana? En promedio, ¿cuántas horas de trabajo voluntario hace cada empleado por semana?

11. MÁS AL DETALLE Una fábrica produce 30,480 tornillos en 12 horas. Si se produce la misma cantidad de tornillos cada hora, ¿cuántos tornillos produce la fábrica en 5 horas?

Resolución de problemas • Aplicaciones En el mundo

Usa la tabla para resolver los problemas 12 a 15.

Capacidad de pasajeros en aviones	
Tipo de Avión	**Capacidad**
Jet Set	298
Smooth Flight	403
Blue Sky	160
Cloud Mover	70

12. Un avión Smooth Flight transportó 6,045 pasajeros la semana pasada, y todos sus vuelos estuvieron completos. ¿Cuántos vuelos hizo el avión la semana pasada?

____

13. MÁS AL DETALLE El mes pasado, en una aerolínea se hicieron 6,322 reservas para vuelos de Newark, New Jersey, a Frankfurt, Alemania. Si hubo 21 vuelos completos y 64 reservas se cancelaron, ¿qué avión hizo los vuelos?

____

14. PIENSA MÁS Una aerolínea lleva alrededor de 750 pasajeros de Houston a Chicago todos los días. ¿Cuántos aviones Blue Sky se necesitarían para llevar esa cantidad de pasajeros? ¿Cuántos asientos quedarían libres?

____

Matemáticas al instante

15. PIENSA MÁS **Plantea un problema** Vuelve a mirar el Problema 12. Usa la información de la tabla para escribir un problema similar en el que incluyas la capacidad de pasajeros en los aviones.

____

____

ESCRIBE *Matemáticas* • **Muestra tu trabajo**

16. PIENSA MÁS En los ejercicios 16a a 16d, elige Sí o No para indicar si las ecuaciones son correctas.

16a. $1,350 \div 5 = 270$ ○ Sí ○ No

16b. $3,732 \div 4 = 933$ ○ Sí ○ No

16c. $4,200 \div 35 = 12$ ○ Sí ○ No

16d. $1,586 \div 13 = 122$ ○ Sí ○ No

Nombre ______________________

Dividir números de varios dígitos

Estándares comunes **ESTÁNDAR COMÚN—6.NS.B.2**
Calculan con facilidad números de múltiples dígitos y hallan factores y múltiplos comunes.

Estima. Luego halla el cociente. Escribe el residuo, si lo hubiera, con una *r* adelante.

1. $55\overline{)715}$ = 13
   55
   165
   165
   0

   Estimación:
   700 ÷ 50 = 15

2. $19\overline{)800}$

3. $68\overline{)1{,}025}$

Estima. Luego halla el cociente. Escribe el residuo, si lo hubiera, como una fracción.

4. $20\overline{)1{,}683}$

5. 14,124 ÷ 44

6. 11,629 ÷ 29

Halla el número entero más pequeño que puede reemplazar el ▇ para hacer que el enunciado sea verdadero.

7. ▇ ÷ 7 > 800

8. ▇ ÷ 21 > 13

9. 15 < ▇ ÷ 400

Resolución de problemas En el mundo

10. Un avión voló un total de 2,220 millas. La velocidad promedio fue 555 millas por hora. ¿Cuántas horas voló el avión?

11. Una camioneta lleva un peso de 486 libras. Hay 27 cajas en la camioneta. ¿Cuál es el peso promedio de cada caja que lleva la camioneta?

12. **ESCRIBE** *Matemáticas* Halla 56,794 ÷ 338. Escribe el cociente dos veces: una vez con el residuo como una fracción y otra vez con una *r* adelante.

Repaso de la lección (6.NS.B.2)

1. El dinero que gana una cocinera se basa en la cantidad de platos que prepara. ¿Cuál es el precio por plato si cobra un total de $1,088 por 64 platos?

2. Amelia necesita 24 gramos de cuentas para hacer una pulsera. Tiene 320 gramos de cuentas. ¿Cuántas pulseras puede hacer?

Repaso en espiral (5.NBT.A.2, 5.NBT.A.3b, 5.NBT.B.7)

3. Hank compró 2.4 libras de manzanas. Cada libra costó $1.95. ¿Cuánto gastó Hank en las manzanas?

4. Gavin compró 4 paquetes de queso. Cada paquete pesaba 1.08 kilogramos. ¿Cuántos kilogramos de queso compró Gavin?

5. El Sr. Thompson recibió una factura de agua por $85.98. La factura abarcaba tres meses de servicio. El Sr. Thompson usó la misma cantidad de agua cada mes. ¿Cuánto pagó por el agua cada mes?

6. Layla usó 0.482 gramos de sal en su experimento. Maurice usó 0.51 gramos de sal. ¿Quién usó la mayor cantidad de sal?

PRACTICA MÁS CON EL
Entrenador personal en matemáticas

Nombre ________________________________

La descomposición en factores primos

Pregunta esencial ¿Cómo escribes la descomposición en factores primos de un número?

Estándares comunes El sistema numérico— 6.NS.B.4
PRÁCTICAS MATEMÁTICAS MP1, MP3, MP6, MP7

Soluciona el problema — En el mundo

Los códigos de seguridad se usan a menudo para enviar información por Internet. Muchos de estos códigos se basan en números muy grandes. En algunos casos, una computadora debe determinar la descomposición en factores primos de estos números para decodificar la información.

La **descomposición en factores primos** de un número es la expresión del número como el producto de todos sus factores primos.

De una manera Usa un árbol de factores.

La clave de un código se basa en la descomposición en factores primos de 180. Descompón 180 en factores primos.

Elige dos factores cualesquiera cuyo producto sea 180. Continúa hallando factores hasta que solo queden factores primos.

Recuerda
Un número primo es un número entero mayor que 1 que tiene solo dos factores: 1 y sí mismo.

A **Usa una operación básica.**

Piensa: ¿10 multiplicado por qué número es igual a 180?

10 × ________ = 180

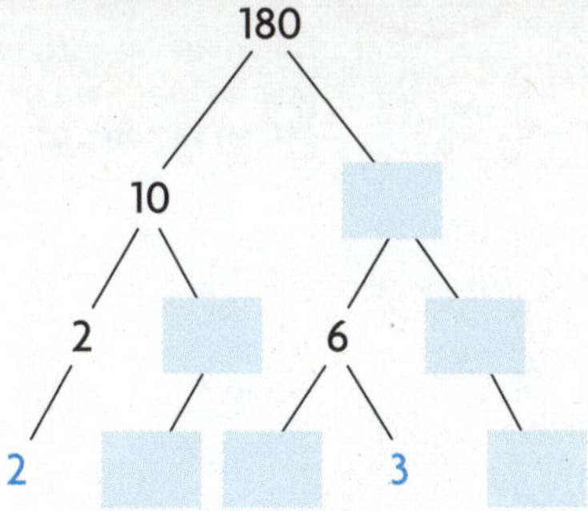

B **Usa una regla de divisibilidad.**

Piensa: 180 es un número par; entonces, es divisible entre 2.

2 × ________ = 180

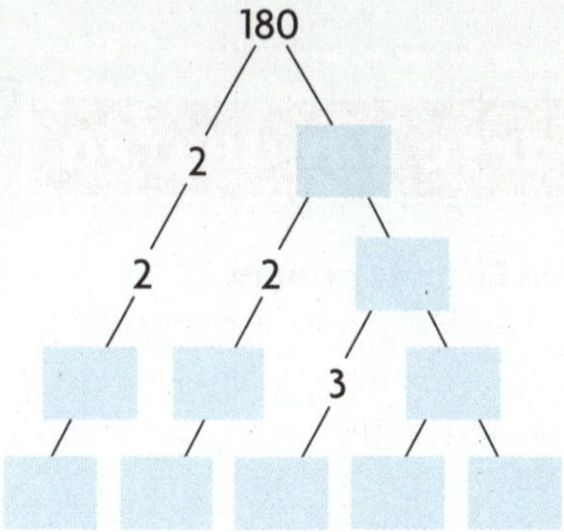

180 = ________ × ________ × ________ × ________ × ________   Escribe los factores primos de menor a mayor.

Entonces, la descomposición en factores primos de 180 es ________ × ________ × ________ × ________ × ________.

Charla matemática PRÁCTICAS MATEMÁTICAS 3

Aplica ¿Cómo puedes aplicar las reglas de divisibilidad para hacer el árbol de factores de la izquierda?

De otra manera Usa un diagrama de escalera.

La clave de un código se basa en la descomposición en factores primos de 140. Descompón 140 en factores primos.

Elige un factor primo de 140. Continúa dividiendo entre factores primos hasta que el cociente sea 1.

A Usa la regla de divisibilidad de 2.

Piensa: 140 es un número par; entonces, 140 es divisible entre 2.

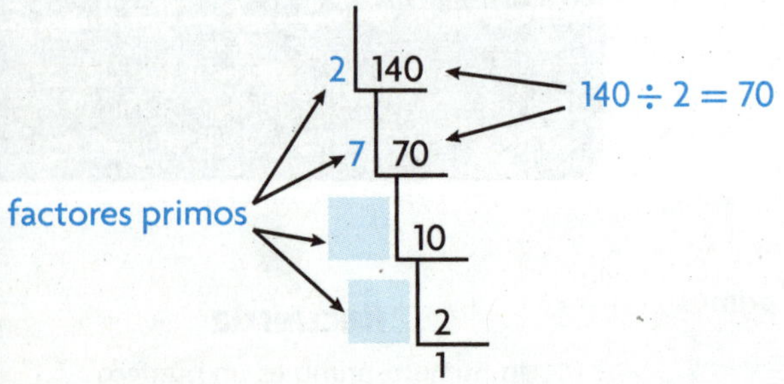

140 = ______ × ______ × ______ × ______

B Usa la regla de divisibilidad de 5.

Piensa: El último dígito es 0; entonces, 140 es divisible entre 5.

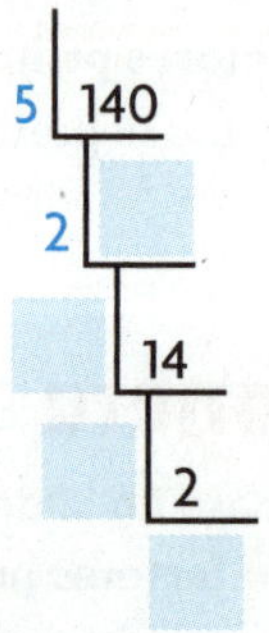

Escribe los factores primos de menor a mayor.

Entonces, la descomposición en factores primos de 140 es ______ × ______ × ______ × ______.

Charla matemática

PRÁCTICAS MATEMÁTICAS 1

Describe otra estrategia que puedas usar para descomponer 140 en factores primos.

Comparte y muestra MATH BOARD

Descompón en factores primos.

1. 18

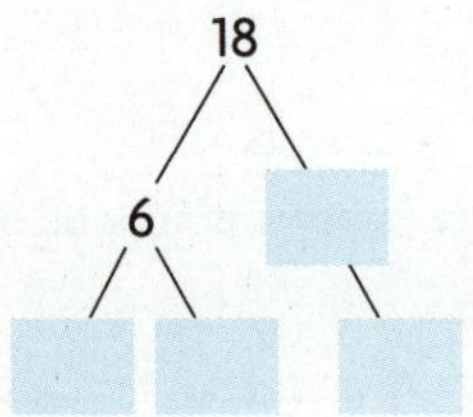

18 = ______ × ______ × ______

2. 42

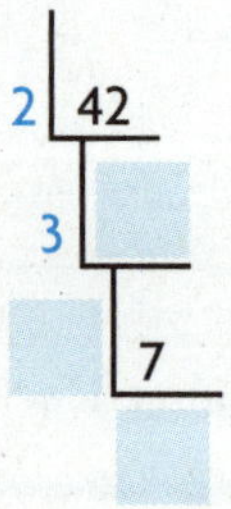

42 = ______ × ______ × ______

Nombre ______________________

Descompón en factores primos.

3. 75

4. 12

5. 65

Charla matemática

PRÁCTICAS MATEMÁTICAS 6

Explica por qué un número primo no puede escribirse como un producto de factores primos.

Por tu cuenta

Escribe el número para el que se da la descomposición en factores primos.

6. $2 \times 2 \times 2 \times 7$

7. $2 \times 2 \times 5 \times 5$

8. $2 \times 2 \times 2 \times 2 \times 3 \times 3$

Práctica: Copia y resuelve **Descompón en factores primos.**

9. 45

10. 50

11. 32

12. 76

13. 108

14. 126

15. El área de un rectángulo es igual al producto de su longitud y su ancho. Un cartel rectangular tiene un área de 260 pulgadas cuadradas. El ancho del cartel mide más de 10 pulgadas y es un número primo. ¿Cuál es el ancho del cartel?

16. PRÁCTICA MATEMÁTICA 7 **Busca estructuras** Dani dice que está pensando en un número secreto. Da una pista y dice que el número es el menor número entero que tiene tres factores primos diferentes. ¿Cuál es el número secreto de Dani? ¿Cómo se descompone en factores primos?

Resolución de problemas • Aplicaciones En el mundo

Usa la tabla para resolver los problemas 17 a 19. La agente Sánchez debe ingresar un código en un teclado numérico para abrir la puerta de su oficina.

17. En agosto, los dígitos del código numérico son los factores primos de 150. ¿Cuál es el código de la puerta de la oficina en agosto?

____

18. MÁS AL DETALLE En septiembre, el cuarto dígito del código numérico es 2 más que el cuarto dígito del código numérico que resulta de los factores primos de 225. ¿Los factores primos de qué número se usaron para el código en septiembre?

____

19. PIENSA MÁS Un día de octubre, la agente Sánchez ingresa el código 3477. ¿Cómo sabes que este código es incorrecto y que la puerta no se abrirá?

Matemáticas al instante

____

____

Reglas del código numérico

1. El código es un número de 4 dígitos.
2. Cada dígito es un número primo.
3. Los números primos deben ingresarse de menor a mayor.
4. El código numérico se cambia al comienzo de cada mes.

ESCRIBE *Matemáticas* • **Muestra tu trabajo**

20. PIENSA MÁS Completa el árbol de factores con los números. Puedes usar un número más de una vez.

2	3	6	9	18

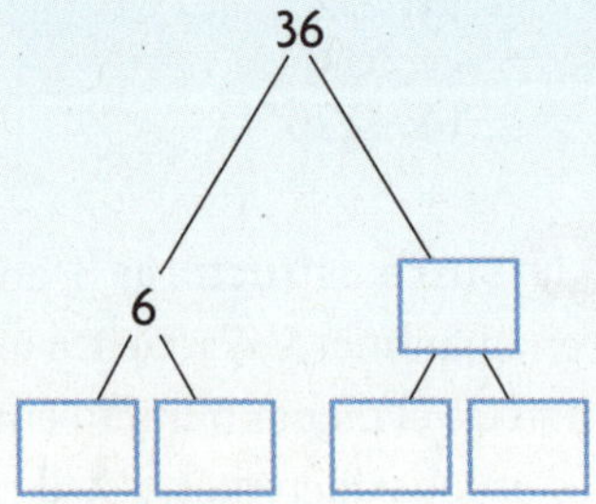

Escribe la descomposición en factores primos de 36.

____

Nombre ______________________________

Mínimo común múltiplo

Pregunta esencial ¿Cómo puedes hallar el mínimo común múltiplo de dos números enteros?

Estándares comunes **El sistema numérico— 6.NS.B.4**
PRÁCTICAS MATEMÁTICAS
MP2, MP3, MP4, MP6

Soluciona el problema En el mundo

En un experimento, se colocará una semilla en cada maceta. Si las macetas vienen en paquetes de 6 y las semillas vienen en paquetes de 8, ¿cuál es el menor número de plantas que se pueden sembrar sin que sobren semillas ni macetas?

- Explica por qué no puedes comprar el mismo número de paquetes de cada cosa.

____

____

____

El **mínimo común múltiplo**, o **m.c.m.**, es el número más pequeño que es múltiplo común de dos o más números.

De una manera Usa una lista.

Escribe los primeros ocho múltiplos de 6 y de 8 distintos de cero. Encierra en un círculo los múltiplos comunes. Luego halla el mínimo común múltiplo.

Múltiplos de 6: 6, 12, 18, _____, _____, _____, _____, _____

Múltiplos de 8: 8, 16, 24, _____, _____, _____, _____, _____

El mínimo común múltiplo, o m.c.m., es _____.

De otra manera Usa la descomposición en factores primos y un diagrama de Venn.

Escribe la descomposición en factores primos de cada número.

$6 = 2 \times$ _____

$8 = 2 \times$ _____ $\times$ _____

Escribe los factores primos comunes de los números, si los hubiera.

6 y 8 tienen _____ como factor primo común.

Coloca los factores primos de los números en los lugares correctos del diagrama de Venn.

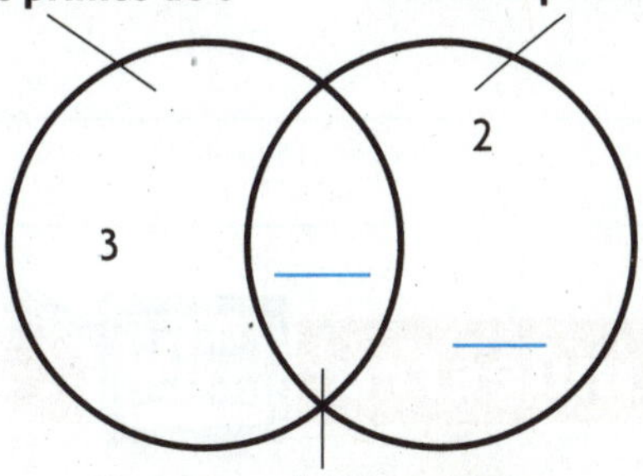

Para hallar el m.c.m., halla el producto de todos los factores primos del diagrama de Venn.

$3 \times 2 \times 2 \times 2 =$ _____

El m.c.m. es _____.

Entonces, el menor número de plantas es _____.

Charla matemática PRÁCTICAS MATEMÁTICAS 4

Representa ¿Cómo te ayuda el diagrama a hallar el m.c.m. de 6 y 8?

Ejemplo Usa la descomposición en factores primos para hallar el m.c.m. de 12 y 18.

Escribe la descomposición en factores primos de cada número.

$12 = 2 \times 2 \times$ ______

Alinea los factores comunes.

$18 = 2 \quad \times \quad 3 \quad \times$ ______

Multiplica un número de cada columna.

$2 \times 2 \times \quad 3 \quad \times \quad 3 = 36$

Idea matemática

Los factores de la descomposición en factores primos de un número se escriben generalmente de menor a mayor.

Entonces, el m.c.m. de 12 y 18 es ______.

¡Inténtalo! Halla el m.c.m.

A 10, 15 y 25

Usa la descomposición en factores primos.

10 = ______

15 = ______

25 = ______

______

El m.c.m. es ______.

B 3 y 12

Usa una lista.

Múltiplos de 3: ______

Múltiplos de 12: ______

El m.c.m. es ______.

1. ¿Cómo puedes saber si el m.c.m. de un par de números es uno de los números? Da un ejemplo.

______

______

2. PRÁCTICA MATEMÁTICA 6 **Explica** una razón por la que usarías la descomposición en factores primos en lugar de hacer una lista de múltiplos para hallar el m.c.m. de 10, 15 y 25.

______

______

Comparte y muestra MATH BOARD

1. Escribe los primeros seis múltiplos de 6 y 9 distintos de cero. Encierra en un círculo los múltiplos comunes. Luego halla el m.c.m.

Múltiplos de 6: ______

Múltiplos de 9: ______

El m.c.m. de 6 y 9 es ______.

Nombre ______________________

Halla el m.c.m.

2. 3, 5 ______

3. 3, 9 ______

4. 9, 15 ______

Charla matemática

PRÁCTICAS MATEMÁTICAS 6

Explica qué representa el m.c.m. de dos números.

Por tu cuenta

Halla el m.c.m.

5. 5, 10 ______

6. 3, 8 ______

7. 9, 12 ______

PRÁCTICA MATEMÁTICA 2 **Usa el razonamiento** **Álgebra** **Escribe el número desconocido en el ■.**

8. 5, 8 m.c.m.: ■

■ = ______

9. ■, 6 m.c.m.: 42

■ = ______

10. PIENSA MÁS ¿Cómo puedes saber cuándo el m.c.m. de dos números será igual a uno de los números o igual al producto de los números?

______

______

11. PRÁCTICA MATEMÁTICA 3 **Verifica el razonamiento de otros** El Sr. Haigwood está haciendo las compras para una merienda escolar. Las hamburguesas vegetarianas vienen en paquetes de 15 y los panes vienen en paquetes de 6. Quiere servir las hamburguesas vegetarianas en panes y que no sobre nada. El Sr. Haigwood dice que deberá comprar al menos 90 unidades de cada cosa, ya que $6 \times 15 = 90$. ¿Estás de acuerdo con su razonamiento? Explica.

______

______

12. MÁS AL DETALLE En una tienda de comestibles, organizan un evento especial de un día para celebrar su aniversario. El día del evento, un cliente de cada ocho recibe una bebida gratis. Un cliente de cada doce recibe un sándwich gratis. Si van 200 clientes al evento, ¿cuántos clientes recibirán tanto una bebida como un sándwich gratis?

______

Soluciona el problema *En el mundo*

13. Katie está haciendo hebillas del cabello para vender en la feria de artesanías. Para hacer cada hebilla, usa 1 broche y 1 cinta previamente cortada. Los broches se venden en paquetes de 12 y las cintas se venden en paquetes de 9. ¿Cuántos paquetes de cada elemento debe comprar Katie para hacer el menor número de hebillas sin que le quede ningún elemento sin usar?

a. ¿Qué información tienes? ____________________

____

____

b. ¿Qué problema debes resolver? ____________________

____

____

c. Muestra los pasos que sigues para resolver el problema.

d. Completa las oraciones.

El mínimo común múltiplo de

12 y 9 es ______.

Katie puede hacer ______ hebillas del cabello sin que le queden elementos sin usar.

Para tener 36 broches y 36 cintas,

debe comprar ______ paquetes de broches

y ______ paquetes de cintas.

14. PIENSA MÁS Los adhesivos de reptiles vienen en planchas de 6 y los adhesivos de peces vienen en planchas de 9. Antonio compra la misma cantidad de ambos tipos de adhesivos y compra al menos 100 de cada tipo. ¿Cuál es el menor número de planchas de cada tipo que podría comprar?

____

____

15. PIENSA MÁS En los ejercicios 15a a 15d, elige Sí o No para indicar si el m.c.m. de los dos números es 16.

15a.	2, 8	○ Sí	○ No
15b.	2, 16	○ Sí	○ No
15c.	4, 8	○ Sí	○ No
15d.	8, 16	○ Sí	○ No

Nombre ____________________

Mínimo común múltiplo

Estándares comunes

ESTÁNDAR COMÚN—6.NS.B.4
Calculan con facilidad números de múltiples dígitos y hallan factores y múltiplos comunes.

Halla el mínimo común múltiplo.

1. 2, 7

Múltiplos de 2: 2, 4, 6, 8, 10, 12, 14
Múltiplos de 7: 7, 14

m.c.m.: 14

2. 4, 12

m.c.m.: ______

3. 6, 9

m.c.m.: ______

4. 5, 4

m.c.m.: ______

5. 5, 8, 4

m.c.m.: ______

6. 12, 8, 24

m.c.m.: ______

Escribe el número desconocido en el ■.

7. 3, ■ m.c.m.: 21

■ = ______

8. ■, 7 m.c.m.: 63

■ = ______

9. 10, 5 m.c.m.: ■

■ = ______

Resolución de problemas En el mundo

10. Juanita está haciendo collares para regalar. Planea poner 15 cuentas en cada collar. Las cuentas se venden en paquetes de 20. ¿Cuál es el número menor de paquetes que puede comprar para hacer los collares y que no le sobre ninguna cuenta?

____

11. Los lápices se venden en paquetes de 10 y las gomas de borrar se venden en paquetes de 6. ¿Cuál es el número menor de lápices y gomas de borrar que se pueden comprar, de modo que haya un lápiz para cada goma y que no sobre ninguno?

____

12. ESCRIBE ▸ *Matemáticas* Explica cuándo usarías cada método (hallar los múltiplos o descomponer en factores primos) para hallar el m.c.m. y por qué.

____

____

____

Repaso de la lección (6.NS.B.4)

1. Martha está comprando salchichas y panes para la barbacoa de la clase. Las salchichas se venden en paquetes de 10. Los panes se venden en paquetes de 12. ¿Cuál es el número menor que puede comprar de cada uno para tener la misma cantidad de salchichas y panes? ¿Cuántos paquetes de cada uno debe comprar?

2. Kevin arma bolsas de bocadillos que contienen una caja de pasas y una barra de granola cada una. Cada paquete de pasas contiene 9 cajas. Los paquetes de barras de granola contienen 12 barras. ¿Cuál es el número menor que puede comprar de cada uno para tener la misma cantidad de barras de granola y cajas de pasas? ¿Cuántos paquetes de cada uno debe comprar?

Repaso en espiral (5.NBT.B.6, 5.NF.A.1, 5.NF.B.7c)

3. John tiene 2,456 monedas de 1¢ en su colección de monedas. Tiene el mismo número de monedas en 3 cajas. Estima a la centena más próxima el número de monedas de 1¢ que hay en cada caja.

4. ¿Cuál es la distancia alrededor de un triángulo que tiene lados que miden $2\frac{1}{8}$ pies, $3\frac{1}{8}$ pies y $2\frac{1}{2}$ pies?

5. La clase del sexto grado reunió $1,575. La clase quiere dar la misma cantidad de dinero a 35 organizaciones benéficas. ¿Cuánto recibirá cada organización?

6. Jean necesita $\frac{1}{3}$ de taza de nueces para cada porción de la ensalada que está preparando. Tiene 2 tazas de nueces. ¿Cuántas porciones puede preparar?

Nombre ________________________________

Máximo común divisor

Pregunta esencial ¿Cómo puedes hallar el máximo común divisor de dos números enteros?

Estándares comunes **El sistema numérico—6.NS.B.4**

PRÁCTICAS MATEMÁTICAS
MP1, MP4, MP7

Un **factor común** es un número que es factor de dos o más números.
Los números 16 y 20 tienen 1, 2 y 4 como factores comunes.

Factores de 16: 1, 2, 4, 8, 16

Factores de 20: 1, 2, 4, 5, 10, 20

El **máximo común divisor**, o **MCD**, es el divisor más grande que tienen en común dos o más números. El máximo común divisor de 16 y 20 es 4.

Recuerda

Un número que se multiplica por otro número para hallar un producto es un factor.

Factores de 6: 1, 2, 3, 6

Factores de 9: 1, 3, 9

Todos los números tienen 1 como factor.

Soluciona el problema En el mundo

Jim cortó dos tiras de madera para hacer marcos para fotos. Las tiras miden 12 pulgadas y 18 pulgadas. Quiere cortar las tiras en trozos de igual longitud, lo más largos que sea posible. ¿En trozos de qué longitud debe cortar la madera Jim?

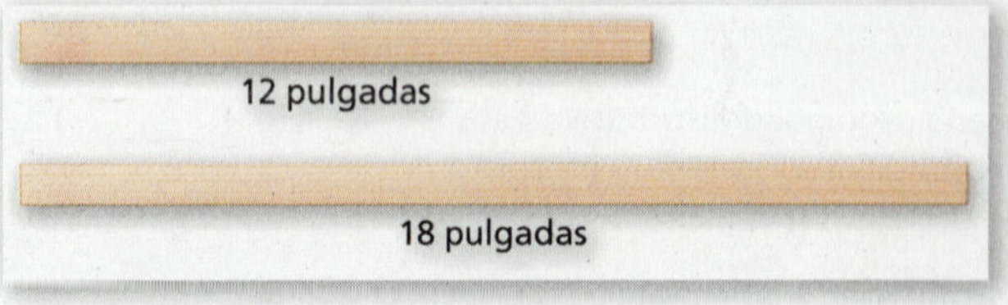

Halla el máximo común divisor, o MCD, de 12 y 18.

De una manera Usa una lista.

Factores de 12: 1, 2, _______, _______, _______, 12

Factores de 18: 1, _______, _______, _______, _______, _______

El máximo común divisor, o MCD, es _______.

Charla matemática PRÁCTICAS MATEMÁTICAS 1

Analiza ¿En trozos de qué otra longitud podría cortar Jim la madera para obtener trozos de igual longitud?

De otra manera Usa la descomposición en factores primos.

Escribe la descomposición en factores primos de cada número.

$12 = 2 \times$ _______ $\times 3$

$18 =$ _______ $\times 3 \times$ _______

Coloca los factores primos de los números en los lugares correctos del diagrama de Venn.

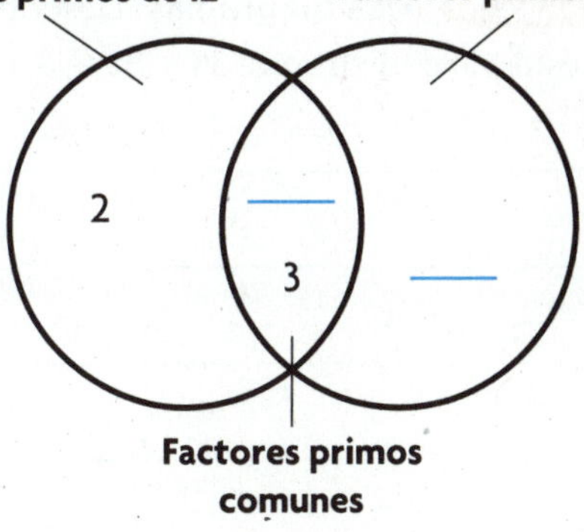

Para hallar el MCD, halla el producto de los factores primos comunes.

$2 \times 3 =$ _______ El MCD es _______.

Entonces, Jim debe cortar la madera en trozos de _______ pulgadas de longitud.

Propiedad distributiva

Multiplicar una suma por un número es igual que multiplicar cada sumando por el número y luego sumar los productos. | $5 \times (8 + 6) = (5 \times 8) + (5 \times 6)$

Puedes usar la propiedad distributiva para expresar la suma de dos números enteros como un producto si los números tienen un factor común.

Ejemplo

Usa el MCD y la propiedad distributiva para expresar 36 + 27 como un producto.

Halla el MCD de 36 y 27. MCD: ______

Escribe cada número como el producto del MCD y otro factor.

$36 + 27$

$(9 \times$ ______$) + (9 \times$ ______$)$

Usa la propiedad distributiva para escribir 36 + 27 como un producto.

$9 \times (4 +$ ______$)$

Comprueba tu resultado.

$36 + 27 =$ ______

$9 \times (4 +$ ______$) = 9 \times$ ______ $=$ ______

Entonces, $36 + 27 =$ ______ $\times$ (______ $+$ ______).

1. Explica dos maneras de hallar el MCD de 36 y 27.

____

____

2. PRACTICA MATEMÁTICA 4 **Usa diagramas** Describe cómo se muestra en la figura que está a la derecha que $36 + 27 = 9 \times (4 + 3)$.

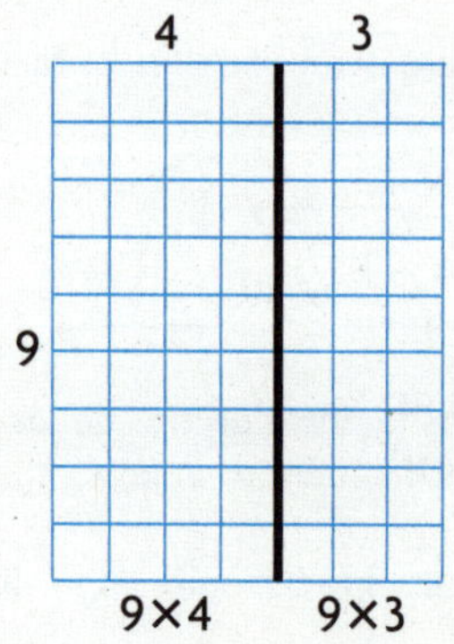

____

____

____

____

____

____

Nombre ____________________

Resolución de problemas • Aplicar el máximo común divisor

Estándares comunes **El sistema numérico— 6.NS.B.4**

PRÁCTICAS MATEMÁTICAS MP1, MP5, MP6

Pregunta esencial ¿Cómo puedes usar la estrategia *hacer un diagrama* como ayuda para resolver problemas relacionados con el MCD y la propiedad distributiva?

Soluciona el problema (En el mundo)

En la vitrina de trofeos de la Escuela Intermedia Riverside, hay 18 trofeos de béisbol y 24 trofeos de fútbol. En todos los estantes hay el mismo número de trofeos. Solo un deporte está representado en cada estante. ¿Cuál es el mayor número de trofeos que puede haber en cada estante? ¿Cuántos estantes hay para cada deporte?

Usa el organizador gráfico como ayuda para resolver el problema.

Lee el problema

¿Qué debo hallar?

Debo hallar ____________________

____

____

¿Qué información debo usar?

Debo usar ____________________

____

¿Cómo usaré la información?

Puedo hallar el MCD de __________ y usarlo para hacer un diagrama en el que se represenen los __________ de la vitrina de trofeos.

Resuelve el problema

Trofeos totales = béisbol + fútbol

$18 + 24$

Halla el MCD de 18 y 24. MCD: ______

Escribe cada número como el producto del MCD y otro factor.

$18 + 24$

$(6 \times \_\_\_\_) + (6 \times \_\_\_\_)$

Usa la propiedad distributiva para escribir 18 + 24 como un producto.

$6 \times (\_\_\_\_ + \_\_\_\_)$

Usa el producto para hacer un diagrama de la vitrina de trofeos. Usa la letra B para representar los trofeos de béisbol. Usa la letra F para representar los trofeos de fútbol.

B B B B B B

F F F F F F

Entonces, hay ______ trofeos en cada estante. Hay ______ estantes con trofeos de béisbol y ______ estantes con trofeos de fútbol.

Charla matemática PRÁCTICAS MATEMÁTICAS 5

Usa herramientas Explica cómo te ayudó la propiedad distributiva a resolver el problema.

Haz otro problema

Delia coloca en bolsas 24 roscas de pan de cebolla y 16 roscas de pan comunes para los clientes de su panadería. Cada bolsa contendrá solo un tipo de roscas de pan. En todas las bolsas habrá el mismo número de roscas de pan. ¿Cuál es el mayor número de roscas de pan que Delia puede colocar en cada bolsa? ¿Cuántas bolsas de cada tipo de roscas de pan habrá?

Usa el organizador gráfico como ayuda para resolver el problema.

Lee el problema	Resuelve el problema
¿Qué debo hallar?	
¿Qué información debo usar?	
¿Cómo usaré la información?	

Entonces, habrá _______ roscas de pan en cada bolsa. Habrá _______ bolsas con roscas de pan de cebolla y _______ bolsas con roscas de pan comunes.

- PRÁCTICA MATEMÁTICA 6 **Explica** de qué manera saber que el MCD de 24 y 16 es 8 te ayudó a resolver el problema de las roscas de pan.

____

____

Nombre ______________________________

Comparte y muestra

MATH BOARD

1. Toby está empaquetando 21 tarjetas de béisbol y 12 tarjetas de fútbol americano para vender en el mercado de pulgas. En cada paquete habrá el mismo número de tarjetas y tarjetas de un solo deporte. ¿Cuál es el mayor número de tarjetas que Toby puede colocar en cada paquete? ¿Cuántos paquetes habrá de cada deporte?

Primero, halla el MCD de 21 y 12.

____

A continuación, usa la propiedad distributiva para escribir $21 + 12$ como un producto, con el MCD como uno de los factores.

____

Entonces, habrá _______ paquetes de tarjetas de béisbol y _______ paquetes de tarjetas de fútbol americano. En cada paquete habrá _______ tarjetas.

2. PIENSA MÁS **¿Qué pasaría si** Toby decidiera quedarse con una tarjeta de béisbol y vender las demás? ¿Cómo cambiarían tus resultados del problema anterior?

____

____

____

____

3. Melissa compró 42 plántulas de pino y 30 plántulas de enebro para plantar en hileras en su granja de árboles. Quiere que en cada hilera haya el mismo número de plántulas y un solo tipo de plántula. ¿Cuál es el mayor número de plántulas que Melissa puede plantar en cada hilera? ¿Cuántas hileras de cada tipo de árbol habrá?

____

____

____

Soluciona el problema

- √ Encierra en un círculo los datos importantes.
- √ Comprueba para asegurarte de que respondiste la pregunta.
- √ Comprueba tu resultado.

ESCRIBE *Matemáticas*

Muestra tu trabajo

Por tu cuenta

4. PRÁCTICA MATEMÁTICA 1 **Entiende los problemas** Una banda de música de tambores y clarines tiene 45 integrantes que tocan el clarín y 27 integrantes que tocan el tambor. Cuando marchan, en cada hilera hay el mismo número de músicos. En cada hilera hay solo músicos que tocan el clarín o solo músicos que tocan el tambor. ¿Cuál es el mayor número de músicos que puede haber en cada hilera? ¿Cuántas hileras de cada tipo de músicos puede haber?

5. PIENSA MÁS Los "portaestandartes" de una banda de tambores y clarines son integrantes que marchan con banderas, aros y otros objetos. ¿Cómo cambiarían tus respuestas del Ejercicio 4 si hubiera 21 portaestandartes marchando junto con los músicos de los tambores y los músicos de los clarines?

Matemáticas al instante

6. MÁS AL DETALLE Si continúas el patrón de abajo hasta escribir todos los números menores que 500 que siguen el patrón, ¿cuántos números pares escribirás?

4, 9, 14, 19, 24, 29...

Entrenador personal en matemáticas

7. PIENSA MÁS + La biblioteca del Sr. Yaw contiene 20 libros de no ficción y 15 libros de ficción. En cada estante hay el mismo número de libros y un solo tipo de libro. ¿Cuántos libros habrá en cada estante si cada estante contiene el **mayor** número posible de libros? Muestra tu trabajo.

ESCRIBE ▸ *Matemáticas* • **Muestra tu trabajo**

Nombre ______________________

Resolución de problemas • Aplicar el máximo común divisor

Estándares comunes

ESTÁNDAR COMÚN—6.NS.B.4
Calculan con facilidad números de múltiples dígitos y hallan factores y múltiplos comunes.

Lee los problemas y resuélvelos.

1. Ashley está poniendo 32 panecillos de calabaza y 28 panecillos de plátano en bolsas para algunos amigos. En cada bolsa pone solo un tipo de panecillo, y cada bolsa tendrá igual cantidad. ¿Cuál es el número mayor de panecillos que puede poner en cada bolsa? ¿Cuántas bolsas de cada tipo de panecillo habrá?

MCD: 4

$32 = 4 \times 8$

$28 = 4 \times 7$

$32 + 28 = 4 \times (8 + 7)$

Entonces, habrá __8__ bolsas de panecillos de calabaza y __7__ bolsas de panecillos de plátano, con __4__ panecillos en cada bolsa.

2. Patricia está separando 16 tarjetas de fútbol y 22 tarjetas de béisbol en grupos. Cada grupo tendrá igual cantidad de tarjetas y solo un tipo de tarjeta de deportes. ¿Cuál es el número mayor de tarjetas que puede poner en cada grupo? ¿Cuántos grupos de cada tipo habrá?

____

3. Bryan está colocando sillas en hileras para una ceremonia de graduación. Tiene 50 sillas negras y 60 sillas blancas. Cada hilera tendrá igual número y color de sillas. ¿Cuál es el número mayor de sillas que puede colocar en cada hilera? ¿Cuántas hileras de cada color habrá?

____

4. El empleado de una tienda está colocando especias en bolsas. Tiene 18 cucharaditas de canela y 30 cucharaditas de nuez moscada. Cada bolsa debe contener igual número de cucharaditas, y en cada bolsa debe haber solo una especia. ¿Cuál es el número máximo de cucharaditas de especia que puede colocar el empleado en cada bolsa? ¿Cuántas bolsas de cada especia habrá?

____

5. **ESCRIBE** *Matemáticas* Escribe un problema en el que debas poner la mayor cantidad posible de dos tipos de objetos en grupos iguales. Luego usa el MCD, la propiedad distributiva y un diagrama para resolver tu problema.

____

Repaso de la lección (6.NS.B.4)

1. Fred tiene 36 fresas y 42 arándanos. Quiere usarlos para decorar postres y que cada postre tenga la misma cantidad de frutos, pero solo de un tipo. Quiere que haya la mayor cantidad posible de frutos en cada postre. ¿Cuántos frutos pondrá en cada postre? ¿Cuántos postres con cada tipo de fruto tendrá?

2. Dolores está acomodando tazas de café en unos estantes de su tienda. Quiere que cada estante tenga la misma cantidad de tazas. Quiere que en cada estante haya tazas de un solo color. Si tiene 49 tazas azules y 56 tazas rojas, ¿cuál es el mayor número que puede colocar en cada estante? ¿Cuántos estantes necesita para cada color?

Repaso en espiral (5.NF.A.1, 5.NF.A.2, 6.NS.B.4)

3. Un rectángulo mide $3\frac{1}{3}$ pies de largo y $2\frac{1}{3}$ pies de ancho. ¿Cuál es la distancia alrededor del rectángulo?

4. Lowell compró $4\frac{1}{4}$ libras de manzanas y $3\frac{3}{5}$ libras de naranjas. ¿Cuántas libras de fruta compró Lowell?

5. ¿Cuánto más pesada es una caja de $9\frac{1}{8}$ libras que una caja de $2\frac{5}{6}$ libras?

6. La combinación del casillero de Clay se forma con los factores primos de 102 ordenados de menor a mayor. ¿Cuál es la combinación del casillero de Clay?

PRACTICA MÁS CON EL
Entrenador personal en matemáticas

Nombre Josmarie 5/15/17

Revisión de la mitad del capítulo

Entrenador personal en matemáticas
Evaluación e intervención en línea

Vocabulario

Elige el término del recuadro que mejor corresponda para completar la oración.

Vocabulario
máximo común divisor
mínimo común múltiplo
número primo

1. El _______________ de dos números es mayor o igual que los números. (pág. 17)

2. El _______________ de dos números es menor o igual que los números. (pág. 23)

Conceptos y destrezas

Estima. Luego halla el cociente. Escribe el residuo, si lo hubiera, con una *r* adelante. (6.NS.B.2)

3. 2,800 ÷ 25

4. 19,129 ÷ 37

5. 32,111 ÷ 181

Descompón en factores primos. (6.NS.B.4)

6. 44

7. 36

8. 90

Halla el m.c.m. (6.NS.B.4)

9. 8, 10

10. 4, 14

11. 6, 9

Halla el MCD. (6.NS.B.4)

12. 16, 20

13. 8, 52

14. 36, 54

15. Un cuidador del zoológico dividió 2,440 libras de alimento en partes iguales entre 8 elefantes. ¿Cuántas libras de alimento recibió cada elefante? (6.NS.B.2)

16. Las cajas para DVD se venden en paquetes de 20. Los sobres acolchados se venden en paquetes de 12. ¿Cuál es el menor número de cajas y de sobres que podrías comprar, de manera que haya una caja por cada sobre acolchado y no quede ningún elemento sin usar? (6.NS.B.4)

17. MÁS AL DETALLE Max compró dos emparedados que miden 18 pulgadas y 30 pulgadas. Quiere que los corten en partes iguales que sean lo más largas posible. ¿En partes de qué longitud deben cortar los emparedados? ¿Cuántas partes habrá en total? (6.NS.B.4)

18. Susan está comprando artículos para una fiesta. Si las cucharas solo vienen en bolsas de 8 y los tenedores solo vienen en bolsas de 6, ¿cuál es el menor número de cucharas y el menor número de tenedores que puede comprar para tener el mismo número de cada uno? (6.NS.B.4)

19. MÁS AL DETALLE Tina está colocando 30 rosas y 42 tulipanes en jarrones para decorar las mesas de su restaurante. En cada jarrón habrá el mismo número de flores y un solo tipo de flores. ¿Cuál es el mayor número de flores que Tina puede colocar en cada jarrón? Si Tina tiene 24 mesas en su restaurante, ¿cuántas flores puede colocar en cada jarrón? (6.NS.B.4)

Nombre ____________________

Sumar y restar números decimales

Pregunta esencial ¿Cómo sumas y restas números decimales de varios dígitos?

Estándares comunes El sistema numérico—6.NS.B.3

PRÁCTICAS MATEMÁTICAS MP3, MP6, MP7

RELACIONA El valor posicional de un dígito en un número muestra el valor del dígito. En el número 2.358 se muestran 2 unidades, 3 décimos, 5 centésimos y 8 milésimos.

Valor posicional						
Millares	Centenas	Decenas	Unidades	Décimos	Centésimos	Milésimos
			2 .	3	5	8

Soluciona el problema En el mundo

Amanda y tres de sus amigas trabajan como voluntarias en el refugio para animales de su ciudad. Uno de los trabajos que realizan es pesar a los perritos y gatitos, y anotar su crecimiento. El perrito preferido de Amanda pesaba 2.358 lb el mes pasado. Si aumentó 1.08 lb, ¿cuánto pesa este mes?

- ¿Cómo sabes si debes sumar o restar los pesos dados en el problema?

____

____

Suma 2.358 + 1.08.

Estima la suma. ______ + ______ = ______

$$\begin{array}{r} 2.358 \\ +\ 1.08 \\ \hline \end{array}$$

Compara tu estimación con la suma. Puesto que la estimación,

______, está cerca de ______________, el resultado es razonable.

Entonces, el perrito pesa ______________ lb este mes.

1. PRÁCTICA MATEMÁTICA 7 **Busca estructuras** ¿Es necesario agregar un cero después de 1.08 para hallar la suma? Explica.

____

2. Explica de qué manera el valor posicional te puede ayudar a sumar números decimales.

____

Ejemplo 1

Un colibrí zunzuncito, el pájaro más pequeño del mundo, tiene una masa de 1.836 gramos. Una nueva moneda de 5¢ de los Estados Unidos tiene una masa de 5 gramos. ¿Cuál es la diferencia en gramos entre la masa de una moneda de 5¢ y la masa de un colibrí zunzuncito?

Recuerda

Puedes colocar ceros a la derecha de un número decimal sin cambiar su valor.

4.91 = 4.910 = 4.9100

Resta 5 − 1.836.

Estima la diferencia. ________ − ________ = ________

Piensa: 5 = 5.____________

Primero, resta los milésimos.

Luego, resta los centésimos, los décimos y las unidades.

Reagrupa si es necesario.

$$\begin{array}{r} 5. \\ -1.836 \\ \hline \end{array}$$

Colibrí zunzuncito

Moneda de 5¢ de los Estados Unidos

Compara tu estimación con la diferencia. Puesto que la estimación,

________, está cerca de ____________, el resultado es razonable.

Entonces, la masa de una nueva moneda de 5¢ es ____________ gramos mayor que la masa de un colibrí zunzuncito.

Charla matemática PRÁCTICAS MATEMÁTICAS 6

Explica cómo usar operaciones inversas para comprobar tu resultado de 5 − 1.836.

Ejemplo 2 **Evalúa (6.5 − 1.97) + 3.461 según el orden de las operaciones.**

Escribe la expresión. $(6.5 - 1.97) + 3.461$

Resuelve las operaciones que están entre paréntesis.

$$\begin{array}{r} 6.50 \\ -1.97 \\ \hline \end{array}$$

Suma.

$$\begin{array}{r} \\ +3.461 \\ \hline \end{array}$$

Entonces, el valor de la expresión es ____________.

Charla matemática PRÁCTICAS MATEMÁTICAS 7

Busca estructuras Describe en qué se parecen sumar y restar números decimales, y sumar y restar números enteros.

Nombre ______________________

Multiplicar números decimales

Pregunta esencial ¿Cómo multiplicas números decimales de varios dígitos?

Estándares comunes **El sistema numérico—6.NS.B.3**

PRÁCTICAS MATEMÁTICAS MP2, MP6, MP8

Soluciona el problema En el mundo

El verano pasado, Rachel trabajó 38.5 horas por semana en una tienda de comestibles. Ganó $9.70 por hora. ¿Cuánto dinero ganó en una semana?

- ¿Cómo puedes estimar el producto?

____

____

____

Multiplica $9.70 × 38.5.

Primero estima el producto. $10 × 40 = ______

Puedes usar la estimación para colocar el punto decimal en un producto.

$$\begin{array}{r} \$9.70 \\ \times\ 38.5 \\ \hline \square \\ \square \\ +\ \square \\ \hline \$\ \square \end{array}$$

Multiplica como lo harías con números enteros.

La estimación es aproximadamente $______, entonces, el punto decimal se debe colocar después de $______.

Puesto que la estimación, ______, está cerca de ______, el resultado es razonable.

Entonces, Rachel ganó ______ por semana.

1. Explica cómo te ayudó tu estimación a saber dónde colocar el punto decimal en el producto.

____

____

¡Inténtalo! **¿Qué pasaría si** Rachel recibiera un aumento de $1.50 por hora? ¿Cuánto dinero ganará si trabaja 38.5 horas?

Contar los lugares decimales Otra manera de colocar el punto decimal en un producto es sumar el número de lugares decimales de los factores.

Ejemplo 1 Multiplica 0.084 × 0.096.

$$\begin{array}{r} 0.084 \\ \times\, 0.096 \\ \hline \end{array}$$

______ lugares decimales

______ lugares decimales

Multiplica como lo harías con números enteros.

+

______ + ______ o ______ lugares decimales

Ejemplo 2 Evalúa 0.35 × (0.48 + 1.24) según el orden de las operaciones.

Escribe la expresión. $0.35 \times (0.48 + 1.24)$

Resuelve las operaciones que están entre paréntesis. $0.35 \times$ ______

Multiplica. 0.35 ______ lugares decimales

× ______ lugares decimales

+

______ + ______ o ______ lugares decimales

Entonces, el valor de la expresión es ______.

Charla matemática PRÁCTICAS MATEMÁTICAS 2

Razona El producto de 0.5 y 3.052, ¿es mayor o menor que 3.052?

2. PRÁCTICA MATEMÁTICA 8 **Usa el razonamiento repetitivo** Busca un patrón. Explica.

0.645 × 1 = 0.645

0.645 × 10 = 6.45 El punto decimal se corre ______ lugar a la derecha.

0.645 × 100 = ______ El punto decimal se corre ______ lugares a la derecha.

0.645 × 1,000 = ______ El punto decimal se corre ______ lugares a la derecha.

______

______

Nombre ______________________________

Comparte y muestra

MATH BOARD

Estima. Luego halla el producto.

1. 12.42 × 28.6

_______ × _______ = _______

Estima.

$$\begin{array}{r} 12.42 \\ \times\ 28.6 \\ \hline \end{array}$$

Piensa: La estimación es aproximadamente _______; entonces, el punto decimal se debe colocar después de _______.

2. 32.5 × 7.4

____

PRÁCTICA MATEMÁTICA 6 **Pon atención a la precisión** **Álgebra** **Evalúa según el orden de las operaciones.**

3. 0.24 × (7.3 + 2.1)

____

4. 0.075 × (9.2 − 0.8)

____

5. 2.83 + (0.3 × 2.16)

____

Por tu cuenta

Estima. Luego halla el producto.

6. 29.14 × 5.2

____

7. 6.95 × 12

____

8. 0.055 × 1.82

____

PRÁCTICA MATEMÁTICA 6 **Pon atención a la precisión** **Álgebra** **Evalúa según el orden de las operaciones.**

9. (3.62 × 2.1) − 0.749

____

10. 5.8 − (0.25 × 1.5)

____

11. (0.83 + 1.27) × 6.4

____

12. MÁS AL DETALLE Jamal está comprando ingredientes para preparar una tanda grande de cereal para vender en una feria escolar. Compra 3.2 libras de nueces a $4.40 por libra y 2.4 libras de anacardos a $6.25 por libra. ¿Cuánto cambio le darán si paga con dos billetes de $20?

____

Soluciona el problema En el mundo

En la tabla se muestran las tasas de cambio de algunas monedas en 2009.

Principales tasas de cambio en 2009

Moneda	Dólar estadounidense	Yen japonés	Euro europeo	Dólar canadiense
Dólar estadounidense	1	88.353	0.676	1.052
Yen japonés	0.011	1	0.008	0.012
Euro europeo	1.479	130.692	1	1.556
Dólar canadiense	0.951	83.995	0.643	1

Diferentes denominaciones del Euro

13. PIENSA MÁS Cuando Cameron viajó a Canadá en 2007, cambió 40 dólares estadounidenses por 46.52 dólares canadienses. Si Cameron cambió 40 dólares estadounidenses en 2009, ¿recibió más o menos dinero del que había recibido en 2007? ¿Cuánto más o cuánto menos?

Matemáticas al instante

a. ¿Qué debes hallar?

____

____

b. ¿Cómo usarás la tabla para resolver el problema?

____

____

____

____

c. Completa las oraciones.

40 dólares estadounidenses valían ____________ dólares canadienses en 2009.

Entonces, Cameron recibiría ____________

dólares canadienses ____________ en 2009.

Entrenador personal en matemáticas

14. PIENSA MÁS+ En una tienda de conveniencia, la familia Jensen carga 12.4 galones de gasolina en su camioneta a un precio de $3.80 por galón. También compran 4 botellas de agua por $1.99 cada una y 2 refrigerios por $1.55 cada uno. Completa la tabla para hallar el costo de cada artículo.

Artículo	Cálculo	Costo
Gasolina	$12.4 \times \$3.80$	
Botellas de agua	$4 \times \$1.99$	
Refrigerios	$2 \times \$1.55$	

La Sra. Jensen dice que el costo total de todo antes de los impuestos es de $56.66. ¿Estás de acuerdo? Explica por qué.

____

Nombre ______________________

Multiplicar números decimales

Estándares comunes **ESTÁNDAR COMÚN—6.NS.B.3**
Calculan con facilidad números de múltiples dígitos y hallan factores y múltiplos comunes.

Estima. Luego halla el producto.

1. 5.69×7.8

$6 \times 8 = 48$

$$\begin{array}{r} 5.69 \\ \times\ 7.8 \\ \hline 4552 \\ 39830 \\ \hline 44.382 \end{array}$$

2. 3.92×0.051 ______

3. 2.365×12.4 ______

4. 305.08×1.5 ______

Evalúa la expresión según el orden las operaciones.

5. $(61.8 \times 1.7) + 9.5$ ______

6. $205 - (35.80 \times 5.6)$ ______

7. $1.9 \times (10.6 - 2.17)$ ______

Resolución de problemas En el mundo

8. Blaine cambiará $100 por yenes antes de viajar a Japón. Si cada dólar estadounidense vale 88.353 yenes, ¿cuántos yenes debería recibir Blaine?

______

9. Una cámara cuesta 115 dólares canadienses. Si cada dólar canadiense vale 0.952 dólares estadounidenses, ¿cuánto costará la cámara en dólares estadounidenses?

______

10. ESCRIBE ▸ *Matemáticas* Explica cómo puedes multiplicar mentalmente un número decimal por 100.

______

______

Repaso de la lección (6.NS.B.3)

Estima cada producto. Luego halla el producto exacto para cada pregunta.

1. Un galón de agua a temperatura ambiente pesa aproximadamente de 8.35 libras. Lena coloca 4.5 galones en una cubeta. ¿Cuánto pesa el agua?

2. La casa rodante de Shawn mide 7.2 metros de ancho y 19.5 metros de longitud. ¿Cuál es su área?

Repaso en espiral (5.OA.A.1, 6.NS.B.2, 6.NS.B.4)

3. La semana pasada, una tienda vendió computadoras portátiles por un valor total de $3,885. Cada computadora portátil costó $555. ¿Cuántas computadoras portátiles vendió la tienda la semana pasada?

4. Kyle recorre con su camión 429 millas con 33 galones de gasolina. ¿Cuántas millas puede recorrer con 1 galón de gasolina?

5. Siete autobuses que llevabanna 35 estudiantes cada uno llegaron al lugar del partido y se unieron a los 23 estudiantes que ya estaban allí. Evalúa la expresión $23 + (7 \times 35)$ para hallar el número total de estudiantes que hubo en el partido.

6. Una tienda está entregando un cupón de $10 a una persona de cada 7 que entran a la tienda y un cupón de $25 a una persona de cada 18 que entran a la tienda. ¿Qué persona será la primera en obtener ambos cupones?

PRACTICA MÁS CON EL Entrenador personal en matemáticas

Nombre ______________________

Dividir números decimales entre números enteros

Estándares comunes **El sistema numérico—6.NS.B.3**

PRÁCTICAS MATEMÁTICAS
MP1, MP5, MP6, MP8

Pregunta esencial ¿Cómo divides números decimales entre números enteros?

Soluciona el problema En el mundo

Dan abrió una cuenta de ahorros en un banco para ahorrar y poder comprarse una nueva tabla de snowboard. Ganó $3.48 de interés en su cuenta en un período de 3 meses. ¿Cuál fue el interés mensual promedio que ganó Dan en su cuenta de ahorros?

Divide $3.48 ÷ 3.

Primero estima. 3 ÷ 3 = ______

$$\begin{array}{r} 1.\square \\ 3\overline{)3.48} \\ -3 \\ \hline 04 \\ -\ 3 \\ \hline 18 \\ -18 \\ \hline 0 \end{array}$$

Piensa: 3.48 se divide entre 3 grupos.

Divide las unidades. Coloca un punto decimal después del lugar de las unidades en el cociente.

Divide los décimos y luego los centésimos. Cuando el residuo sea cero y no haya más dígitos en el dividendo, se completó la división.

Recuerda

Cociente ↓ 1.23

Divisor → $2\overline{)2.46}$ ← Dividendo

Comprueba tu resultado.

$$\begin{array}{r} \$\ \square \\ \times\quad 3 \\ \hline \$3.48 \end{array}$$

Multiplica el cociente por el divisor para comprobar tu resultado.

Entonces, Dan ganó un promedio de ____________ de interés mensual.

Charla matemática PRÁCTICAS MATEMÁTICAS 6

Explica cómo sabes que tu resultado es razonable.

1. PRÁCTICA MATEMÁTICA 1 **Analiza relaciones** ¿Qué pasaría si la misma cantidad de interés se obtuviera en un período de 4 meses? Explica cómo resolverías el problema.

____

Ejemplo Divide 42.133 ÷ 7.

Primero estima. 42 ÷ 7 = ________

```
      6.0__
   7)42.133
    -42
      01
      -0
       13
       -7
        63
       -__
        __
```

Piensa: 42.133 se divide entre 7 grupos.

Divide las unidades. Coloca un punto decimal después del lugar de las unidades en el cociente.

Divide los décimos. Como 1 décimo no se puede dividir entre 7 grupos, escribe un cero en el cociente. Reagrupa 1 décimo en 10 centésimos. Ahora tienes 13 centésimos.

Continúa dividiendo hasta que el residuo sea cero y no haya más dígitos en el dividendo.

Comprueba tu resultado.

```
  6.019
×     7
-------
  ____
```

Multiplica el cociente por el divisor para comprobar tu resultado.

Entonces, 42.133 ÷ 7 = ____________.

2. Explica cómo sabes qué números debes multiplicar para comprobar tu resultado.

____

____

Comparte y muestra MATH BOARD

1. Estima 24.186 ÷ 6. Luego halla el cociente. Comprueba tu resultado.

Estima. ______ ÷ ______ = ______

Piensa: Coloca un punto decimal después del lugar de las unidades en el cociente.

```
   ____          ____
6)24.186       ×    6
               ------
                ____
```

Nombre ______________________________

Estima. Luego halla el cociente.

2. $7\overline{)\$17.15}$

3. $4\overline{)1.068}$

4. $12\overline{)60.84}$

5. $18.042 \div 6$

Charla matemática
PRÁCTICAS MATEMÁTICAS 8

Generaliza Explica cómo sabes dónde colocar el punto decimal en el cociente cuando divides un número decimal entre un número entero.

Por tu cuenta

Estima. Luego halla el cociente.

6. $\$21.24 \div 6$

7. $28.63 \div 7$

8. $1.505 \div 35$

9. $0.108 \div 18$

PRÁCTICA MATEMÁTICA 6 **Pon atención a la precisión** **Álgebra** **Evalúa según el orden de las operaciones.**

10. $(3.11 + 4.0) \div 9$

11. $(6.18 - 1.32) \div 3$

12. $(18 - 5.76) \div 6$

13. PRÁCTICA MATEMÁTICA 5 **Usa herramientas adecuadas** Halla la longitud de un billete de un dólar al décimo de centímetro más próximo. Luego, muestra cómo usar la división para hallar la longitud del billete cuando se lo dobla por la mitad a lo largo del retrato de George Washington.

____

14. MÁS AL DETALLE Emilio compró 5.65 libras de uvas verdes y 3.07 libras de uvas moradas. Dividió las uvas en partes iguales en 16 bolsas. Si cada bolsa de uvas pesa lo mismo, ¿cuánto pesa cada bolsa?

____

Resolución de problemas • Aplicaciones En el mundo

Plantea un problema

15. PIENSA MÁS En la siguiente tabla se muestra la estatura promedio en pulgadas de niñas y niños de 8, 10, 12 y 14 años de edad.

Matemáticas al instante

Estatura promedio (en in)				
	8 años	**10 años**	**12 años**	**14 años**
Niñas	50.75	55.50	60.50	62.50
Niños	51.00	55.25	59.00	65.20

Para hallar el crecimiento anual promedio de las niñas de 8 a 12 años, Emma sabía que debía hallar el crecimiento que se produce entre los 8 y los 12 años, y luego dividir ese número entre el número de años que hay entre 8 y 12 años.

Emma usó esta expresión: (60.50 − 50.75) ÷ 4

Ella evaluó la expresión según el orden de las operaciones.

Escribe la expresión.	(60.50 − 50.75) ÷ 4
Resuelve las operaciones que están entre paréntesis.	9.75 ÷ 4
Divide.	2.4375

Entonces, el crecimiento anual promedio de las niñas de 8 a 12 años es 2.4375 pulgadas.

Usa la información de la tabla para escribir un nuevo problema sobre la estatura promedio de los niños. Usa la división en tu problema.

Plantea un problema

Resuelve tu problema

16. PIENSA MÁS En la tabla se muestra el número de libros que compró cada uno de tres amigos y cuánto costaron. En promedio, ¿qué amigo gastó más dinero por libro? Usa números y palabras para explicar tu respuesta.

Amigo	Número de libros comprados	Costo total (en dólares)	Costo promedio (en dólares)
Joyce	1	$10.95	
Nabil	2	$40.50	
Kenneth	3	$51.15	

Nombre ______________________

Dividir números decimales entre números enteros

Estándares comunes **ESTÁNDAR COMÚN—6.NS.B.3**
Calculan con facilidad números de múltiples dígitos y hallan factores y múltiplos comunes.

Estima. Luego halla el cociente.

1. 1.284 ÷ 12

$1.2 \div 12 = 0.1$

$$\begin{array}{r} 0.107 \\ 12\overline{)1.284} \\ -12 \\ \hline -8 \\ 0 \\ \hline 84 \\ -84 \\ \hline 0 \end{array}$$

2. $9\overline{)2.43}$

3. 25.65 ÷ 15

4. $12\overline{)2.436}$

Evalúa según el orden de las operaciones.

5. (8 − 2.96) ÷ 3

6. (7.772 − 2.38) ÷ 8

7. (53.2 + 35.7) ÷ 7

Resolución de problemas En el mundo

8. Jake ganó $10.44 de interés en su cuenta de ahorros por un período de 18 meses. ¿Cuál fue el promedio mensual de interés que ganó Jake en su cuenta?

9. Gloria trabajó en el banco 6 horas por día durante 2 días y ganó $114.24. ¿Cuánto ganó por hora?

10. ESCRIBE *Matemáticas* Explica por qué es importante colocar correctamente el punto decimal en el cociente en un problema de división.

Repaso de la lección (6.NS.B.3)

Estima cada cociente. Luego halla el cociente exacto para cada pregunta.

1. Ron dividió 67.6 onzas fluidas de jugo de naranja equitativamente entre 16 vasos. ¿Cuánto jugo sirvió en cada vaso?

2. El costo de una pizza de $12.95 se dividió equitativamente entre 5 amigos. ¿Cuánto pagó cada persona?

Repaso en espiral (5.NBT.A.1, 5.NBT.B.6, 6.NS.B.2, 6.NS.B.4)

3. ¿Cuál es el valor del dígito 6 en 968,743,220?

4. El monorriel de Tama, Japón, lleva 92,700 pasajeros por día. Si el monorriel funciona 18 horas por día, ¿cuál es el número promedio de pasajeros que viajan por hora?

5. Ray pagó $812 para alquilar un equipo de música que costaba $28 por hora. ¿Cuántas horas tuvo el equipo?

6. Jan tiene 35 cucharaditas de cacao en polvo y 45 cucharaditas de cacao en polvo con vainilla francesa. Quiere poner igual cantidad de ingredientes en cada frasco y quiere colocar solo un sabor en cada uno. Quiere llenar el mayor número posible de frascos. ¿Cuántos frascos de cacao con vainilla francesa llenará Jan?

PRACTICA MÁS CON EL
Entrenador personal en matemáticas

Nombre ____________________

Dividir con números decimales

Pregunta esencial ¿Cómo divides números enteros y números decimales entre números decimales?

Estándares comunes El sistema numérico—6.NS.B.3
PRÁCTICAS MATEMÁTICAS MP1, MP6, MP8

RELACIONA Halla los cocientes para descubrir un patrón.

$4 \div 2 =$ ______

$40 \div 20 =$ ______

$400 \div 200 =$ ______

Cuando multiplicas el dividendo y el divisor por la misma potencia de ______, el cociente es el ________. Puedes usar este dato como ayuda para dividir números decimales.

Soluciona el problema (En el mundo)

Tami entrena para un triatlón. En un triatlón, los atletas compiten en tres disciplinas: natación, ciclismo y carrera a pie. Tami recorrió en bicicleta 66.5 millas en 3.5 horas. Si anduvo a una velocidad constante, ¿qué distancia recorrió en 1 hora?

Recuerda
Los números compatibles son pares de números que son fáciles de calcular mentalmente.

Divide 66.5 ÷ 3.5.

Usa números compatibles para estimar.

$60 \div 3 =$ ______

PASO 1

Multiplica el divisor y el dividendo por 10 para convertir el divisor en un número entero.

$3.5\overline{)66.5}$

Piensa: $3.5 \times 10 = 35$ $66.5 \times 10 = 665$

PASO 2

Divide.

$35\overline{)665}$

Entonces, Tami recorrió en bicicleta ________ en 1 hora.

• PRÁCTICA MATEMÁTICA 1 **Evalúa si es razonable** Explica si tu resultado es razonable.

____

Ejemplo 1 Divide 17.25 ÷ 5.75. Comprueba.

PASO 1

Multiplica el divisor y el dividendo por ______ para convertir el divisor en un número entero.

5.75 × ______ = ______

17.25 × ______ = ______

$5.75\overline{)17.25}$

PASO 2

Divide.

$575\overline{)1,725}$

PASO 3

Comprueba.

Entonces, 17.25 ÷ 5.75 = ______.

Ejemplo 2 Divide 37.8 ÷ 0.14.

PASO 1

Multiplica el divisor y el dividendo por ______ para convertir el divisor en un número entero.

______ × ______ = ______

______ × ______ = ______

$0.14\overline{)37.80}$

Piensa: Agrega un cero a la derecha del dividendo para poder correr el punto decimal.

Para evitar errores

Asegúrate de correr el punto decimal en el dividendo el mismo número de lugares que lo corriste en el divisor.

PASO 2

Divide.

$14\overline{)3,780}$

Entonces, 37.8 ÷ 0.14 = ______.

Charla matemática

PRÁCTICAS MATEMÁTICAS 6

Explica ¿Cómo puedes comprobar que el cociente es razonable? ¿Cómo puedes comprobar que es exacto?

Nombre ____________________

Comparte y muestra

MATH BOARD

1. Halla el cociente.

$14.8\overline{)99.456}$

Piensa: Multiplica el divisor y el dividendo por ______ para convertir el divisor en un número entero.

Estima. Luego halla el cociente.

2. $10.80 ÷ $1.35 ______

3. 26.4 ÷ 1.76 ______

4. $8.7\overline{)53.07}$ ______

Charla matemática PRÁCTICAS MATEMÁTICAS 8

Generaliza Explica cómo sabes cuántos lugares debes correr el punto decimal en el divisor y en el dividendo.

Por tu cuenta

Estima. Luego halla el cociente.

5. 75 ÷ 12.5 ______

6. 544.6 ÷ 1.75 ______

7. $0.78\overline{)0.234}$ ______

PRÁCTICA MATEMÁTICA 6 **Pon atención a la precisión** **Álgebra** **Evalúa según el orden de las operaciones.**

8. $36.4 + (9.2 - 4.9 \div 7)$ ______

9. $16 \div 2.5 - 3.2 \times 0.043$ ______

10. $142 \div (42 - 6.5) \times 3.9$ ______

11. MÁS AL DETALLE Marcus compra 0.3 libras de fiambres en una tienda de comestibles por $3.15. ¿Cuánto costarán 0.7 libras de fiambres?

______

12. PIENSA MÁS En la tabla se muestran los ingresos y el número de horas trabajadas de tres empleados. Halla los valores que faltan para completar la tabla. ¿Qué empleado fue el que menos ganó por hora? Explica.

____

____

Empleado	Total ganado (en dólares)	Número de horas trabajadas	Ingresos por hora (en dólares)
1	$34.02		$9.72
2	$42.75	4.5	
3	$52.65		$9.75

Conectar con las Ciencias

En el mundo

Las amebas

Las amebas son organismos unicelulares diminutos. El tamaño de las amebas puede variar de 0.01 mm a 5 mm de longitud. Las amebas se pueden estudiar con un microscopio o mediante fotografías ampliadas.

Jacob tiene una fotografía de una ameba que está ampliada 1,000 veces. La longitud de la ameba de la fotografía es 60 mm. ¿Cuál es la longitud real de la ameba?

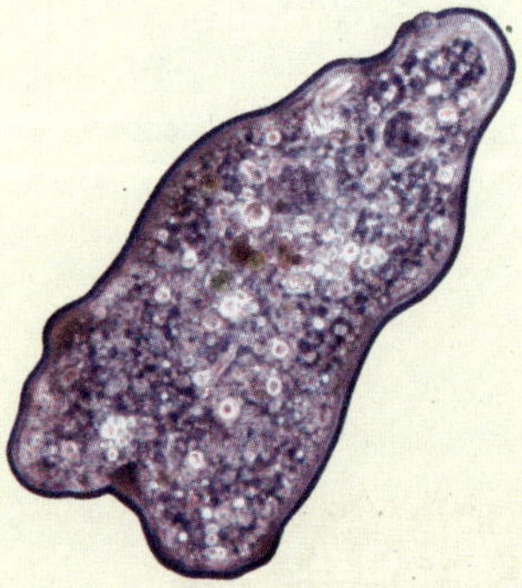

Busca un patrón para dividir 60 ÷ 1,000.

60 ÷ 1 = 60

60 ÷ 10 = 6.0 El punto decimal se corre ______ lugar a la izquierda.

60 ÷ 100 = ________ El punto decimal se corre ______ lugares a la izquierda.

60 ÷ 1,000 = ________ El punto decimal se corre ______ lugares a la izquierda.

Entonces, la longitud real de la ameba es ____________ mm.

13. PIENSA MÁS Explica el patrón.

____

____

Matemáticas al instante

14. MÁS AL DETALLE La *Pelomyxa palustris* es una ameba de 4.9 mm de longitud. La *Amoeba proteus* mide 0.7 mm de longitud. ¿Cuántas *Amoeba proteus* habría que alinear para igualar la longitud de tres *Pelomyxa palustris*? Explica.

____

____

Nombre ______________________

Repaso y prueba del Capítulo 1

Entrenador personal en matemáticas
Evaluación e intervención en línea

1. Usa los números para completar el árbol de factores. Puedes usar un número más de una vez.

2	3	6	9	27

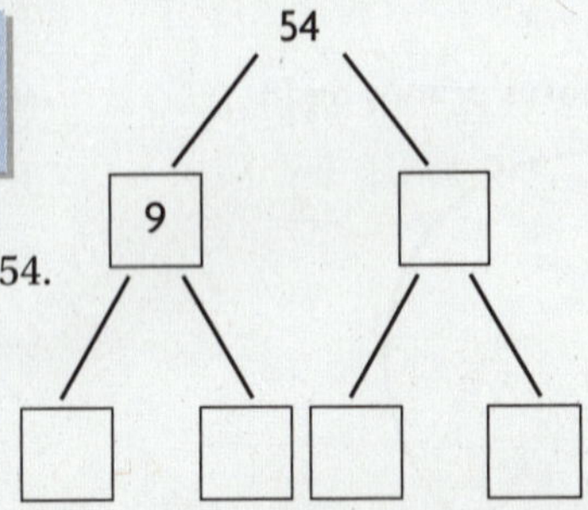

Escribe la descomposición en factores primos de 54.

____

2. En los ejercicios 2a a 2d, elige Sí o No para indicar si el m.c.m. de los dos números es 15.

2a. 5, 3 ○ Sí ○ No

2b. 5, 10 ○ Sí ○ No

2c. 5, 15 ○ Sí ○ No

2d. 5, 20 ○ Sí ○ No

3. Elige dos números que tengan 9 como máximo común divisor. Marca todas las opciones que correspondan.

Ⓐ 3, 9

Ⓑ 3, 18

Ⓒ 9, 18

Ⓓ 9, 36

Ⓔ 18, 27

4. Se muestra la descomposición en factores primos de cada número.

$$15 = 3 \times 5$$
$$18 = 2 \times 3 \times 3$$

Parte A

Usa la descomposición en factores primos para completar el diagrama de Venn.

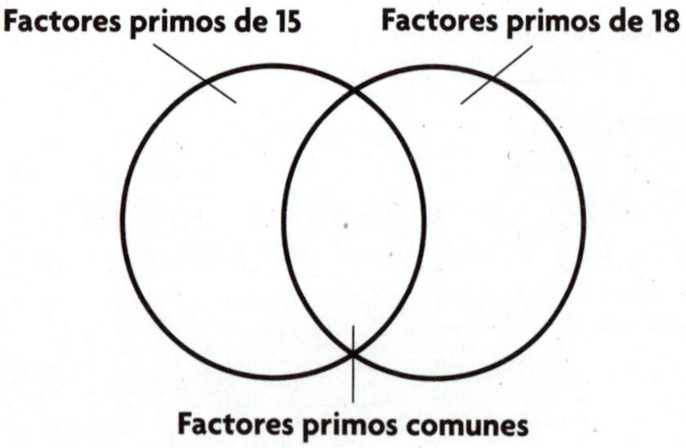

Parte B

Halla el MCD de 15 y 18.

____

5. En los ejercicios 5a a 5d, elige Sí o No para indicar si las ecuaciones son correctas.

5a. $222.2 \div 11 = 22.2$ ○ Sí ○ No

5b. $400 \div 50 = 8$ ○ Sí ○ No

5c. $1,440 \div 36 = 40$ ○ Sí ○ No

5d. $7,236 \div 9 = 804$ ○ Sí ○ No

Nombre ____________________

6. En los ejercicios 6a a 6d, elige Verdadero o Falso para cada ecuación.

6a. $1.7 + 4.03 = 6$ ○ Verdadero ○ Falso

6b. $2.58 + 3.5 = 6.08$ ○ Verdadero ○ Falso

6c. $3.21 - 0.98 = 2.23$ ○ Verdadero ○ Falso

6d. $14 - 1.3 = 0.01$ ○ Verdadero ○ Falso

Entrenador personal en matemáticas

7. PIENSA MÁS + Cuatro amigos fueron de compras a una tienda de música. En la tabla se muestra el número de CD que compró cada amigo y el costo total. Completa la tabla para mostrar el costo promedio de los CD que compró cada amigo.

Amigo	Número de CD comprados	Costo total (en dólares)	Costo promedio (en dólares)
Lara	4	$36.68	
Troy	5	$40.55	
Juanita	5	$47.15	
Alex	6	$54.42	

¿Cuál es el costo promedio de todos los CD que compraron los cuatro amigos? Muestra tu trabajo.

____

____

8. En la tabla se muestran los ingresos y el número de horas trabajadas de cinco empleados. Halla los valores que faltan para completar la tabla.

Empleado	Total de dinero ganado (en dólares)	Número de horas trabajadas	Ingresos por hora (en dólares)
1	$23.75		$9.50
2	$28.38	3.3	
3	$38.50		$8.75
4	$55.00	5.5	
5	$60.00	2.5	

9. La distancia alrededor del Parque Cedar es 0.8 millas. Joanie corrió 0.25 de la distancia durante su hora de almuerzo. ¿Qué distancia corrió? Muestra tu trabajo.

10. En una fotografía, un organismo unicelular mide 32 milímetros de longitud. Si la fotografía ha sido ampliada por un factor de 100, ¿cuál es la longitud real del organismo? Muestra tu trabajo.

11. MÁS AL DETALLE En la tienda Baxter, puedes comprar 5 camisetas por el mismo precio por el que compras 4 camisetas en la tienda Bixby. Si en la tienda Bixby una camiseta cuesta $11.80, ¿cuánto cuesta una camiseta en la tienda Baxter? Usa números y palabras para explicar tu respuesta.

Nombre ________________________________

12. Las galletas saladas vienen en paquetes de 24. Las rebanadas de queso vienen en paquetes de 18. Andy quiere que haya una rebanada de queso por cada galleta salada. Patrick afirmó lo siguiente:

Si Andy no quiere que sobren galletas ni queso, debe comprar al menos 432 de cada uno.

¿Es correcta la afirmación de Patrick? Usa números y palabras para explicar por qué. Si la afirmación de Patrick es incorrecta, ¿qué debe hacer para corregirla?

13. En el Club de Robótica, hay 16 estudiantes de sexto grado y 20 estudiantes de séptimo grado. Para el primer proyecto, el tutor del club quiere organizar a los integrantes en grupos del mismo tamaño. En cada grupo habrá solo estudiantes de sexto grado o solo estudiantes de séptimo grado.

Parte A

¿Cuántos estudiantes habrá en cada grupo si cada grupo tiene el mayor número posible de integrantes? Muestra tu trabajo.

Parte B

Si en cada grupo hay la mayor cantidad posible de integrantes, ¿cuántos grupos de estudiantes de sexto grado y cuántos grupos de estudiantes de séptimo grado habrá? Usa números y palabras para explicar tu respuesta.

14. La familia Hernández irá a la playa. Compraron protector solar a $9.99, 5 refrigerios a $1.89 cada uno y 3 juguetes de playa a $1.49 cada uno. Antes de salir, cargaron en el carro 13.1 galones de gasolina a un precio de $3.70 por galón.

Parte A

Calcula el costo total de cada artículo para completar la tabla.

Artículo	Cálculo	Costo total
Gasolina	13.1 × $3.70	
Refrigerios	5 × $1.89	
Juguetes de playa	3 × $1.49	
Protector solar	1 × $9.99	

Parte B

¿Cuál es el costo total de todos los artículos antes de los impuestos? Muestra tu trabajo.

Parte C

El Sr. Hernández calcula el costo total de todos los artículos antes de los impuestos con la siguiente ecuación.

Costo total = 13.1 + 3.70 × 5 + 1.89 × 3 + 1.49 × 9.99

¿Estás de acuerdo con su ecuación? Usa números y palabras para explicar por qué. Si la ecuación no es correcta, escribe una ecuación correcta.

Capítulo 2

Fracciones

Muestra lo que sabes

Entrenador personal en matemáticas
Evaluación e intervención en línea

Comprueba si comprendes las destrezas importantes.

Nombre ______________________

▶ Comparar y ordenar números enteros **Compara. Escribe <, > o = para cada ◯.** (4.NBT.A.2)

1. 289 ◯ 291

2. 476,225 ◯ 476,225

3. 5,823 ◯ 5,286

4. 30,189 ◯ 30,201

▶ Fracciones de referencia **Indica si la fracción está más cerca de 0, $\frac{1}{2}$ o 1.** (4.NF.A.2)

5. $\frac{3}{5}$ ______

6. $\frac{6}{7}$ ______

7. $\frac{1}{6}$ ______

8. $\frac{1}{3}$ ______

▶ Multiplicar fracciones y números enteros **Halla el producto. Escríbelo en su mínima expresión.** (4.NF.B.4b)

9. $\frac{2}{3} \times 21$ ______

10. $\frac{1}{4} \times 10$ ______

11. $6 \times \frac{2}{9}$ ______

12. $\frac{3}{4} \times 14$ ______

13. $35 \times \frac{2}{5}$ ______

14. $\frac{3}{8} \times 12$ ______

Matemáticas En el mundo

Cyndi compró una pizza extra grande cortada en 12 trozos para la reunión de hoy del Club del Misterio. Se comió $\frac{1}{6}$ de la pizza ayer en la tarde. Su hermano se comió $\frac{1}{5}$ de lo que quedaba ayer en la noche. Cyndi sabe que necesita 8 trozos de pizza para la reunión del club. Ayuda a Cyndi a descubrir si le quedan suficientes trozos de pizza para la reunión.

Desarrollo del vocabulario

Visualízalo

Completa el mapa de burbujas con palabras de repaso relacionadas con las fracciones.

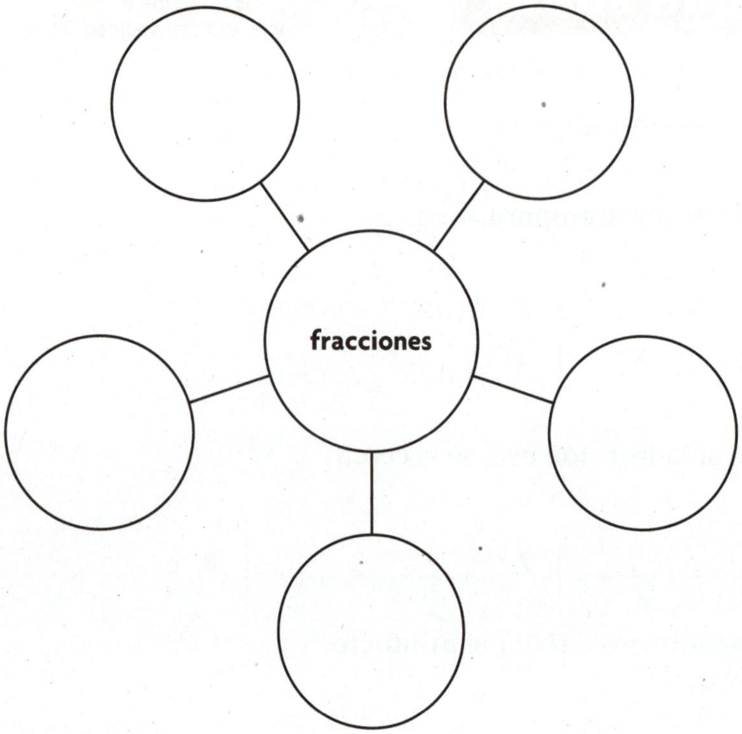

Palabras de repaso

- denominador
- fracciones
- ✓ fracciones equivalentes
- ✓ mínima expresión
- numerador
- ✓ números compatibles
- números mixtos
- ✓ punto de referencia

Palabras nuevas

- ✓ inverso multiplicativo
- ✓ recíproco

Comprende el vocabulario

Completa las oraciones con las palabras marcadas.

1. Los ____________________ son números que se pueden calcular mentalmente con facilidad.
2. Uno de los dos números cuyo producto es 1 es un ____________________ o un ____________________.
3. Un ____________________ es un parámetro que se usa para estimar fracciones.
4. Cuando el único factor común que tienen el numerador y el denominador de una fracción es 1, la fracción está en su ____________________.
5. Las fracciones que representan la misma cantidad son ____________________.

APRENDE EN LÍNEA
- Libro interactivo del estudiante
- Glosario multimedia

Adivina la palabra

Para 3 a 4 jugadores

Materiales

- Temporizador

Instrucciones

1. Túrnense para jugar.
2. Elige un término matemático, pero no lo digas en voz alta.
3. Pon 1 minuto en el temporizador.
4. Da una pista de una palabra sobre tu término. Dale a cada jugador una oportunidad para que adivine tu término.
5. Si nadie adivina, repite el Paso 4 con una pista diferente. Repite hasta que un jugador adivine el término o se acabe el tiempo.
6. El jugador que adivine el término obtiene 1 punto. Si el jugador puede usar la palabra en una oración, obtiene 1 punto más. Luego es su turno de elegir una palabra.
7. Ganará la partida el primer jugador que obtenga 10 puntos.

Recuadro de palabras

- denominador común
- fracción
- fracciones equivalentes
- inverso multiplicativo
- mínima expresión
- número mixto
- números compatibles
- recíproco

Diario

Escríbelo

Reflexiona

Elige una idea. Escribe sobre ella.

- ¿Cómo puedes determinar si una fracción es mayor, menor o igual que otra fracción? Explícalo en 2 o 3 oraciones.
- ¿Está esta fracción en su mínima expresión? Explica cómo lo sabes.
  $\frac{4}{12}$
- Explica cómo estimar un resultado para este problema usando números compatibles:
  $7\frac{5}{8} \div \frac{3}{5} =$ ____.
- Escribe instrucciones paso a paso sobre cómo dividir dos números mixtos.
  Asegúrate de escribir la palabra *recíproco* en tus instrucciones.

Nombre ________________________________

Fracciones y números decimales

Pregunta esencial ¿Cómo puedes convertir fracciones en números decimales y viceversa?

RELACIONA Puedes usar el valor posicional para escribir un número decimal como una fracción o como un número mixto.

Estándares comunes **El sistema numérico— 6.NS.C.6c**

PRÁCTICAS MATEMÁTICAS
MP5, MP6, MP7

Valor posicional

Unidades	Décimos	Centésimos	Milésimos
1 .	2	3	4

Soluciona el problema — En el mundo

El erizo pigmeo africano es una mascota muy popular en América del Norte. El erizo pigmeo africano promedio pesa entre 0.5 lb y 1.25 lb. ¿Cómo se pueden escribir esos pesos como fracciones o como números mixtos?

- ¿Cómo sabes si una fracción está en su mínima expresión?

____

____

____

Escribe 0.5 como una fracción y 1.25 como un número mixto en su mínima expresión.

A 0.5

0.5 es cinco ____________. $0.5 = \frac{5}{\square}$

Usa el MCD para simplificar.

El MCD de 5 y 10 es ________. $\frac{5}{\square} = \frac{5 \div \square}{\square \div \square} = \frac{\square}{\square}$

Divide el numerador y el

denominador entre ________.

B 1.25

1.25 es uno con $1.25 = 1\frac{\square}{\square}$

____________.

Usa el MCD para simplificar.

El MCD de 25 y 100 es ________. $1\frac{\square}{\square} = 1\frac{\square \div \square}{\square \div \square} = 1\frac{\square}{\square}$

Divide el numerador y el

denominador entre ________.

Entonces, el erizo pigmeo africano promedio pesa entre

________ lb y ________ lb.

Charla matemática PRÁCTICAS MATEMÁTICAS 7

Busca estructuras Explica cómo puedes usar el valor posicional para escribir 0.05 y 0.005 como fracciones. Luego escribe las fracciones en su mínima expresión.

Puedes usar la división para escribir una fracción o un número mixto como un número decimal.

Ejemplo 1 **Escribe $6\frac{3}{8}$ como un número decimal.**

PASO 1

Usa la división para convertir la parte fraccionaria en un número decimal.

El cociente tiene ________ lugares decimales.

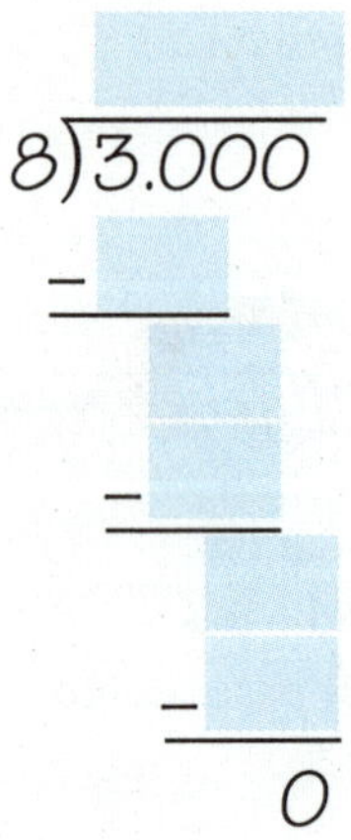

PASO 2

Suma el número entero al número decimal.

6 + ________________ = ________________

Entonces, $6\frac{3}{8}$ = ______________.

Charla matemática

PRÁCTICAS MATEMÁTICAS 6

Explica por qué se pusieron ceros después del punto decimal del dividendo.

A veces, puedes usar una recta numérica para convertir de fracciones a números decimales y viceversa.

Ejemplo 2 **Representa gráficamente $3\frac{3}{5}$ en la recta numérica y escríbela como número decimal.**

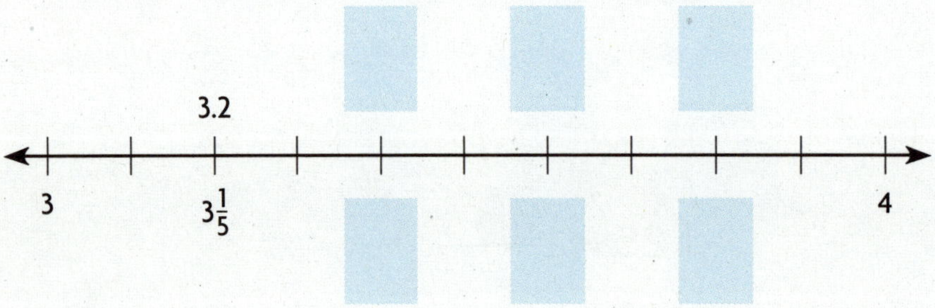

Entonces, $3\frac{3}{5}$ = ______________.

2. PIENSA MÁS En la recta numérica a continuación, escribe números decimales para las fracciones $\frac{1}{50}$ y $\frac{2}{25}$.

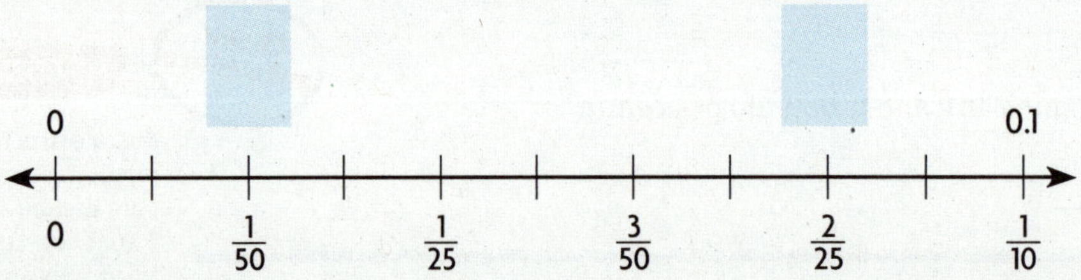

Nombre ____________________________________

Comparar y ordenar fracciones y números decimales

Estándares comunes **El sistema numérico—6.NS.C.7a**

PRÁCTICAS MATEMÁTICAS
MP3, MP6, MP8

Pregunta esencial ¿Cómo puedes comparar y ordenar fracciones y números decimales?

Para comparar fracciones con el mismo denominador, compara los numeradores.
Para comparar fracciones con el mismo numerador, compara los denominadores.

Mismo denominador

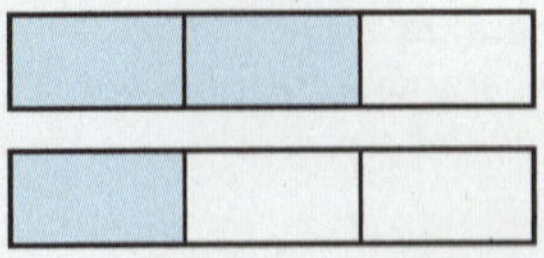

$\frac{2}{3}$

$\frac{1}{3}$

Dos de tres partes iguales es mayor que una de tres partes iguales.

Entonces, $\frac{2}{3} > \frac{1}{3}$.

Mismo numerador

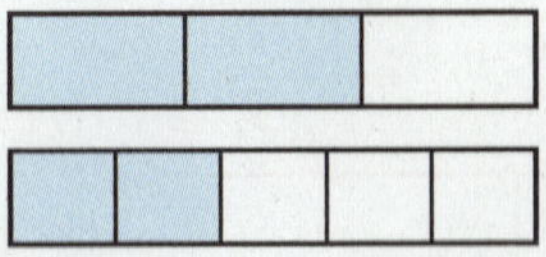

$\frac{2}{3}$

$\frac{2}{5}$

Dos de tres partes iguales es mayor que dos de cinco partes iguales.

Entonces, $\frac{2}{3} > \frac{2}{5}$.

Soluciona el problema En el mundo

Se plantaron tres cornejos floridos nuevos en un parque de Springfield, Missouri. Los árboles medían $6\frac{1}{2}$ pies $5\frac{2}{3}$ pies y $5\frac{5}{8}$ pies de altura. Ordena las alturas de los árboles de menor a mayor.

Para comparar y ordenar fracciones con denominadores distintos, escribe fracciones equivalentes con denominadores comunes.

Recuerda

- Las fracciones equivalentes son fracciones que indican la misma cantidad o parte.
- Un denominador común es un denominador que es igual en dos o más fracciones.

De una manera **Ordena $6\frac{1}{2}$, $5\frac{2}{3}$ y $5\frac{5}{8}$ de menor a mayor.**

PASO 1

Primero compara los números enteros.

$6\frac{1}{2}$ $5\frac{2}{3}$ $5\frac{5}{8}$ 5 ◯ 6

PASO 2

Si los números enteros son iguales, compara las fracciones.

Usa denominadores comunes para escribir fracciones equivalentes.

Piensa: ________ es un múltiplo de 3 y 8,

entonces ________ es un denominador común.

$5\frac{2 \times 8}{3 \times 8} = 5\frac{\square}{\square}$ $5\frac{5 \times \square}{8 \times \square} = 5\frac{\square}{\square}$

PASO 3

Compara los numeradores.

Ordena las fracciones de menor a mayor.

$5\frac{\square}{\square} < 5\frac{\square}{\square} < 6\frac{1}{2}$

Entonces, de menor a mayor, el orden es ________ pies, ________ pies, ________ pies.

Charla matemática PRÁCTICAS MATEMÁTICAS 3

Aplica Explica un método simple para comparar $3\frac{3}{4}$ y $3\frac{3}{7}$.

Fracciones y números decimales Puedes comparar fracciones y números decimales.

De una manera Compara con $\frac{1}{2}$.

Compara 0.92 y $\frac{2}{7}$. Escribe <, > o =.

PASO 1 Compara 0.92 con $\frac{1}{2}$.

0.92 ◯ $\frac{1}{2}$

PASO 2 Compara $\frac{2}{7}$ con $\frac{1}{2}$.

$\frac{2}{7}$ ◯ $\frac{1}{2}$

Entonces, 0.92 ◯ $\frac{2}{7}$.

Charla matemática

PRÁCTICAS MATEMÁTICAS 8

Generaliza Explica cómo comparar una fracción, por ejemplo: $\frac{2}{7}$ con $\frac{1}{2}$.

De otra manera Vuelve a escribir la fracción como un número decimal. Compara 0.8 y $\frac{3}{4}$. Escribe <, > o =.

PASO 1 Escribe $\frac{3}{4}$ como un número decimal.

4)3.00
− ___
___
− ___
0

$\frac{3}{4}$ = ______

PASO 2 Usa <, > o = para comparar los decimales.

0.80 ◯ ______

Entonces, 0.8 ◯ $\frac{3}{4}$.

Puedes usar una recta numérica para ordenar fracciones y números decimales.

Ejemplo Usa una recta numérica para ordenar 0.95, $\frac{3}{10}$, $\frac{1}{4}$ y 0.45 de menor a mayor.

PASO 1 Escribe cada fracción como un número decimal.

$\frac{3}{10}$ → 10)3.00 $\frac{1}{4}$ → 4)1.00

Idea matemática

- Los números de la recta numérica, de izquierda a derecha, están ordenados de menor a mayor.
- Los números, de derecha a izquierda, están ordenados de mayor a menor.

PASO 2 Ubica cada número decimal en la recta numérica.

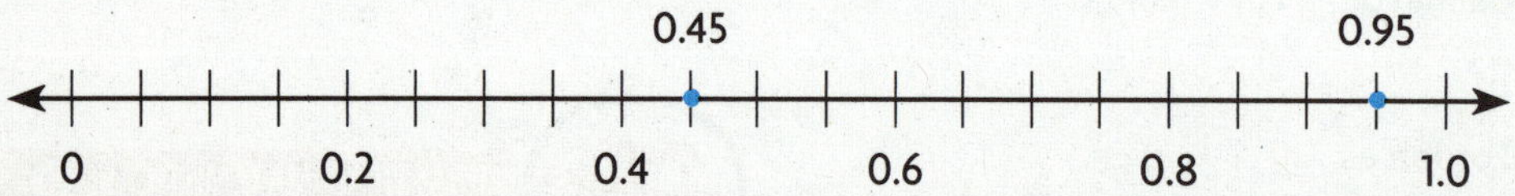

Entonces, de menor a mayor, el orden es ______, ______, ______, ______.

Nombre ______________________________

Comparar y ordenar fracciones y números decimales

Estándares comunes

ESTÁNDAR COMÚN—6.NS.C.7a
Aplican y extienden conocimientos previos sobre los números del sistema de números racionales.

Escribe <, > o =.

1. 0.64 (<) $\frac{7}{10}$

0.64 < 0.7

2. 0.48 ◯ $\frac{6}{15}$

3. 0.75 ◯ $\frac{7}{8}$

4. $7\frac{1}{8}$ ◯ 7.025

Ordena de menor a mayor.

5. $\frac{7}{12}$, 0.75, $\frac{5}{6}$

6. 0.5, 0.41, $\frac{3}{5}$

7. 3.25, $3\frac{2}{5}$, $3\frac{3}{8}$

8. 0.9, $\frac{8}{9}$, 0.86

______ ______ ______ ______

Ordena de mayor a menor.

9. 0.7, $\frac{7}{9}$, $\frac{7}{8}$

10. 0.2, 0.19, $\frac{3}{5}$

11. $6\frac{1}{20}$, 6.1, 6.07

12. $2\frac{1}{2}$, 2.4, 2.35, $2\frac{1}{8}$

______ ______ ______ ______

Resolución de problemas

En el mundo

13. Un día nevó $3\frac{3}{8}$ pulgadas en Altoona y 3.45 pulgadas en Bethlehem. ¿En qué ciudad nevó menos ese día?

____

14. Malia y John compraron 2 libras de semillas de girasol cada uno. Cada uno comió algunas semillas. A Malia le quedan $1\frac{1}{3}$ libras y a John le quedan $1\frac{2}{5}$ libras. ¿Quién comió más semillas de girasol?

____

15. ESCRIBE ▸ *Matemáticas* Explica cómo compararías los números 0.4 y $\frac{3}{8}$

____

____

Repaso de la lección (6.NS.C.7a)

1. Andrea tiene $3\frac{7}{8}$ yardas de cinta púrpura, 3.7 yardas de cinta rosada y $3\frac{4}{5}$ yardas de cinta azul. Ordena los números de menor a mayor.

____

2. Nassim completó $\frac{18}{25}$ de su tarea de matemáticas. Kara completó 0.7 de su tarea. Debbie completó $\frac{5}{8}$ de su tarea. Ordena los números de mayor a menor.

____

Repaso en espiral (6.NS.C.6c, 6.NS.B.3, 6.NS.B.4)

3. Tyler compró $3\frac{2}{5}$ libras de naranjas. Representa $3\frac{5}{5}$ en una recta numérica y escribe esa cantidad como un número decimal.

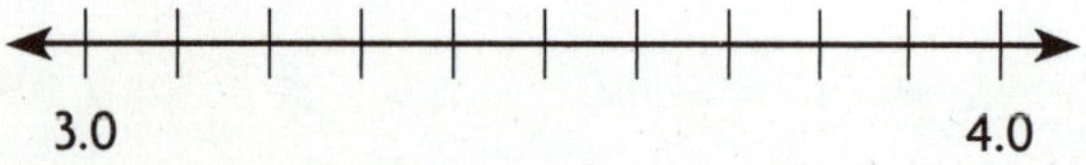

____

4. En una fábrica, se coloca una tarjeta de béisbol cada 9 paquetes de cereal y una tarjeta de fútbol americano cada 25 paquetes de cereal. ¿Cuál es el primer paquete en el que se coloca una tarjeta de béisbol y una de fútbol americano?

____

5. Se dividen \$15.30 entre 15 estudiantes. ¿Cuánto dinero recibe cada estudiante?

____

6. Carrie compra 4.16 libras de manzanas a \$5.20. ¿Cuánto cuesta 1 libra?

____

PRACTICA MÁS CON EL
Entrenador personal en matemáticas

Nombre ______________________________

Multiplicar fracciones

Pregunta esencial ¿Cómo multiplicas fracciones?

Estándares comunes **El sistema numérico— 6.NS.B.4**

PRÁCTICAS MATEMÁTICAS
MP2, MP6, MP8

Soluciona el problema — En el mundo

A Sasha aún le falta tejer $\frac{4}{5}$ de una bufanda. Si hoy termina $\frac{1}{2}$ de lo que le falta, ¿cuánto tejerá Sasha hoy de la bufanda?

Recuerda

Puedes multiplicar los numeradores y los denominadores para hallar el producto de dos fracciones.

$\frac{1}{3} \times \frac{2}{5} = \frac{1 \times 2}{3 \times 5} = \frac{2}{15}$

Multiplica $\frac{1}{2} \times \frac{4}{5}$. Escribe el producto en su mínima expresión.

Multiplica los numeradores.
Multiplica los denominadores.

$$\frac{1}{2} \times \frac{4}{5} = \frac{1 \times \square}{2 \times \square} = \frac{\square}{\square}$$

Usa el MCD para simplificar.

El MCD de 4 y 10 es ______.

Divide el numerador y el denominador entre ______.

$$= \frac{\square \div \square}{10 \div \square} = \frac{\square}{\square}$$

$\frac{1}{2} \times \frac{4}{5} =$ ______, entonces Sasha tejerá hoy ______ de la bufanda.

Ejemplo 1

Multiplica $1\frac{1}{4} \times 1\frac{2}{3}$. Escribe el producto en su mínima expresión.

Estima. $1 \times$ ______ $=$ ______

Escribe los números mixtos como fracciones mayores que 1.

$$1\frac{1}{4} \times 1\frac{2}{3} = \frac{5}{4} \times \frac{\square}{3}$$

Multiplica las fracciones.

$$= \frac{5 \times \square}{4 \times 3} = \frac{\square}{\square} \text{ o } \_\_\_\_\_\_$$

Escribe el producto como una fracción o como un número mixto en su mínima expresión.

Puesto que la estimación es ______, el resultado es razonable.

Entonces, $1\frac{1}{4} \times 1\frac{2}{3} =$ ______ o ______.

Charla matemática PRÁCTICAS MATEMÁTICAS 8

Generaliza Sin multiplicar, ¿cómo sabes que $\frac{1}{3} \times \frac{3}{4} < \frac{3}{4}$?

Ejemplo 2

Evalúa $\frac{4}{5} + \left(6 \times \frac{3}{8}\right)$ según el orden de las operaciones.

Recuerda

Un punto de referencia es un parámetro, como 0, $\frac{1}{2}$ o 1, que se usa para estimar.

PASO 1

Usa puntos de referencia para estimar.

$$\square + \left(6 \times \frac{1}{2}\right) = \square + 3 = \square$$

PASO 2

Haz las operaciones que están entre paréntesis.

$$\frac{4}{5} + \left(6 \times \frac{3}{8}\right) = \frac{4}{5} + \left(\frac{6 \times 3}{\square \times 8}\right)$$

$$= \frac{4}{5} + \frac{\square}{\square}$$

PASO 3

Escribe fracciones equivalentes con un denominador común.

Luego suma.

$$= \frac{4 \times 8}{5 \times 8} + \frac{\square \times 5}{\square \times 5}$$

$$= \frac{32}{40} + \frac{\square}{\square} = \frac{\square}{\square}$$

PASO 4

Usa el MCD para simplificar.

$$= \frac{122 \div \square}{40 \div \square}$$

$$= \frac{\square}{\square} \text{ o } \_\_\_\_\_\_$$

Puesto que la estimación es ______, el resultado es razonable.

Entonces, $\frac{4}{5} + \left(6 \times \frac{3}{8}\right) =$ ______ o ______.

1. PRÁCTICA MATEMÁTICA 2 **Razona** ¿Qué pasaría si en vez de seguir el orden de las operaciones trabajaras de izquierda a derecha? ¿Cómo afectaría eso tu resultado?

____

____

2. PRÁCTICA MATEMÁTICA 6 **Explica** cómo usaste puntos de referencia para estimar el resultado.

____

____

Nombre ____________________

Comparte y muestra (MATH BOARD)

Halla el producto. Escríbelo en su mínima expresión.

1. $6 \times \frac{3}{8}$

$\frac{6}{1} \times \frac{3}{8} = \frac{\square}{\square}$

$\frac{\square \div \square}{8 \div \square} = \frac{\square}{\square}$

o ______

2. $\frac{3}{8} \times \frac{8}{9}$

______

3. Sam y sus amigos comieron $3\frac{3}{4}$ bolsas de refrigerios de frutas. Si cada bolsa contenía $2\frac{1}{2}$ onzas, ¿cuántas onzas de refrigerios de frutas comieron Sam y sus amigos?

______

PRÁCTICA MATEMÁTICA 6 **Pon atención a la precisión** **Álgebra** **Evalúa según el orden de las operaciones. Escribe el resultado en su mínima expresión.**

4. $\left(\frac{3}{4} - \frac{1}{2}\right) \times \frac{3}{5}$ ______

5. $\frac{1}{3} + \frac{4}{9} \times 12$ ______

6. $\frac{5}{8} \times \frac{7}{10} - \frac{1}{4}$ ______

7. $3 \times \left(\frac{5}{18} + \frac{1}{6}\right) + \frac{2}{5}$ ______

Charla matemática — PRÁCTICAS MATEMÁTICAS 6

Explica por qué el producto de dos fracciones tiene el mismo valor antes y después de dividir el numerador y el denominador entre el MCD.

Por tu cuenta

Práctica: Copia y resuelve **Halla el producto. Escríbelo en su mínima expresión.**

8. $1\frac{2}{3} \times 2\frac{5}{8}$

9. $\frac{4}{9} \times \frac{4}{5}$

10. $\frac{1}{6} \times \frac{2}{3}$

11. $4\frac{1}{7} \times 3\frac{1}{9}$

12. MÁS AL DETALLE $\frac{5}{6}$ de las 90 mascotas de la feria son gatos. $\frac{4}{5}$ de los gatos son gatos manchados. ¿Qué fracción de las mascotas son gatos manchados? ¿Cuántas de las mascotas son gatos manchados?

______

13. MÁS AL DETALLE Cinco gatos comieron $\frac{1}{4}$ de taza de alimento cada uno. Otros cuatro gatos comieron $\frac{1}{3}$ de taza de alimento. ¿Cuánto alimento comieron los nueve gatos?

______

PRÁCTICA MATEMÁTICA 6 **Pon atención a la precisión** **Álgebra** **Evalúa según el orden de las operaciones. Escribe el resultado en su mínima expresión.**

14. $\frac{1}{4} \times \left(\frac{3}{9} + 5\right)$ ______

15. $\frac{9}{10} - \frac{3}{5} \times \frac{1}{2}$ ______

16. $\frac{4}{5} + \left(\frac{1}{2} - \frac{3}{7}\right) \times 2$ ______

17. $15 \times \frac{3}{10} + \frac{7}{8}$ ______

18. PIENSA MÁS Escribe y resuelve un problema para la expresión $\frac{1}{4} \times \frac{2}{3}$. Muestra tu trabajo.

____

____

____

Conectar con la Salud

Cambio de recetas

Puedes hacer que muchas recetas sean más saludables si reduces la cantidad de grasa, azúcar y sal.

Kelly tiene una receta para panecillos que lleva $1\frac{1}{2}$ tazas de azúcar. Quiere usar $\frac{1}{2}$ de esa cantidad de azúcar y usar más canela y vainilla. ¿Cuánta azúcar usará?

Halla $\frac{1}{2}$ de $1\frac{1}{2}$ tazas para hallar cuánta azúcar debe usar.

Escribe el número mixto como una fracción mayor que 1.

$$\frac{1}{2} \times 1\frac{1}{2} = \frac{1}{2} \times \frac{\square}{2}$$

Multiplica.

$$= \frac{\square}{\square}$$

Entonces, Kelly usará ______ de taza de azúcar.

19. MÁS AL DETALLE Michelle tiene una receta que lleva $2\frac{1}{4}$ tazas de aceite vegetal. Quiere usar $\frac{2}{3}$ de esa cantidad de aceite y reemplazar el resto con puré de manzanas. ¿Cuánto puré de manzanas usará?

____

20. PIENSA MÁS La receta de panecillos de Cara lleva $1\frac{1}{2}$ tazas de harina para los panecillos y $\frac{1}{4}$ de taza de harina para la cobertura. Si prepara $\frac{1}{2}$ de la receta original, ¿cuánta harina usará para los panecillos y la cobertura?

____

Nombre ____________________

Multiplicar fracciones

Estándares comunes **ESTÁNDAR COMÚN—6.NS.B.4**
Calculan con facilidad números de múltiples dígitos y hallan factores y múltiplos comunes.

Halla el producto. Escríbelo en su mínima expresión.

1. $\frac{4}{5} \times \frac{7}{8} = \frac{28}{40}$ $= \frac{7}{10}$
2. $\frac{1}{8} \times 20$ ______
3. $\frac{4}{5} \times \frac{3}{8}$ ______
4. $1\frac{1}{8} \times \frac{1}{9}$ ______
5. $\frac{3}{4} \times \frac{1}{3} \times \frac{2}{5}$ ______

6. Karen rastrilló $\frac{3}{5}$ del jardín. Minni rastrilló $\frac{1}{3}$ de la cantidad que rastrilló Karen. ¿Qué parte del jardín rastrilló Minni?

______

7. $\frac{3}{8}$ de las mascotas de la exhibición de mascotas son perros. $\frac{2}{3}$ de los perros tienen el pelo largo. ¿Qué fracción de las mascotas son perros con pelo largo?

______

Evalúa según el orden de las operaciones.

8. $\left(\frac{1}{2} + \frac{3}{8}\right) \times 8$ ______
9. $\frac{3}{4} \times \left(1 - \frac{1}{9}\right)$ ______
10. $4 \times \frac{1}{8} \times \frac{3}{10}$ ______
11. $6 \times \left(\frac{4}{5} + \frac{2}{10}\right) \times \frac{2}{3}$ ______

Resolución de problemas En el mundo

12. Jason corrió $\frac{5}{7}$ de la distancia alrededor de la pista de la escuela. Sara corrió $\frac{4}{5}$ de la distancia que corrió Jason. ¿Qué fracción de la distancia total alrededor de la pista corrió Sara?

______

13. Un grupo de estudiantes asisten a un club de matemáticas. La mitad de los estudiantes son niños y $\frac{4}{9}$ de los niños tienen ojos color café. ¿Qué fracción del grupo son niños con ojos color café?

______

14. **ESCRIBE** ▸ *Matemáticas* Escribe y resuelve un problema que contenga la multiplicación por una fracción.

______

______

______

Repaso de la lección (6.NS.B.4)

1. La mamá de Verónica dejó $\frac{3}{4}$ de un pastel sobre la mesa. Los hermanos de Verónica se comieron $\frac{1}{2}$ del pastel. ¿Qué fracción del pastel se comieron?

2. Una vuelta completa alrededor de la pista de la escuela es igual a $\frac{5}{8}$ de milla. Carin corrió $3\frac{1}{2}$ vueltas. ¿Qué distancia corrió?

Repaso en espiral (6.NS.B.3, 6.NS.B.4, 6.NS.C.7a)

3. Tom compró $2\frac{5}{16}$ libras de cacahuates y 2.45 libras de castañas. ¿De qué frutos compró más cantidad? Explica.

4. Eve tiene 24 estampillas, y cada una vale $24.75. ¿Cuál es el valor total de sus estampillas?

5. Naomí hizo una caminata de 6.5 millas. Caminó 1.75 millas por la mañana, tomó un descanso y luego caminó 2.4 millas más. Terminó la caminata por la tarde. ¿Cuánto más caminó por la mañana que por la tarde?

6. El dueño de una librería quiere vender 48 libros de ciencia ficción y 30 libros de supenso lo más rápido posible. Armará paquetes de descuento con un tipo de libro en cada uno. Quiere que haya la mayor cantidad posible de libros en cada paquete, pero todos deben tener la misma cantidad de libros. ¿Cuántos paquetes puede armar? ¿Cuántos paquetes de cada tipo de libro le quedarán?

PRACTICA MÁS CON EL
Entrenador personal en matemáticas

Nombre ______________________________

Simplificar factores

Pregunta esencial ¿Cómo simplificas factores fraccionarios usando el máximo común divisor?

Estándares comunes **El sistema numérico— 6.NS.B.4**

PRÁCTICAS MATEMÁTICAS
MP3, MP6

Soluciona el problema (En el mundo)

Una parte del maíz que se cultiva en los Estados Unidos se usa para hacer combustible. Imagina que $\frac{7}{10}$ del cultivo total de un granjero es maíz. Vende $\frac{2}{5}$ del maíz para la producción de combustible. ¿Qué fracción del cultivo total vende el granjero para la producción de combustible?

Multiplica $\frac{2}{5} \times \frac{7}{10}$.

De una manera Simplifica el producto.

Multiplica los numeradores.
Multiplica los denominadores.

$$\frac{2}{5} \times \frac{7}{10} = \frac{2 \times 7}{5 \times 10} = \frac{\square}{\square}$$

Escribe el producto como una fracción en su mínima expresión.

$$= \frac{\square \div 2}{50 \div \square} = \frac{\square}{\square}$$

Entonces, $\frac{2}{5} \times \frac{7}{10} =$ ________.

De otra manera Simplifica antes de multiplicar.

Escribe el ejercicio como una única fracción.

$$\frac{2}{5} \times \frac{7}{10} = \frac{2 \times 7}{5 \times 10}$$

Piensa: ¿Algún número del numerador tiene factores comunes con algún número del denominador?

El número 2 del numerador y el número ________ del denominador tienen un factor común además de 1.

Divide el numerador y el denominador entre el MCD.

$$\frac{\overset{1}{\cancel{2}} \times 7}{5 \times \underset{\square}{\cancel{10}}}$$

El MCD de 2 y 10 es ________.

2 ÷ 2 = ________ 10 ÷ 2 = ________

Multiplica los numeradores.
Multiplica los denominadores.

$$\frac{1 \times 7}{5 \times \square} = \frac{\square}{\square}$$

$\frac{2}{5} \times \frac{7}{10} =$ ________, entonces el granjero vende ________ de su cultivo para la producción de combustible.

Charla matemática PRÁCTICAS MATEMÁTICAS 3

Compara Cuando multiplicas dos fracciones, ¿el producto será el mismo si multiplicas primero que si simplificas primero? **Explica**

Ejemplo

Halla $\frac{5}{8} \times \frac{14}{15}$. Simplifica antes de multiplicar.

Divide un numerador y un denominador entre su MCD.

El MCD de 5 y 15 es ______.

$$\frac{\overset{1}{\not 5}}{8} \times \frac{14}{\not 15}$$

El MCD de 8 y 14 es ______.

$$\frac{\overset{1}{\not 5}}{\not 8} \times \frac{\not 14}{\underset{3}{\not 15}}$$

Multiplica los numeradores.
Multiplica los denominadores.

$$\frac{1}{\square} \times \frac{\square}{3} = \frac{\square}{\square}$$

Entonces, $\frac{5}{8} \times \frac{14}{15} =$ ______.

Para evitar errores

Para escribir una fracción en su mínima expresión, asegúrate de dividir el numerador y el denominador entre un factor común.

¡Inténtalo! **Halla el producto. Simplifica antes de multiplicar.**

A $\frac{3}{8} \times \frac{2}{9}$

El MCD de 3 y 9 es ______.

El MCD de 2 y 8 es ______.

$$\frac{\not 3}{\not 8} \times \frac{\not 2}{\not 9} = \frac{\square}{\square}$$

B $\frac{4}{7} \times \frac{7}{12}$

El MCD de 4 y 12 es ______.

El MCD de 7 y 7 es ______.

$$\frac{\not 4}{\not 7} \times \frac{\not 7}{\not 12} = \frac{\square}{\square}$$

1. PRÁCTICA MATEMÁTICA 6 **Explica** por qué no puedes simplificar antes de multiplicar cuando debes hallar $3\frac{3}{5} \times \frac{6}{7}$.

____

____

2. PRÁCTICA MATEMÁTICA 3 **Compara estrategias** ¿Qué pasaría si dividieras entre un factor común distinto del MCD antes de multiplicar? ¿Cómo afectaría eso tu resultado?

____

____

Nombre ________________________________

Simplificar factores

Estándares comunes **ESTÁNDAR COMÚN—6.NS.B.4**
Calculan con facilidad números de múltiples dígitos y hallan factores y múltiplos comunes.

Halla el producto. Simplifica antes de multiplicar.

1. $\frac{8}{9} \times \frac{5}{12} = \frac{\cancel{8} \times 5}{9 \times \cancel{12}}$

$= \frac{10}{27}$

2. $\frac{3}{4} \times \frac{16}{21}$ ________

3. $\frac{15}{20} \times \frac{2}{5}$ ________

4. $\frac{9}{18} \times \frac{2}{3}$ ________

5. $\frac{3}{4} \times \frac{7}{30}$ ________

6. $\frac{8}{15} \times \frac{15}{32}$ ________

7. $\frac{12}{21} \times \frac{7}{9}$ ________

8. $\frac{18}{22} \times \frac{8}{9}$ ________

Resolución de problemas *En el mundo*

9. Amber tiene una bolsa con $\frac{4}{5}$ de libra de arena de color. Usa $\frac{1}{2}$ bolsa para un proyecto de arte. ¿Cuánta arena usa para el proyecto?

____

10. Tyler tiene $\frac{3}{4}$ de mes para escribir la reseña de un libro. Termina la reseña en $\frac{2}{3}$ de ese tiempo. ¿Cuánto tiempo le llevó a Tyler escribir la reseña?

____

11. **ESCRIBE** *Matemáticas* Muestra dos formas de multiplicar $\frac{2}{15} \times \frac{3}{20}$. Después, especifica qué forma es más fácil y justifica tu respuesta.

____

____

____

Repaso de la lección (6.NS.B.4)

Halla cada producto. Simplifica antes de multiplicar.

1. En la escuela de Susie, $\frac{5}{8}$ de los estudiantes practican deportes. De los estudiantes que practican deportes, $\frac{2}{5}$ juegan al fútbol. ¿Qué fracción de los estudiantes de la escuela de Susie juegan al fútbol?

2. Una caja de palomitas de maíz pesa $\frac{15}{16}$ de libra. La caja contiene $\frac{1}{3}$ de palomitas con mantequilla y $\frac{2}{3}$ de palomitas con queso. ¿Cuánto pesan las palomitas con queso?

Repaso en espiral (6.NS.B.3, 6.NS.C.7a)

3. Ramón compró una docena de espigas de maíz a $1.80. ¿Cuánto costó cada espiga de maíz?

4. Un tarro de 1.8 onzas de canela cuesta $4.05. ¿Cuánto cuesta cada onza?

5. Rose compró $\frac{7}{20}$ de kilogramo de caramelos de jengibre y 0.4 kilogramos de caramelos de canela. ¿De qué sabor de caramelo compró más cantidad? Explica cómo lo sabes.

6. Don caminó $3\frac{3}{5}$ millas el viernes, 3.7 millas el sábado y $3\frac{5}{8}$ millas el domingo. Ordena las distancias de menor a mayor.

PRACTICA MÁS CON EL
Entrenador personal en matemáticas

Nombre ___________________________

Revisión de la mitad del capítulo

Entrenador personal en matemáticas
Evaluación e intervención en línea

Vocabulario

Elige el mejor término del recuadro para completar la oración.

Vocabulario
denominador común
fracciones equivalentes
número mixto

1. Las fracciones $\frac{1}{2}$ y $\frac{5}{10}$ son ______________________. (pág. 75)

2. Un ____________________ es un denominador que es igual en dos o más fracciones. (pág. 75)

Conceptos y destrezas

Escribe como números decimales. Especifica si usaste una división, una recta numérica o cualquier otro método. (6.NS.C.6c)

3. $\frac{7}{20}$ ______________

4. $8\frac{39}{40}$ ______________

5. $1\frac{5}{8}$ ______________

6. $\frac{19}{25}$ ______________

Ordena de menor a mayor (6.NS.C.7a)

7. $\frac{4}{5}, \frac{3}{4}, 0.88$ ______________

8. $0.65, 0.59, \frac{3}{5}$ ______________

9. $1\frac{1}{4}, 1\frac{2}{3}, \frac{11}{12}$ ______________

10. $0.9, \frac{7}{8}, 0.86$ ______________

Halla el producto. Escríbelo en su mínima expresión. (6.NS.B.4)

11. $\frac{2}{3} \times \frac{1}{8}$ ______________

12. $\frac{4}{5} \times \frac{2}{5}$ ______________

13. $12 \times \frac{3}{4}$ ______________

14. Mia escaló $\frac{5}{8}$ de la altura de un muro de piedra. Lee escaló $\frac{4}{5}$ de la distancia qué escaló Mia. ¿Qué fracción del muro escaló Lee?

____

15. MÁS AL DETALLE En la clase de Zoe, $\frac{4}{5}$ de los estudiantes tienen mascota. De los estudiantes que tienen mascota, $\frac{1}{8}$ tiene roedores. ¿Qué fracción de los estudiantes de la clase de Zoe tiene mascota que son roedores? ¿Qué fracción de los estudiantes tiene mascota que no son roedores? (6.NS.B.4)

16. Una receta lleva $2\frac{2}{3}$ de tazas de harina. Terell quiere preparar $\frac{3}{4}$ de la receta. ¿Cuánta harina debe usar? (6.NS.B.4)

17. Después de la Maratón de Baltimore del año 2009, los voluntarios juntaron y reciclaron 3.75 toneladas de basura. Representa gráficamente 3.75 en una recta numérica y escribe el peso como un número mixto. (6.NS.C.6c)

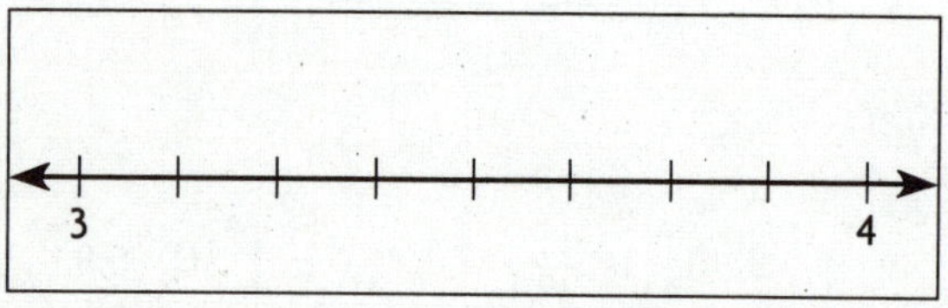

18. MÁS AL DETALLE Cuatro estudiantes hicieron un examen. Se dan las fracciones de la puntuación total posible que obtuvieron los estudiantes. ¿Qué estudiante obtuvo la calificación más alta? Si los estudiantes reciben un número entero de la puntuación en cada examen, ¿puede el examen valer un total de 80 puntos? Explica. (6.NS.C.7a)

Estudiante	Calificación
Mónica	$\frac{22}{25}$
Lily	$\frac{17}{20}$
Nikki	$\frac{4}{5}$
Sydney	$\frac{3}{4}$

Nombre ______________________________

Representar la división de fracciones

Estándares comunes **ESTÁNDAR COMÚN—6.NS.A.1**
Aplican y extienden conocimientos previos de multiplicación y división para dividir fracciones entre fracciones.

Usa el modelo para hallar el cociente.

1. $\frac{1}{4} \div 3 = \frac{1}{12}$

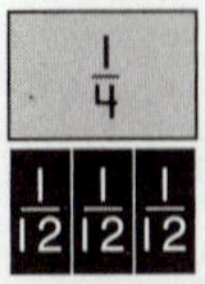

2. $\frac{1}{2} \div \frac{2}{12} =$ ________

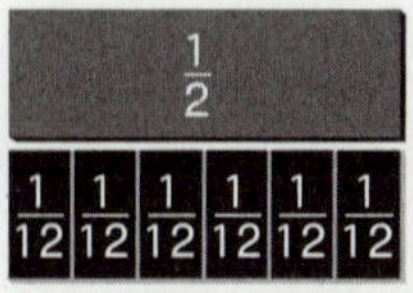

Usa tiras fraccionarias para hallar el cociente.

3. $\frac{5}{6} \div \frac{1}{2}$ ________

4. $\frac{2}{3} \div 4$ ________

5. $\frac{1}{2} \div 6$ ________

6. $\frac{1}{3} \div \frac{1}{12}$ ________

Usa una recta numérica para hallar el cociente. Después escribe una ecuación para el modelo. Interpreta el resultado.

7. Si Jerry corre $\frac{1}{10}$ de milla cada día, ¿cuántos días tardará en correr $\frac{4}{5}$ de milla?

____

Resolución de problemas (En el mundo)

8. La maestra Jennings tiene $\frac{3}{4}$ de galón de pintura para un proyecto de arte. Planea dividir equitativamente la pintura en frascos. Si coloca $\frac{1}{8}$ de galón de pintura en cada frasco, ¿cuántos frascos usará?

____

9. Si un frasco de pegamento pesa $\frac{1}{12}$ de libra, ¿cuántos frascos puede obtener Rickie con $\frac{2}{3}$ de libra de pegamento?

____

10. **ESCRIBE** *Matemáticas* Explica cómo usar un modelo para mostrar $\frac{2}{6} \div \frac{1}{12}$ y $\frac{2}{6} \div 4$.

____

____

Repaso de la lección (6.NS.A.1)

Dibuja un modelo para hallar el cociente.

1. Darcy necesita $\frac{1}{4}$ de yarda de tela para hacer un cartel. Tiene 2 yardas de tela. ¿Cuántos carteles puede hacer?

2. Lorenzo compró $\frac{15}{16}$ de libra de carne molida. Quiere hacer hamburguesas que pesen $\frac{3}{16}$ de libra cada una. ¿Cuántas hamburguesas puede hacer?

Repaso en espiral (6.NS.B.2, 6.NS.B.4)

3. Leticia lee 22 páginas cada noche. Si mantiene esta velocidad, ¿cuánto tiempo tardará en leer un libro de 300 páginas?

4. El director de una escuela quiere encargar cuadernos para 624 estudiantes. Los cuadernos vienen en cajas de 28. ¿Cuántas cajas debe encargar?

5. Cada cuadra del vecindario de Ton mide $\frac{2}{3}$ de milla de longitud. Si camina $4\frac{1}{2}$ cuadras, ¿qué distancia recorre?

6. En el jardín de Cathy, $\frac{5}{6}$ del área está cubierta con flores. De las flores, $\frac{3}{10}$ son rojas. ¿Qué fracción del jardín de Cathy está cubierto con flores rojas?

PRACTICA MÁS CON EL
Entrenador personal en matemáticas

Nombre ________________________________

Estimar cocientes

Pregunta esencial ¿Cómo puedes usar números compatibles para estimar cocientes de fracciones y números mixtos?

Estándares comunes **El sistema numérico— 6.NS.A.1**
PRÁCTICAS MATEMÁTICAS
MP1, MP2, MP3, MP6

RELACIONA Has usado números compatibles para estimar cocientes de números enteros y números decimales. También puedes usar números compatibles para estimar cocientes de fracciones y números mixtos.

Recuerda

Los números compatibles son pares de números que se pueden calcular mentalmente con facilidad.

Soluciona el problema En el mundo

Las ballenas jorobadas cantan "canciones" que repiten continuamente durante períodos de muchas horas. Eric usa un micrófono subacuático para grabar una canción de ballena jorobada que dura $3\frac{5}{6}$ minutos. Le quedan $15\frac{3}{4}$ minutos de batería. ¿Aproximadamente cuántas veces podrá grabar la canción?

- ¿Qué operación debes usar para resolver el problema? ¿Por qué?

____

____

- ¿Cómo sabes que en el problema se te pide hallar una estimación?

____

____

De una manera Usa números compatibles para estimar $15\frac{3}{4} \div 3\frac{5}{6}$.

Piensa: ¿Qué números enteros cercanos a $15\frac{3}{4}$ y $3\frac{5}{6}$ se pueden dividir mentalmente con facilidad?

$15\frac{3}{4}$ está cerca de ________.

$3\frac{5}{6}$ está cerca de ________.

Usa números compatibles para volver a escribir el problema.

$15\frac{3}{4} \div 3\frac{5}{6}$
↓ ↓

Divide.

$16 \div 4 =$ ________

Entonces, Eric podrá grabar la canción completa de la ballena aproximadamente ________ veces.

1. PRÁCTICA MATEMÁTICA 3 **Compara estrategias** Para estimar $15\frac{3}{4} \div 3\frac{5}{6}$, Martín usó 15 y 3 como números compatibles. Tina usó 15 y 4. ¿Eligieron bien los números? Explica por qué sí o por qué no.

____

____

____

Ejemplo Usa números compatibles para estimar.

A $5\frac{2}{3} \div \frac{5}{8}$

Usa números compatibles para volver a escribir el problema.

$5\frac{2}{3} \quad \div \quad \frac{5}{8}$

$\downarrow \qquad \downarrow$

_______ ÷ _______

Piensa: ¿Cuántas mitades hay en 6?

$6 \div \frac{1}{2} =$ _______

Entonces, $5\frac{2}{3} \div \frac{5}{8}$ es aproximadamente _______.

B $\frac{7}{8} \div \frac{1}{4}$

Usa números compatibles para volver a escribir el problema.

$\frac{7}{8} \quad \div \quad \frac{1}{4}$

$\downarrow \qquad \downarrow$

_______ ÷ $\frac{1}{4}$

Piensa: ¿Cuántos cuartos hay en 1?

$1 \div \frac{1}{4} =$ _______

Entonces, $\frac{7}{8} \div \frac{1}{4}$ es aproximadamente _______.

2. PRÁCTICA MATEMÁTICA 2 **Usa el razonamiento** ¿El cociente real de $5\frac{2}{3} \div \frac{5}{8}$ será mayor o menor que el cociente estimado? Explica.

3. ¿El cociente real de $\frac{7}{8} \div \frac{1}{4}$ será mayor o menor que el cociente estimado? Explica.

4. PRÁCTICA MATEMÁTICA 6 **Explica** cómo usarías números compatibles para estimar el cociente de $14\frac{3}{4} \div 3\frac{9}{10}$.

Nombre ____________________

Comparte y muestra MATH BOARD

Usa números compatibles para estimar.

1. $22\frac{4}{5} \div 6\frac{1}{4}$

   ↓ ↓

   ____ ÷ ____ = ____

2. $12 \div 3\frac{3}{4}$

3. $33\frac{7}{8} \div 5\frac{1}{3}$

4. $3\frac{7}{8} \div \frac{5}{9}$

5. $34\frac{7}{12} \div 7\frac{3}{8}$

6. $1\frac{2}{9} \div \frac{1}{6}$

Charla matemática PRÁCTICAS MATEMÁTICAS 6

Explica qué diferencia hay entre usar números compatibles y redondear para estimar $35\frac{1}{2} \div 6\frac{5}{6}$.

Por tu cuenta

Usa números compatibles para estimar.

7. $44\frac{1}{4} \div 11\frac{7}{9}$

8. $71\frac{11}{12} \div 8\frac{3}{4}$

9. $1\frac{1}{6} \div \frac{1}{8}$

PIENSA MÁS **Estima para comparar. Escribe <, > o =.**

10. $21\frac{3}{10} \div 2\frac{5}{6}$ ◯ $35\frac{7}{9} \div 3\frac{2}{3}$

11. $29\frac{4}{5} \div 5\frac{1}{6}$ ◯ $27\frac{8}{9} \div 6\frac{5}{8}$

12. $55\frac{5}{6} \div 6\frac{7}{10}$ ◯ $11\frac{5}{7} \div \frac{5}{8}$

13. Marion está haciendo banderas para el colegio. Para cada bandera, necesita $2\frac{3}{4}$ yardas de fieltro. Marion tiene $24\frac{1}{8}$ yardas de fieltro. ¿Aproximadamente cuántas banderas puede hacer?

14. MÁS AL DETALLE Un caracol de jardín recorre aproximadamente $2\frac{3}{5}$ pies en 1 minuto. A esa velocidad, ¿aproximadamente cuántas horas tardaría el caracol en recorrer 350 pies?

Resolución de problemas • Aplicaciones En el mundo

¿Cuál es el error?

15. Para hacer banderines, Megan usa un pedazo de papel de estraza que mide $10\frac{3}{8}$ yardas de largo. Se necesitan $\frac{3}{8}$ de yarda de papel para cada banderín. Megan estimó el cociente de $10\frac{3}{8} \div \frac{3}{8}$ para estimar la cantidad de banderines que podía hacer.

Observa cómo Megan resolvió el problema. Halla su error.

Estimación:

$10\frac{3}{8} \div \frac{3}{8}$

↓ ↓

$10 \div \frac{1}{2} = 5$

Corrige el error. Estima el cociente.

Entonces, Megan puede hacer aproximadamente _______ banderines.

- PRÁCTICA MATEMÁTICA 1 **Describe** el error que cometió Megan.

____

____

- PRÁCTICA MATEMÁTICA 6 **Explica** Indica qué números compatibles usaste para estimar $10\frac{3}{8} \div \frac{3}{8}$. Explica por qué elegiste esos números.

____

16. PIENSA MÁS Estima para comparar los números 16a–16c. Elige <, > o =.

16a. $18\frac{3}{10} \div 2\frac{5}{6}$ [< | > | =] $30\frac{7}{9} \div 3\frac{1}{3}$

16b. $17\frac{4}{5} \div 6\frac{1}{6}$ [< | > | =] $19\frac{8}{9} \div 4\frac{5}{8}$

16c. $35\frac{5}{6} \div 6\frac{1}{4}$ [< | > | =] $11\frac{5}{7} \div 2\frac{3}{4}$

Nombre ________________________________

Estimar cocientes

ESTÁNDAR COMÚN—6.NS.A.1
Aplican y extienden conocimientos previos de multiplicación y división para dividir fracciones entre fracciones.

Usa números compatibles para estimar.

1. $12\frac{3}{16} \div 3\frac{9}{10}$
   $\downarrow \quad \downarrow$
   $12 \div 4 = 3$

2. $15\frac{3}{8} \div \frac{1}{2}$ ______________

3. $22\frac{1}{5} \div 1\frac{5}{6}$ ______________

4. $7\frac{7}{9} \div \frac{4}{7}$ ______________

5. $18\frac{1}{4} \div 2\frac{4}{5}$ ______________

6. $\frac{15}{16} \div \frac{1}{7}$ ______________

7. $14\frac{7}{8} \div \frac{5}{11}$ ______________

8. $53\frac{7}{12} \div 8\frac{11}{12}$ ______________

9. $1\frac{1}{6} \div \frac{1}{9}$ ______________

Resolución de problemas — En el mundo

10. Estima la cantidad de trozos que Sharon tendrá si divide $15\frac{1}{3}$ yardas de tela en trozos de $4\frac{4}{5}$ yardas de longitud.

____

11. Estima la cantidad de recipientes de $\frac{1}{2}$ de cuarto que Ethan puede llenar con un recipiente que contiene $8\frac{7}{8}$ cuartos de agua.

____

12. **ESCRIBE** *Matemáticas* ¿Cuál es la diferencia entre estimar cocientes y estimar productos?

____

____

____

Repaso de la lección (6.NS.A.1)

1. Para hacer un pan de zapallo, se necesitan $1\frac{3}{4}$ tazas de pasas. ¿Aproximadamente cuántos panes se pueden hacer con 10 tazas de pasas?

2. Perry se impuso el objetivo de correr $2\frac{1}{4}$ millas por día. Una vuelta alrededor de la pista de la escuela es igual a $\frac{1}{3}$ de milla. ¿Aproximadamente cuántas vueltas debe correr para lograr su objetivo?

Repaso en espiral (6.NS.B.3, 6.NS.B.4)

3. Una receta lleva $\frac{3}{4}$ de cucharadita de pimienta roja. Uri quiere usar $\frac{1}{3}$ de esa cantidad. ¿Cuánta pimienta roja debería usar?

4. Una receta lleva $2\frac{2}{3}$ tazas de rodajas de manzanas. Zoe quiere usar $1\frac{1}{2}$ de esta cantidad. ¿Cuántas tazas de rodajas de manzanas debería usar?

5. Edgar tiene 2.8 metros de cuerda. Si corta la cuerda en 7 partes iguales, ¿qué longitud tendrá cada trozo?

6. Kami tiene 7 litros de agua para llenar botellas de 2.8 litros cada una. ¿Cuántas botellas puede llenar?

Nombre ______________________________

Dividir fracciones

Pregunta esencial ¿Cómo divides fracciones?

Estándares comunes **El sistema numérico—6.NS.A.1**

PRÁCTICAS MATEMÁTICAS
MP2, MP5, MP6, MP8

Soluciona el problema — En el mundo

Toby y su padre construyen una casa para perros. Necesitan cortar una tabla que mide $\frac{2}{3}$ de yarda de longitud en trozos de $\frac{1}{6}$ de yarda. ¿Cuántos trozos de $\frac{1}{6}$ de yarda pueden cortar?

De una manera Usa una recta numérica para dividir $\frac{2}{3} \div \frac{1}{6}$.

PASO 1 Dibuja una recta numérica y sombréala para representar la longitud total de la tabla.

Piensa: Divide un entero en tercios.

Toby y su padre tienen $\frac{2}{3}$ de yarda, entonces sombrea $\frac{2}{3}$.

PASO 2 Muestra partes fraccionarias que representen los trozos de madera.

Piensa: Halla la cantidad de grupos de $\frac{1}{6}$ que hay en $\frac{2}{3}$.

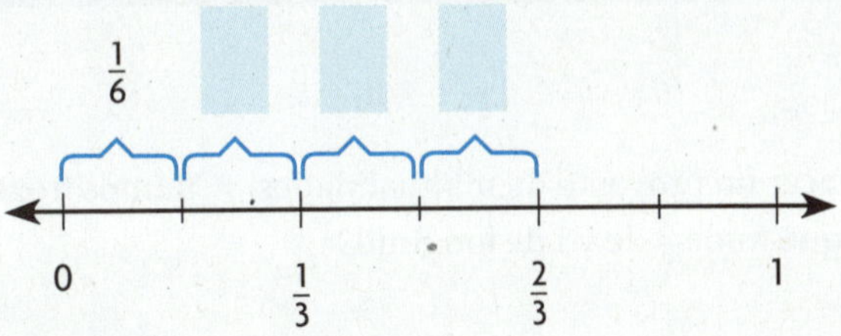

Entonces, hay _______ trozos de $\frac{1}{6}$ de yarda en $\frac{2}{3}$ de yarda.

De otra manera Usa un denominador común para dividir $\frac{2}{3} \div \frac{1}{6}$.

PASO 1 Usa un denominador común para escribir fracciones equivalentes.

Piensa: _______ es un múltiplo de 3 y 6, entonces _______ es un denominador común

$$\frac{2}{3} \div \frac{1}{6} = \frac{2 \times \square}{3 \times \square} \div \frac{1}{6} = \frac{\square}{6} \div \frac{1}{6}$$

PASO 2 Divide.

Piensa: Hay _______ grupos de $\frac{1}{6}$ en $\frac{4}{6}$.

$$\frac{4}{6} \div \frac{1}{6} = \_\_\_\_\_\_$$

Entonces, $\frac{2}{3} \div \frac{1}{6} =$ _______. Toby y su padre pueden cortar _______ trozos de $\frac{1}{6}$ de yarda.

Charla matemática PRÁCTICAS MATEMÁTICAS 2

Usa el razonamiento ¿Cómo puedes usar un denominador común para hallar el cociente de $\frac{2}{3} \div \frac{2}{9}$?

Puedes usar recíprocos y operaciones inversas para dividir fracciones.
Dos números cuyo producto es 1 son **recíprocos** o **inversos multiplicativos**.

$\frac{2}{3} \times \frac{3}{2} = 1$ $\frac{2}{3}$ y $\frac{3}{2}$ son recíprocos.

Actividad Halla un patrón.

- Halla los productos para completar la tabla.
- ¿En qué se parecen los pares de ejercicios de división y multiplicación? ¿En qué se diferencian?

____

____

____

División	Multiplicación
$\frac{4}{7} \div \frac{2}{7} = 2$	$\frac{4}{7} \times \frac{7}{2} =$
$\frac{5}{6} \div \frac{4}{6} = \frac{5}{4}$	$\frac{5}{6} \times \frac{6}{4} =$
$\frac{1}{3} \div \frac{5}{9} = \frac{3}{5}$	$\frac{1}{3} \times \frac{9}{5} =$

- ¿Cómo podrías usar el patrón de la tabla para volver a escribir un problema de división que incluya un problema de multiplicación con fracciones?

____

____

Ejemplo

Winnie necesita trozos de cuerda para hacer un proyecto de manualidades. ¿Cuántos trozos de cuerda de $\frac{1}{12}$ de yd puede cortar de una cuerda que mide $\frac{3}{4}$ de yd de longitud?

Divide $\frac{3}{4} \div \frac{1}{12}$.

Estima. ______ $\div \frac{1}{12} =$ ______

Usa el recíproco del divisor para escribir un problema de multiplicación.

$$\frac{3}{4} \div \frac{1}{12} = \frac{3}{4} \times \frac{\square}{\square}$$

Simplifica los factores.

$$= \frac{3}{\cancel{4}} \times \frac{\cancel{12}}{1}$$

Multiplica.

$= $ ______

Comprueba tu resultado.

$\frac{1}{12} \times$ ______ $=$ ______ $=$ ______

Puesto que la estimación es ______, el resultado es razonable.

Entonces, Winnie puede cortar ______ trozos de cuerda de $\frac{1}{12}$ de yd.

Charla matemática

PRÁCTICAS MATEMÁTICAS 6

Explica cómo usaste la multiplicación para comprobar tu resultado.

Nombre ________________________________

Representar la división de números mixtos

Pregunta esencial ¿Cómo puedes mostrar la división de números mixtos con un modelo?

Estándares comunes **El sistema numérico— 6.NS.A.1**

PRÁCTICAS MATEMÁTICAS
MP1, MP4, MP5, MP8

Investigar

Materiales ■ patrones de figuras geométricas

Una maestra de ciencias tiene $1\frac{2}{3}$ tazas de bicarbonato de soda. Hace un experimento para sus estudiantes en el que mezcla $\frac{1}{6}$ de taza de bicarbonato de soda con vinagre. Si la maestra usa la misma cantidad de bicarbonato de soda en cada experimento, ¿cuántas veces puede hacer el experimento?

A. ¿Qué operación debes usar para hallar el resultado? ¿Por qué?

____

____

B. Usa patrones de figuras geométricas para mostrar $1\frac{2}{3}$.

Dibuja tu modelo.

Piensa: Un patrón de hexágono es un entero y un rombo es

_______ de un entero.

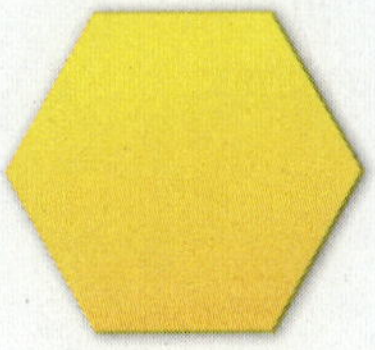

- ¿Qué tipo y qué cantidad de patrones de figuras geométricas usaste para representar $1\frac{2}{3}$?

____

C. Cubre $1\frac{2}{3}$ con patrones que representen $\frac{1}{6}$ para mostrar la división entre $\frac{1}{6}$. Dibuja tu modelo.

Piensa: Un patrón de

_____________ representa

_______ de un entero.

_______ patrones de triángulo cubren $1\frac{2}{3}$.

$1\frac{2}{3} \div \frac{1}{6} =$ _______

Entonces, la maestra puede hacer el experimento _______ veces.

Charla matemática **PRÁCTICAS MATEMÁTICAS 5**

Usa herramientas ¿Cómo podrías comprobar que tu resultado es razonable?

Sacar conclusiones

1. PRÁCTICA MATEMÁTICA 5 **Comunica** Indica cómo en tu modelo se muestra un problema de multiplicación relacionado.

____

2. PRÁCTICA MATEMÁTICA 1 **Describe relaciones** Imagina que se divide un número mixto entre una fracción que está entre 0 y 1. ¿El cociente es mayor o menor que el dividendo? Explica y da un ejemplo.

____

____

____

____

Hacer conexiones

Puedes usar un modelo para dividir un número mixto entre un número entero.

Naomi tiene $2\frac{1}{4}$ cuartos de limonada. Quiere dividir la limonada en partes iguales entre 2 jarras. ¿Cuántos cuartos de limonada debe echar en cada jarra?

Divide $2\frac{1}{4} \div 2$.

PASO 1 Dibuja un modelo en el que representes la cantidad total de limonada.

Piensa: Divide 3 enteros en __________.

Sombrea ______.

PASO 2 Dibuja partes con las que representes la cantidad de limonada que hay en cada jarra.

Piensa: ¿Qué quieres hallar?

____

Piensa: En cada uno de los dos grupos iguales hay ______ entero y ______ de $\frac{1}{4}$.

$\frac{1}{2}$ de $\frac{1}{4}$ es ______.

Entonces, $2\frac{1}{4} \div 2 =$ ______. Naomi debe echar ______ de cuartos de limonada en cada jarra.

Charla matemática

PRÁCTICAS MATEMÁTICAS 8

Generaliza Explica qué relación hay entre el cociente y el dividendo cuando se divide un número mixto entre un número entero mayor que 1.

Nombre ______________________________

Comparte y muestra MATH BOARD

Usa el modelo para hallar el cociente.

1. $3\frac{1}{3} \div \frac{1}{3} =$ ______

2. $2\frac{1}{2} \div \frac{1}{6} =$ ______

Usa patrones de figuras geométricas para hallar el cociente. Luego dibuja el modelo.

3. $2\frac{2}{3} \div \frac{1}{6} =$ ______

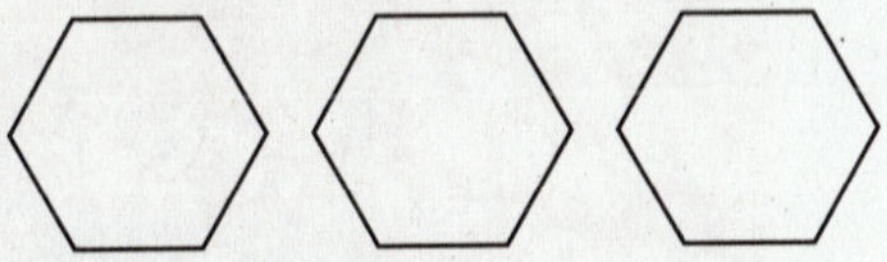

4. $3\frac{1}{2} \div \frac{1}{2} =$ ______

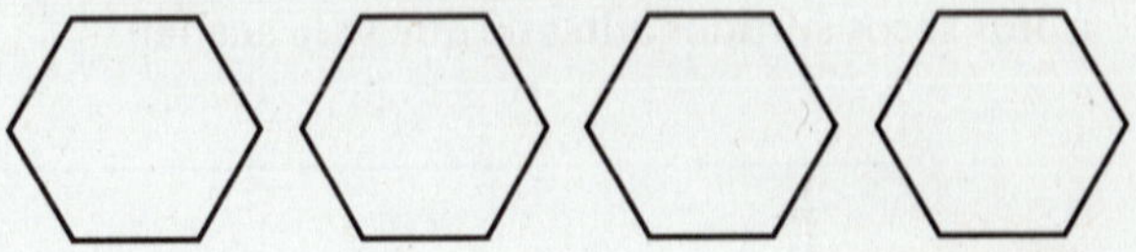

Dibuja un modelo para hallar el cociente.

5. $3\frac{1}{2} \div 3 =$ ______

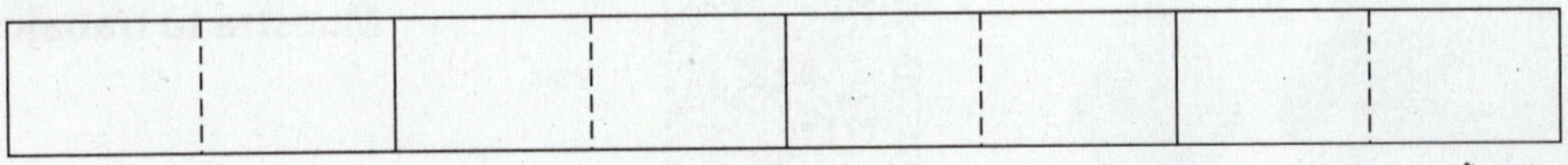

6. $1\frac{1}{4} \div 2 =$ ______

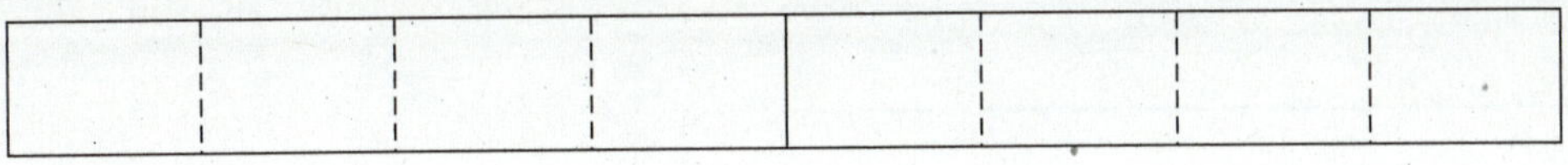

7. PRÁCTICA MATEMÁTICA 5 **Usa herramientas adecuadas** Explica cómo pueden usarse modelos para dividir números mixtos entre fracciones o entre números enteros.

____

____

____

____

____

Resolución de problemas • Aplicaciones En el mundo

Usa un modelo para resolver los problemas. Después, escribe una ecuación para el modelo.

8. PRÁCTICA MATEMÁTICA 4 **Usa modelos** Eliza abre una caja que tiene kits de cuentas. La caja pesa $2\frac{2}{3}$ lb. Cada kit de cuentas pesa $\frac{1}{6}$ de lb. ¿Cuántos kits hay en la caja? ¿Qué significa la respuesta?

9. MÁS AL DETALLE Hassan tiene dos cajas de frutos secos surtidos. Cada caja contiene $1\frac{2}{3}$ lb de frutos secos surtidos. Hassan come $\frac{1}{3}$ de lb de frutos secos por día. ¿Durante cuántos días Hassan puede comer frutos secos surtidos antes de que se le acaben?

10. PIENSA MÁS **¿Tiene sentido?** Steve hizo este modelo para representar $2\frac{1}{3} \div \frac{1}{6}$. Dice que el cociente es 7. ¿Tiene sentido su respuesta? Explica tu razonamiento.

Matemáticas al instante

11. PIENSA MÁS Eva está preparando panecillos para vender en una colecta. Tiene $2\frac{1}{4}$ tazas de harina y la receta lleva $\frac{3}{4}$ de taza de harina por cada tanda de panecillos. Explica cómo usar un modelo para hallar el número de tandas que Eva puede preparar.

ESCRIBE Matemáticas
Muestra tu trabajo

Nombre ______________________________

Representar la división de números mixtos

Estándares comunes **ESTÁNDAR COMÚN—6.NS.A.1**
Aplican y extienden conocimientos previos de multiplicación y división para dividir fracciones entre fracciones.

Usa el modelo para hallar el cociente.

1. $4\frac{1}{2} \div \frac{1}{2} =$ 9

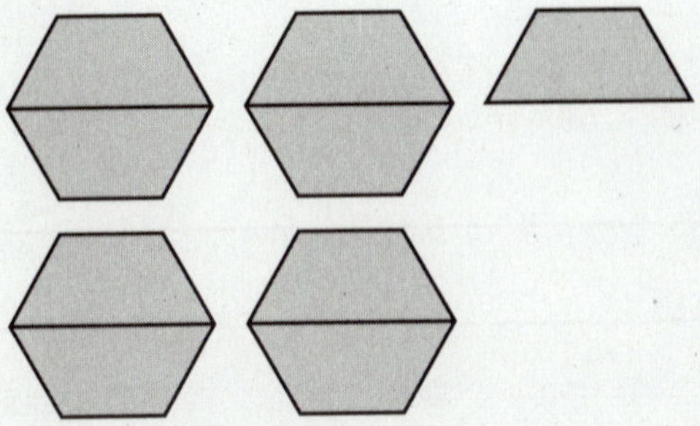

2. $3\frac{1}{3} \div \frac{1}{6} =$ ________

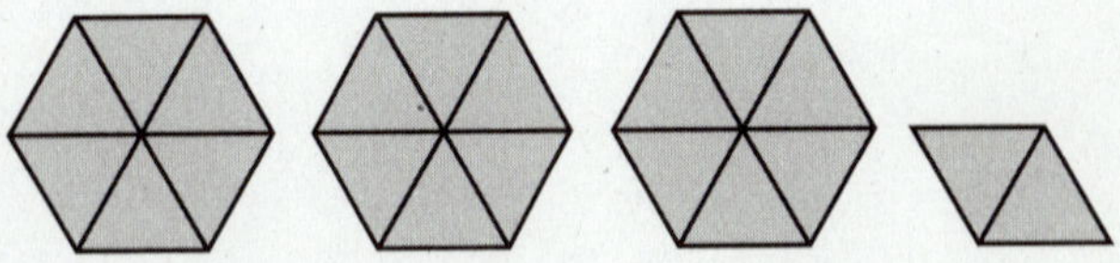

Usa patrones de figuras geométricas u otro tipo de modelo para hallar el cociente. Luego dibuja el modelo.

3. $2\frac{1}{2} \div \frac{1}{6} =$ ________

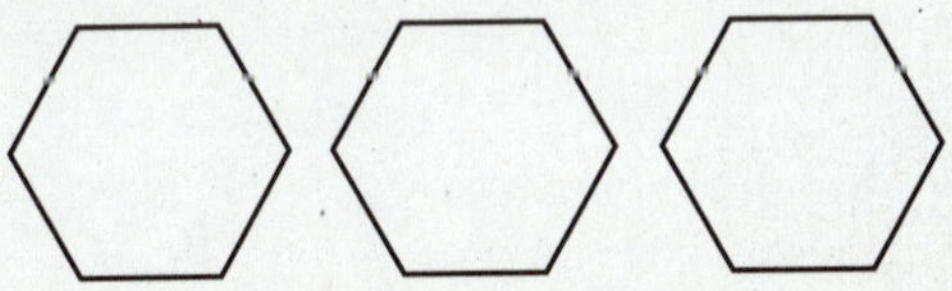

4. $2\frac{3}{4} \div 2 =$ ________

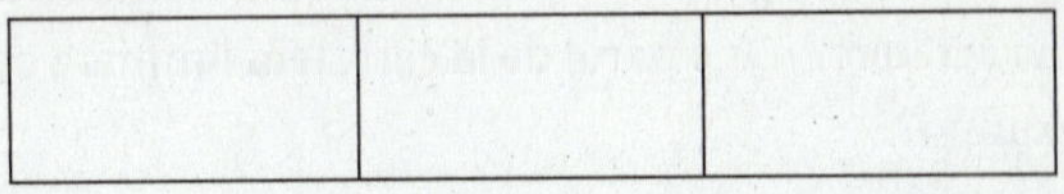

Resolución de problemas En el mundo

5. Marty tiene $2\frac{4}{5}$ cuartos de jugo. Vierte la misma cantidad de jugo en 2 botellas. ¿Cuánto vierte en cada botella?

____

6. ¿Cuántas porciones de $\frac{1}{3}$ de libra hay en $4\frac{2}{3}$ libras de queso?

____

7. ESCRIBE *Matemáticas* Escribe un problema en el que tengas que dividir un número mixto por un número entero. Resuelve el problema y describe cómo encontraste el resultado.

____

Repaso de la lección (6.NS.A.1)

Dibuja un modelo para encontrar el cociente.

1. Emma tiene $4\frac{1}{2}$ libras de alpiste. Quiere dividir esa cantidad en partes iguales entre 3 comederos de aves. ¿Qué cantidad de alpiste debería colocar en cada comedero?

2. Una caja de galletas pesa $11\frac{1}{4}$ onzas. Kaden estima que cada porción pesa $\frac{3}{4}$ de onza. ¿Cuántas porciones hay en la caja?

Repaso en espiral (6.NS.B.3, 6.NS.B.4, 6.NS.C.6c)

3. Los miembros del Club Ecológico se ofrecieron como voluntarios para limpiar 4.8 kilómetros de carretera. Los miembros se organizaron en 16 grupos. Cada grupo limpiará la misma cantidad de la carretera. ¿Qué parte de la carretera limpiará cada equipo?

4. Tyrone tiene $8.06. ¿Cuántas rosquillas puede comprar si cada una cuesta $0.65?

5. Un clavo tiene un espesor de 0.1875 pulgadas. ¿Cuál es su espesor escrito como una fracción? ¿0.187 pulgadas está más cerca de $\frac{1}{8}$ de pulgada o de $\frac{1}{4}$ de pulgada en una recta numérica?

6. María quiere hallar el producto de $5\frac{3}{20} \times 3\frac{4}{25}$ usando decimales en lugar de fracciones. ¿Cómo puede volver a escribir el problema con decimales?

PRACTICA MÁS CON EL
Entrenador personal en matemáticas

Nombre ____________________

Dividir números mixtos

Pregunta esencial ¿Cómo divides números mixtos?

Estándares comunes **El sistema numérico— 6.NS.A.1**

PRÁCTICAS MATEMÁTICAS
MP1, MP6, MP7

Soluciona el problema En el mundo

Una caja que pesa $9\frac{1}{3}$ lb contiene kits para armar robots que pesan $1\frac{1}{6}$ lb cada uno. ¿Cuántos kits para armar robots hay en la caja?

- Subraya la oración que indica lo que estás intentando hallar.
- Encierra en un círculo los números que debes usar para resolver el problema.

Divide $9\frac{1}{3} \div 1\frac{1}{6}$.

Estima el cociente. _______ ÷ _______ = _______

Escribe los números mixtos como fracciones.

$$9\frac{1}{3} \div 1\frac{1}{6} = \frac{\square}{3} \div \frac{\square}{6}$$

Usa el recíproco del divisor para escribir un problema de multiplicación.

$$= \frac{28}{3} \times \frac{\square}{\square}$$

Simplifica.

$$= \frac{\overset{\square}{\cancel{28}}}{\underset{\square}{\cancel{3}}} \times \frac{\overset{\square}{\cancel{6}}}{\underset{\square}{\cancel{7}}}$$

Multiplica.

$$= \frac{\square}{\square} \text{ u } \_\_\_\_\_\_$$

Compara tu estimación con el cociente. Puesto que la estimación, _______,

está cerca de _______, el resultado es razonable.

Entonces, en la caja hay _______ kits para armar robots.

¡Inténtalo! Estima. Luego escribe el cociente en su mínima expresión.

Piensa: Escribe los números mixtos como fracciones.

A $2\frac{1}{3} \div \frac{1}{6}$

____

B $5\frac{3}{4} \div \frac{3}{8}$

____

Ejemplo Cuatro excursionistas repartieron $3\frac{1}{3}$ ct de agua en partes iguales. ¿Cuánto recibió cada excursionista?

Divide $3\frac{1}{3} \div 4$. Comprueba.

Estima. _______ $\div 4 = 1$

Escribe el número mixto y el número entero como fracciones.

$$3\frac{1}{3} \div 4 = \frac{\square}{3} \div \frac{\square}{\square}$$

Usa el recíproco del divisor para escribir un problema de multiplicación.

$$= \frac{10}{3} \times \frac{\square}{\square}$$

Simplifica.

$$= \frac{\cancel{10}^{\square}}{3} \times \frac{1}{\cancel{4}_{\square}}$$

Multiplica.

$$= \_\_\_\_\_$$

Comprueba tu resultado.

$$4 \times \_\_\_\_\_ = \frac{\square}{\square} = \_\_\_\_\_$$

Entonces, cada excursionista recibió _______ de ct.

Charla matemática

PRÁCTICAS MATEMÁTICAS 1

Evalúa si tu resultado es razonable con la información del problema.

1. **Describe** lo que estás intentando hallar en el ejemplo de arriba.

____

2. PRÁCTICA MATEMÁTICA 6 **Compara** Explica en qué se parecen la división de números mixtos y la multiplicación de números mixtos. ¿En qué se diferencian?

____

____

____

____

3. PIENSA MÁS En un ejercicio de división, el divisor está entre 0 y 1, y el dividendo es mayor que 0. ¿El cociente será mayor o menor que el dividendo? Explica.

____

____

Nombre ______________________

Resolución de problemas • Operaciones con fracciones

Pregunta esencial ¿Cómo puedes usar la estrategia *usar un modelo* como ayuda para resolver un problema de división?

Estándares comunes **El sistema numérico— 6.NS.A.1**
PRÁCTICAS MATEMÁTICAS MP1, MP2, MP4, MP6

Soluciona el problema — En el mundo

Sam tenía $\frac{3}{4}$ de lb de cereal. Cada día, llevó $\frac{1}{8}$ de lb a la escuela como refrigerio. Si le queda $\frac{1}{4}$ de lb, ¿cuántos días llevó Sam cereal a la escuela?

Usa el siguiente organizador gráfico como ayuda para resolver el problema.

Lee el problema

¿Qué debo hallar?	¿Qué información debo usar?	¿Cómo usaré la información?
Debo hallar ______ ______ ______.	Sam comenzó con ______ de lb de cereal y llevó ______ de lb cada día. Le queda ______ de lb.	Haré un modelo de barras para hallar cuánto ______ ______ ______.

Resuelve el problema

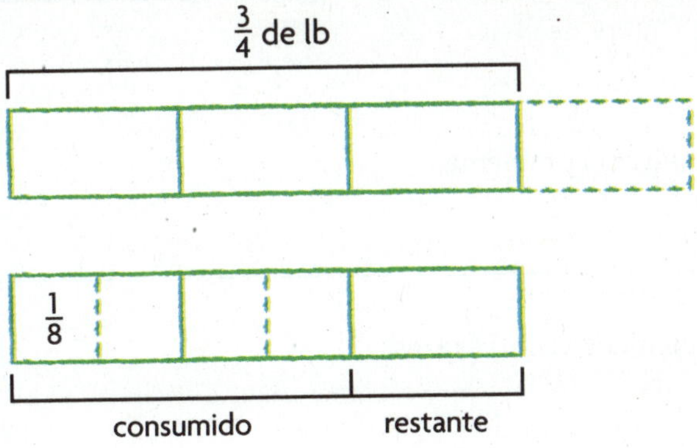

En el modelo se muestra que Sam consumió ______ de lb de cereal.

______ grupos de $\frac{1}{8}$ son equivalentes a $\frac{1}{2}$,

entonces $\frac{1}{2} \div \frac{1}{8} =$ ______.

Entonces, Sam llevó cereal a la escuela durante ______ días.

Charla matemática PRÁCTICAS MATEMÁTICAS 2

Usa el razonamiento Cómo puedes resolver el problema de una manera diferente para justificar tu resultado.

Haz otro problema

Para hacer un experimento de ciencias, el Sr. Barrows divide $\frac{2}{3}$ de taza de sal en frascos pequeños que contienen $\frac{1}{12}$ de taza cada uno. Si después de dividir le queda $\frac{1}{6}$ de taza de sal, ¿cuántos frascos llena?

Lee el problema

¿Qué debo hallar?	¿Qué información debo usar?	¿Cómo usaré la información?

Resuelve el problema

Entonces, el Sr. Barrows llena _______ frascos.

1. PRÁCTICA MATEMÁTICA 4 **Escribe una expresión** que podrías usar para resolver el problema.

2. PRÁCTICA MATEMÁTICA 6 **Explica un método** Imagina que el Sr. Barrows comienza con $1\frac{2}{3}$ tazas de sal. Explica cómo podrías hallar cuántos frascos llena.

Nombre ______________________________

Comparte y muestra

1. Hay $\frac{4}{5}$ de lb de arena entre los materiales de ciencias que hay en la clase. Si una pala de arena pesa $\frac{1}{20}$ de lb, ¿cuántas palas de arena puede obtener María de los materiales de la clase y que todavía quede $\frac{1}{2}$ de lb?

Primero, dibuja un modelo de barras.

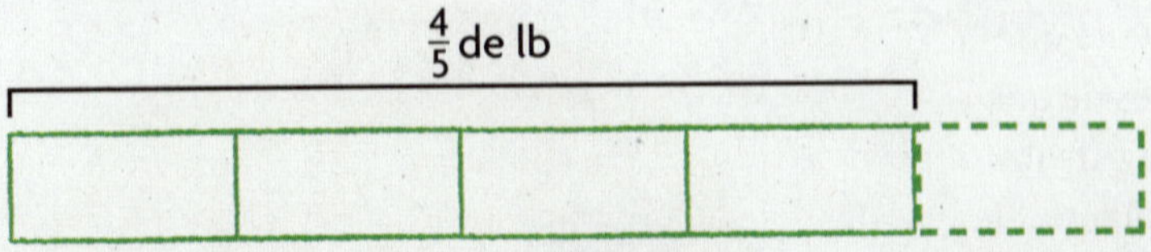

A continuación, halla cuánta arena obtiene María.

María obtendrá $\frac{\square}{10}$ de lb de arena.

Por último, halla la cantidad de palas.

______ grupos de $\frac{1}{20}$ son equivalentes a $\frac{\square}{10}$,

entonces $\frac{\square}{10} \div \frac{1}{20} =$ ______.

Entonces, María obtendrá ______ palas de arena.

2. PIENSA MÁS **¿Qué pasaría si** María dejara $\frac{2}{5}$ de lb de arena en los materiales? ¿Cuántas palas de arena podría obtener?

____

3. Hay 6 galones de agua destilada entre los materiales de ciencias. Si 10 estudiantes usan igual cantidad de agua destilada y queda 1 gal. entre los materiales, ¿cuánto obtendrá cada estudiante?

____

Soluciona el problema

- Subraya la pregunta.
- Encierra en un círculo la información importante.
- Comprueba para asegurarte de que respondiste la pregunta.

ESCRIBE *Matemáticas*
Muestra tu trabajo

Por tu cuenta

4. PIENSA MÁS En Peces y Pieles, el peso total de los peces que había en una pecera con peces tropicales era $\frac{7}{8}$ de lb. Cada pez pesaba $\frac{1}{64}$ de lb. Después de que Eric compró algunos peces, el peso total de los peces que quedaban en la pecera era $\frac{1}{2}$ de lb. ¿Cuántos peces compró Eric?

Matemáticas al instante

5. MÁS AL DETALLE En Peces y Pieles, había un recipiente que contenía $2\frac{1}{2}$ lb de alimento para jerbos. Después de que se vendieran bolsas de alimento para jerbos de $\frac{3}{4}$ de lb cada una, quedó $\frac{1}{4}$ de lb de alimento en el recipiente. Si cada bolsa de alimento para jerbos se vendió a $3.25, ¿cuánto dinero ganó el negocio?

6. PRÁCTICA MATEMÁTICA 1 **Describe** Nico compró 2 lb de golosinas para perros. Le dio a su perro $\frac{3}{5}$ de lb de golosinas durante una semana y $\frac{7}{10}$ de lb la semana siguiente. Explica cómo Nico puede hallar cuánto queda de las golosinas para perros.

ESCRIBE ▸ *Matemáticas*

Muestra tu trabajo

Entrenador personal en matemáticas

7. PIENSA MÁS + Había $14\frac{1}{4}$ tazas de jugo de manzana en un recipiente. Cada día, Elise bebió $1\frac{1}{2}$ tazas de jugo de manzana. Hoy, quedan $\frac{3}{4}$ de taza de jugo de manzana.

Derek dijo que Elise bebió jugo de manzana durante nueve días. ¿Estás de acuerdo con Derek? Explica tu respuesta con palabras y números.

Nombre ____________________

Resolución de problemas • Operaciones con fracciones

Estándares comunes

ESTÁNDAR COMÚN—6.NS.A.1
Aplican y extienden conocimientos previos de multiplicación y división para dividir fracciones entre fracciones.

Lee cada problema y resuélvelo.

1. Quedaron $\frac{2}{3}$ de una pizza. Un grupo de amigos dividió la pizza que quedó en porciones iguales a $\frac{1}{18}$ de la pizza original. Después de que cada amigo tomara una porción, quedó $\frac{1}{6}$ de la pizza que había al principio. ¿Cuántos amigos había en el grupo?

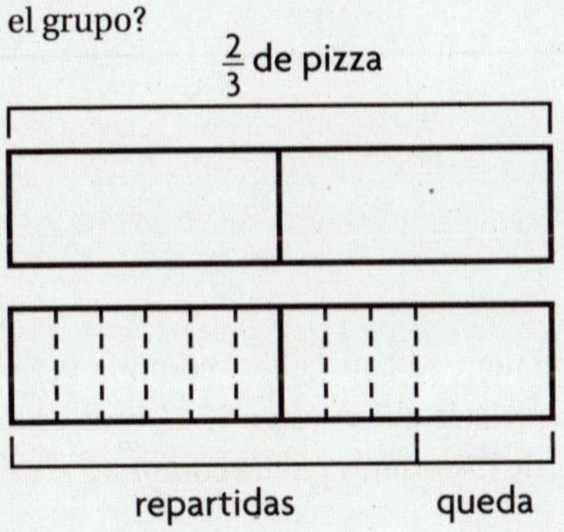

9

2. Para un proyecto de arte, Sarah usa trozos de estambre que miden $\frac{1}{8}$ de yarda de longitud. Tiene un trozo de estambre que mide 3 yardas de longitud. ¿Cuántos trozos de $\frac{1}{8}$ de yarda puede cortar y que todavía le queden $1\frac{1}{4}$ yardas?

____

3. Alex abre un recipiente de 1 pinta de mantequilla de naranja. Unta $\frac{1}{16}$ de la mantequilla en su pan. Luego divide el resto de la mantequilla en recipientes de $\frac{3}{4}$ de pinta. ¿Cuántos recipientes de $\frac{3}{4}$ de pinta llena para poner la mantequilla?

____

4. Kaitlin compra $\frac{9}{10}$ de libra de trozos de naranja. Come $\frac{1}{3}$ y divide el resto en partes iguales en 3 bolsas. ¿Cuánto hay en cada bolsa?

____

5. **ESCRIBE** *Matemáticas* Explica cómo dibujar un modelo que represente $(1\frac{1}{4} - \frac{1}{2}) \div \frac{1}{8}$.

____

____

Repaso de la lección (6.NS.A.1)

1. Eva quería llenar bolsas con $\frac{3}{4}$ de libra de mezcla de frutos secos. Comenzó con $11\frac{3}{8}$ libras, pero comió $\frac{1}{8}$ de libra antes de comenzar a llenar las bolsas. ¿Cuántas bolsas pudo llenar?

2. John tiene un rollo con $24\frac{2}{3}$ pies de papel para envolver regalos. Quiere dividir el rollo en 11 trozos. Pero primero debe cortar $\frac{5}{6}$ de pie del papel, porque está roto. ¿Qué longitud tendrá cada trozo de papel?

Repaso en espiral (6.NS.A.1, 6.NS.B.3, 6.NS.B.4)

3. Alexis tiene $32\frac{2}{5}$ onzas de cuentas. ¿Cuántos collares puede hacer si usa $2\frac{7}{10}$ onzas de cuentas para cada uno?

4. Joseph tiene $32.40. Quiere comprar varios libros de historietas que cuestan $2.70 cada uno. ¿Cuántos libros de historietas puede comprar?

5. Un rectángulo mide $2\frac{4}{5}$ metros de ancho y $3\frac{1}{2}$ metros de longitud. ¿Cuál es su área?

6. Un rectángulo mide 2.8 metros de ancho y 3.5 metros de longitud. ¿Cuál es su área?

PRACTICA MÁS CON EL Entrenador personal en matemáticas

Capítulo 3

Números racionales

Muestra lo que sabes

Entrenador personal en matemáticas
Evaluación e intervención en línea

Comprueba si comprendes las destrezas importantes.

Nombre ______________________________

Comparar fracciones Compara. Escribe <, > o =. (4.NF.A.2)

1. $\frac{3}{5} \bigcirc \frac{1}{3}$

2. $\frac{3}{7} \bigcirc \frac{1}{2}$

3. $\frac{3}{3} \bigcirc \frac{5}{5}$

4. $\frac{6}{8} \bigcirc \frac{2}{4}$

Fracciones equivalentes Escribe una fracción equivalente. (4.NF.A.1)

5. $\frac{3}{8}$ ______

6. $\frac{2}{5}$ ______

7. $\frac{10}{12}$ ______

8. $\frac{6}{9}$ ______

Comparar números decimales Compara. Escribe <, > o =. (5.NBT.A.3b)

9. 0.3 ◯ 0.30

10. 4 ◯ 3.8

11. 0.4 ◯ 0.51

12. \$2.61 ◯ \$6.21

Matemáticas En el mundo

Angie encontró el mapa de un tesoro. Usa las pistas para hallar la ubicación del tesoro. Escribe la ubicación como un par ordenado.

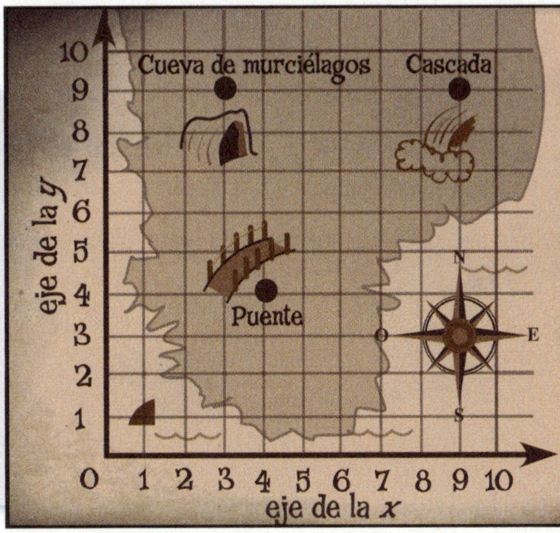

1 unidad en el mapa representa 1 metro.

Comienza en el punto medio entre la cueva de murciélagos y la cascada.

Luego camina 7 metros hacia el sur y 2 metros hacia el oeste, y comienza a cavar.

Desarrollo del vocabulario

Visualízalo

Usa las palabras marcadas para completar el mapa de flujo.

¿Qué es?		Algunos ejemplos
______________	→	$\frac{1}{2} = \frac{4}{8}$
______________	→	(3, 5), (6, 10)
______________	→	31, 2, 70, 145
______________	→	$\frac{4}{6}$ y $\frac{3}{6}$
______________	→	$^{-}9$, $^{-}26$, $^{-}4$

Palabras de repaso

- comparar
- ✓ denominador común
- ✓ fracciones equivalentes
- ✓ números enteros
- orden

Palabras nuevas

- cuadrantes
- ✓ número negativo
- número positivo
- número racional
- números enteros
- opuestos
- origen
- ✓ par ordenado
- plano de coordenadas
- valor absoluto

Comprende el vocabulario

Completa las oraciones con las palabras nuevas.

1. Los ______________ son el conjunto de los números enteros y sus opuestos.

2. La distancia de un número desde el 0 en una recta numérica es el ______________ del número.

3. Dos números que están a la misma distancia del cero en la recta numérica, pero en lados diferentes con relación al cero, se llaman ______________.

4. Un ______________ es cualquier número que se pueda escribir como $\frac{a}{b}$, en el que a y b son números enteros y $b \neq 0$.

5. Las cuatro zonas del plano de coordenadas que están separadas por el eje x y el eje y se llaman ______________.

APRENDE EN LÍNEA
- Libro interactivo del estudiante
- Glosario multimedia

¡Dibújalo!

Para 3 a 4 jugadores

Materiales

- temporizador
- bloc de dibujo

Instrucciones

1. Túrnense para jugar.
2. Cuando sea tu turno, elige una palabra del Recuadro de palabras. No digas la palabra.
3. Pon 1 minuto en el temporizador.
4. Haz dibujos y escribe números para dar pistas sobre la palabra.
5. El primer jugador que adivine la palabra antes de que termine el tiempo obtiene 1 punto. Si ese jugador puede usar la palabra en una oración, obtiene 1 punto más. Luego es su turno de elegir una palabra.
6. Ganará la partida el primer jugador que obtenga 10 puntos.

Recuadro de palabras

- coordenada *x*
- coordenada *y*
- cuadrantes
- eje *x*
- eje *y*
- eje de simetría
- número entero negativo
- número entero positivo
- números enteros
- número racional
- opuestos
- origen
- par ordenado
- plano de coordenadas
- valor absoluto

Escríbelo

Reflexiona

Elige una idea. Escribe sobre ella.

- ¿Qué dos números son opuestos? Explica cómo lo sabes.

  4 y -4 -4 y 0 -4 y 4 4 y 0 4 y 4
- Describe una situación en la que puedas registrar números enteros positivos y negativos.
- Define el término *valor absoluto* con tus propias palabras. Da un ejemplo.
- Escribe un párrafo en el que se usen al menos **tres** de estas palabras.

  plano de coordenadas origen cuadrantes eje *x* eje *y*

Nombre ______________________________

Comprender los números positivos y negativos

Estándares comunes El sistema numérico—6.NS.C.5, 6.NS.C.6a, 6.NS.C.6c

PRÁCTICAS MATEMÁTICAS MP2, MP6, MP7

Pregunta esencial ¿Cómo puedes usar números positivos y negativos para representar cantidades del mundo real?

Los **números enteros** son el conjunto de todos los números enteros y sus opuestos. Dos números son **opuestos** si están a la misma distancia del 0 en la recta numérica, pero en lados diferentes con relación al 0. Por ejemplo, los números enteros $^{+}3$ y $^{-}3$ son opuestos. Cero es el opuesto de sí mismo.

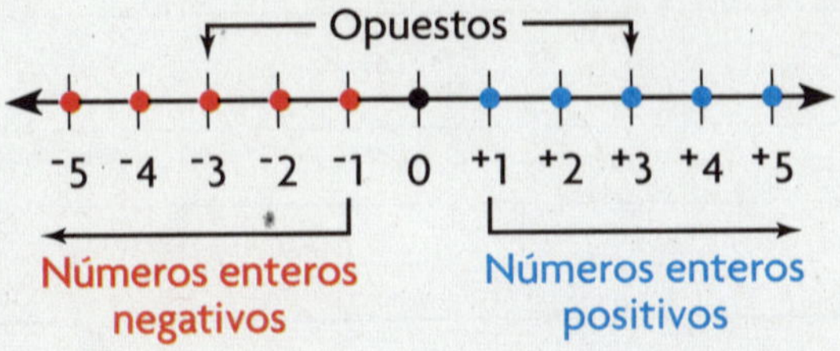

Idea matemática

No es necesario que escribas el signo + para los números enteros positivos, entonces $^{+}3$ también se puede escribir 3.

Los números positivos están ubicados a la derecha del 0 en la recta numérica y los números negativos están ubicados a la izquierda del 0.

Soluciona el problema — En el mundo

En 2009, al comienzo del partido de eliminatoria de la Liga Mayor de Béisbol entre los Rockies de Colorado y los Phillies de Philadelphia, la temperatura era 2 °C. La temperatura al final del partido era $^{-}4$ °C. ¿Cuál es el opuesto de cada temperatura?

- ¿Qué se te pide que halles?

____

- ¿Dónde puedes hallar el opuesto de un número en la recta numérica?

____

____

Representa gráficamente cada número entero y su opuesto en una recta numérica.

A 2

El número entero 2 está a la ______________ del 0.

Representa gráficamente el opuesto de 2 en ______.

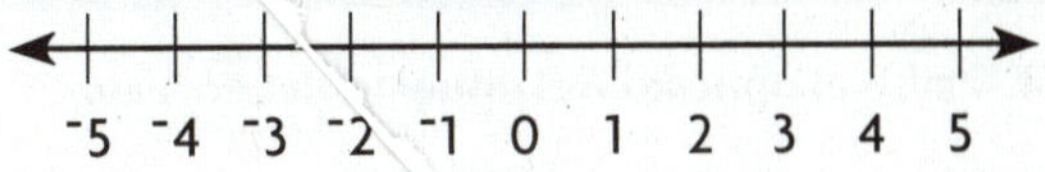

Entonces, el opuesto de 2 °C es ________.

B $^{-}4$

El número entero $^{-}4$ está a la ______________ del 0.

Representa gráficamente el opuesto de $^{-}4$ en ______.

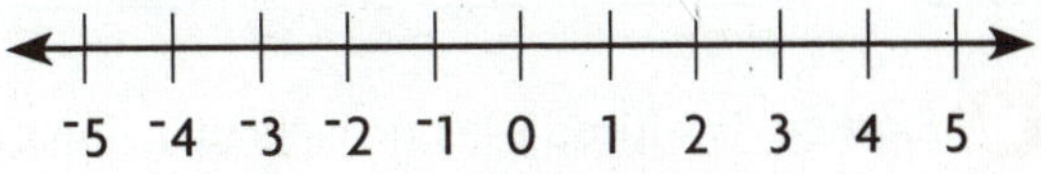

Entonces, el opuesto de $^{-}4$ °C es ________.

Charla matemática PRÁCTICAS MATEMÁTICAS 6

Explica cómo hallar el opuesto de $^{-}8$ en una recta numérica.

Ejemplo 1 **Indica el número entero que representa cada situación y explica lo que representaría 0 en esa situación.**

Situación	Número entero	¿Qué representaría 0?
Un equipo pierde 10 yardas en un partido de fútbol americano.	$^{-}10$	el equipo no gana ni pierde yardas
Un sitio en Yuma, Arizona, está a una altitud de 70 pies sobre el nivel del mar.		
En Missouri se registró una temperatura de 40 grados bajo cero.		
Larry retiró $30 de su cuenta bancaria.		
El puntaje de Tricia en un partido de golf fue 7 golpes bajo el par.		
Un ion de cloro tiene un electrón más que protones.		

Ejemplo 2 **Usa una recta numérica para hallar $^{-}(^{-}3)$, el opuesto del opuesto de 3.**

PASO 1

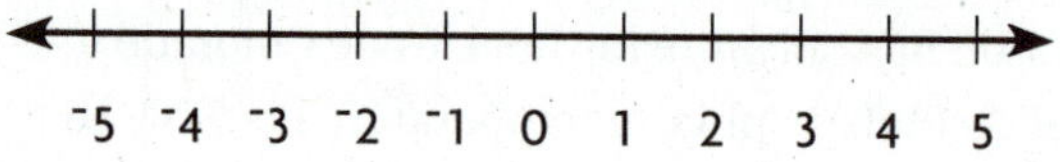

Representa 3 gráficamente en la recta numérica.

PASO 2

Usa la recta numérica para representar gráficamente el opuesto de 3.

PASO 3

Usa la recta numérica para representar gráficamente el opuesto del número que representaste en el Paso 2.

Entonces, $^{-}(^{-}3)$, o el opuesto del opuesto de 3, es igual a ______.

¡Inténtalo! **Escribe el opuesto del opuesto del entero.**

A $^{+}9$ ______

B $^{-}12$ ______

C 0 ______

Charla matemática PRÁCTICAS MATEMÁTICAS 7

Busca el patrón Describe el patrón que observas al hallar el opuesto del opuesto de un número.

• PRÁCTICA MATEMÁTICA 6 **Explica** La altitud a la que viaja un avión cambia $^{-}1{,}000$ pies. ¿El avión está yendo hacia arriba o hacia abajo? Explica.

Nombre ______________________________

Comparte y muestra

MATH BOARD

Representa gráficamente el número entero y su opuesto en una recta numérica.

1. $^{-}7$ opuesto: ______

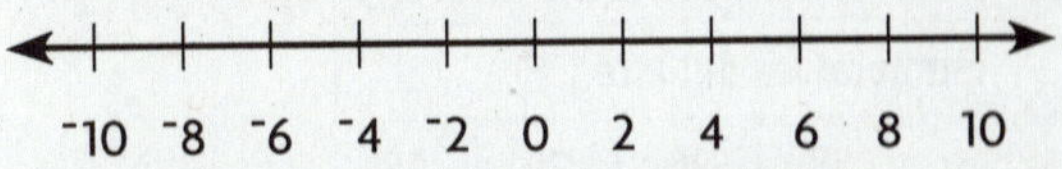

2. 9 opuesto: ______

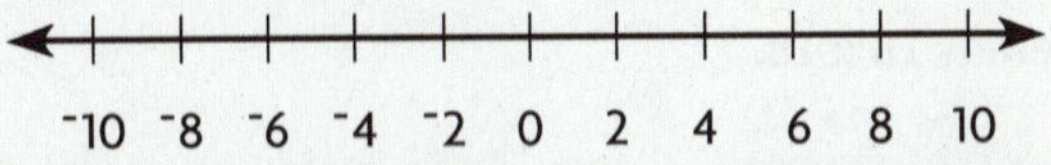

Indica el número entero que representa cada situación y explica lo que representaría 0 en esa situación.

Situación	Número entero	¿Qué representaría 0?
3. Kerri ganó 24 puntos en una ronda de un juego televisivo.		
4. Ben bajó 5 libras de peso durante el verano.		
5. Marcy depositó $35 en su cuenta de ahorros.		

Charla matemática PRÁCTICAS MATEMÁTICAS 2

Razona de forma abstracta Identifica una situación del mundo real que involucre un número entero y su opuesto.

Por tu cuenta

Escribe el opuesto del entero.

6. $^{-}98$ ______ **7.** 0 ______ **8.** $^{-}53$ ______

Indica el entero que representa cada situación y explica lo que representaría 0 en esa situación.

Situación	Número entero	¿Qué representaría 0?
9. Desmond ganó $850 en su empleo de verano.		
10. Miguel retiró $300 de su cuenta bancaria.		
11. Un ion de bario tiene dos protones más que electrones.		

Escribe el opuesto del opuesto del entero.

12. $^{-}23$ ______ **13.** 17 ______ **14.** $^{-}125$ ______

15. MÁS AL DETALLE Supón que sabes la distancia que hay entre un número y el cero en la recta numérica. Explica cómo podrías hallar la distancia que hay entre ese número y su opuesto.

____

Resolución de problemas • Aplicaciones *En el mundo*

El viento hace que la temperatura del aire parezca más fría. En la tabla se muestran los valores de la sensación térmica (la temperatura que *parece* que hace) según distintas temperaturas del aire y velocidades del viento. Usa la tabla para resolver los problemas 16 a 18.

Tabla de sensación térmica

		Temperatura del aire (°F)			
		30	**25**	**20**	**15**
Viento (mi/h)	**25**	16	9	3	$^-4$
	35	14	7	0	$^-7$
	45	12	5	$^-2$	$^-9$
	55	11	3	$^-4$	$^-11$

16. A las 6 a. m., la temperatura del aire era 20 °F y la velocidad del viento era 55 mi/h. ¿Cuál era la sensación térmica a las 6 a. m.?

____

17. MÁS AL DETALLE Al mediodía, la temperatura del aire era 15 °F y la velocidad del viento era 45 mi/h. ¿A qué temperatura del aire y a qué velocidad del viento la sensación térmica sería opuesta a la del mediodía?

____

18. PIENSA MÁS El viento soplaba a 35 mi/h tanto en Ashton como en Fenton. Las sensaciones térmicas que había en las dos ciudades eran opuestas. Si en Ashton la temperatura del aire era 25 °F, ¿cuál era la temperatura del aire en Fenton?

____

Matemáticas al instante

19. **¿Tiene sentido?** Claudia dice que el opuesto de un número entero es siempre un número diferente del número entero. ¿Tiene sentido el enunciado de Claudia? Explica.

____

20. PIENSA MÁS Elige Sí o No para indicar si las situaciones 20a a 20d pueden representarse con un número negativo.

20a. Death Valley está ubicado a 282 pies bajo el nivel del mar. ○ Sí ○ No

20b. El puntaje de Austin en un partido de golf fue de 3 golpes bajo par. ○ Sí ○ No

20c. La temperatura promedio en Santa Mónica en agosto es de 75 °F. ○ Sí ○ No

20d. Janai retira $20 de su cuenta bancaria. ○ Sí ○ No

Nombre ______________________________

Comprender los números positivos y negativos

ESTÁNDARES COMUNES—6.NS.C.5, 6.NS.C.6a, 6.NS.C6c
Aplican y extienden conocimientos previos sobre los números del sistema de números racionales.

Representa gráficamente el número entero y su opuesto en una recta numérica.

1. $^{-}6$ opuesto: $^{+}6$

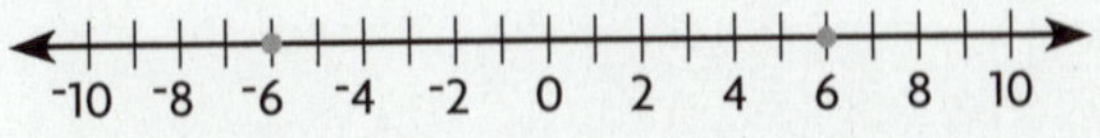

2. 3 opuesto: ________

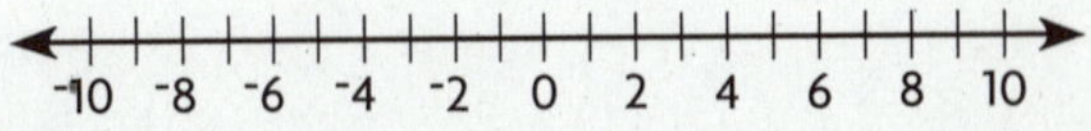

3. 10 opuesto: ________

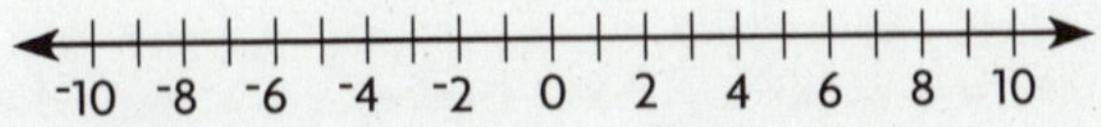

4. $^{-}8$ opuesto: ________

Indica el número entero que representa cada situación y explica lo que representaría 0 en esa situación.

Situación	Entero	¿Qué representaría 0?
5. Michael retiró $60 de su cuenta bancaria.	________	________
6. Raquel obtuvo 12 puntos en un videojuego.	________	________

Escribe el opuesto del opuesto del número entero.

7. $^{-}20$ ________ **8.** 4 ________ **9.** 95 ________ **10.** $^{-}63$ ________

Resolución de problemas En el mundo

11. Dakshesh ganó un juego al anotar 25 puntos. Randy anotó el número opuesto de puntos que anotó Dakshesh. ¿Cuál es el puntaje de Randy?

____

12. Cuando Dakshesh y Randy volvieron a jugar al juego, Dakshesh anotó el opuesto del opuesto de su primer puntaje. ¿Cuál es su puntaje?

____

13. ESCRIBE *Matemáticas* Da tres ejemplos de situaciones de la vida diaria donde se usan números negativos.

____

____

Repaso de la lección (6.NS.C.5, 6.NS.C.6a)

Escribe el número entero que representa cada situación.

1. Durante su primera ronda en un partido de golf, Imani estuvo 7 golpes por encima del par y Peter estuvo 8 golpes bajo el par.

____

2. Wyatt ganó $15 por cuidar niños el sábado. Wilson gastó $12 en el cine.

____

Repaso en espiral (6.NS.A.1, 6.NS.B.3, 6.NS.B.4)

3. El código de la tarjeta que el Sr. Nolan usa para el cajero automático es un número de 4 dígitos. Los dígitos del código son los factores primos de 84 enumerados de menor a mayor. ¿Cuál es el código de la tarjeta que el Sr. Nolan usa para el cajero automático?

____

4. Durante un período de cuatro años, un árbol creció 2.62 pies. Si el árbol crece a una tasa constante, ¿cuántos pies creció el árbol cada año?

____

5. A Omarion le quedan por leer $\frac{9}{10}$ de las páginas de un libro para la escuela. Durante el fin de semana, lee $\frac{2}{3}$ de las páginas que le quedan. ¿Qué fracción del libro lee Omarion durante el fin de semana?

____

6. Marianne tiene $\frac{5}{8}$ de libra de chícharos. Cocina $\frac{2}{3}$ de esos chícharos para 5 personas. Si a cada persona le sirve igual cantidad, ¿qué fracción de los chícharos recibió cada persona?

____

PRACTICA MÁS CON EL
Entrenador personal en matemáticas

Nombre ______________________

Comparar y ordenar números enteros

Pregunta esencial ¿Cómo puedes comparar y ordenar números enteros?

Estándares comunes **El sistema numérico—6.NS.C.7a, 6.NS.C.7b**
PRÁCTICAS MATEMÁTICAS
MP1, MP4, MP7, MP8

Puedes usar una recta numérica para comparar números enteros.

Soluciona el problema En el mundo

En una jugada de fútbol americano, la pelota cambió de posición $^{-}7$ yardas. En la siguiente jugada, la pelota cambió de posición $^{-}4$ yardas. Compara $^{-}7$ y $^{-}4$.

Usa una recta numérica para comparar los números.

PASO 1 Representa gráficamente $^{-}7$ y $^{-}4$ en la recta numérica.

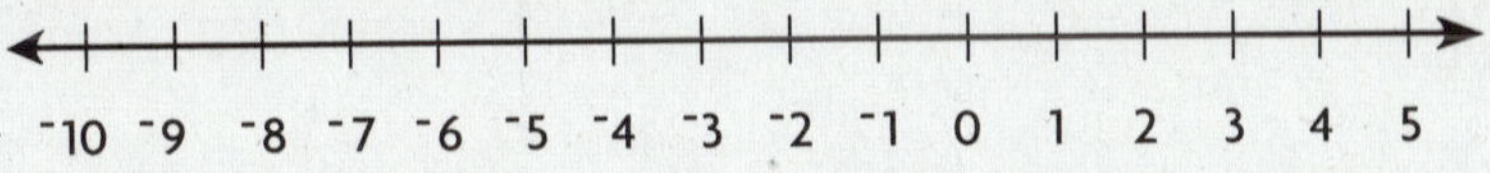

PASO 2 Anota la ubicación de los números.

$^{-}7$ está a la ______________ de $^{-}4$ en la recta numérica,

entonces $^{-}7$ es ______________ $^{-}4$.

Idea matemática

A medida que te desplazas hacia la derecha en una recta numérica horizontal, los valores aumentan. A medida que te desplazas hacia la izquierda, los valores disminuyen.

¡Inténtalo! **Usa la recta numérica para comparar los números.**

A 5 y $^{-}9$

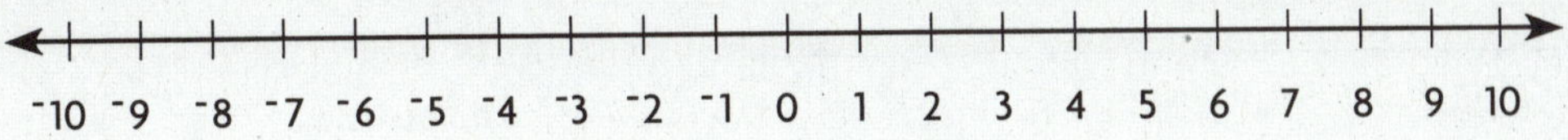

5 está a la ______________ de $^{-}9$ en la recta numérica, entonces 5 es ______________ $^{-}9$.

B $^{-}2$ y 0

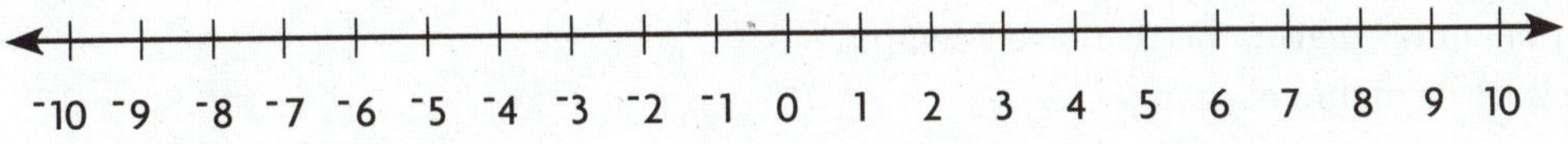

______ está a la izquierda del ______ en la recta numérica, entonces $^{-}2$ es

______________ 0.

Charla matemática PRÁCTICAS MATEMÁTICAS 1

Analiza relaciones Si $r < -4$, ¿en qué lugar de la recta numérica se encuentra r en comparación con -4?

También puedes usar una recta numérica vertical para ordenar números enteros.

Ejemplo

En la tabla se muestran las temperaturas más frías registradas en siete ciudades en 2007.

Registro de las temperaturas más frías de 2007 (°F)					
Anchorage, AK $^{-}17$	Boise, ID 7	Duluth, MN $^{-}25$	Los Ángeles CA 35	Memphis, TN 18	Pittsburgh, PA $^{-}5$

A **Ordena las temperaturas de menor a mayor.**

PASO 1 Dibuja un punto en la recta numérica para representar la temperatura registrada en cada ciudad. Escribe la primera letra del nombre de la ciudad al lado del punto.

PASO 2 Escribe las temperaturas registradas, ordenadas de menor a mayor. Explica cómo determinaste el orden.

Registro de las temperaturas (°F) más frías de 2007

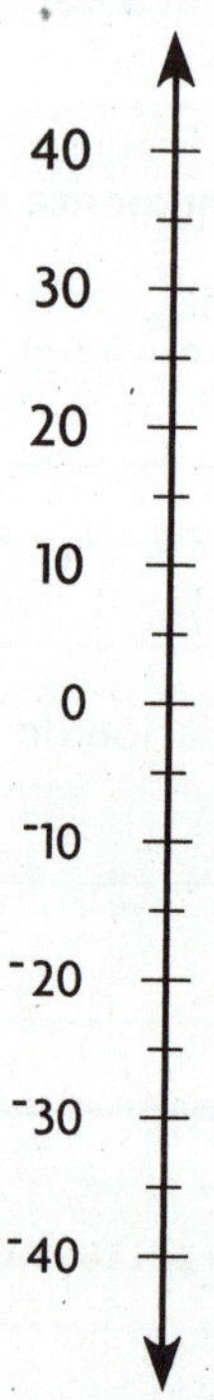

B **Usa la tabla y la recta numérica para responder cada pregunta.**

- ¿Qué ciudad tuvo la temperatura más fría registrada: Memphis o Pittsburgh? ¿Cómo lo sabes?

- ¿Qué ciudad tuvo la temperatura más cálida registrada? ¿Cómo lo sabes?

- ¿Cuáles son las temperaturas registradas de Boise, Memphis y Pittsburgh, ordenadas de menor a mayor?

  ____ < ____ < ____

- ¿Cuáles son las temperaturas registradas de Anchorage, Duluth y Los Ángeles, ordenadas de mayor a menor?

  ____ > ____ > ____

Recuerda

El signo $<$ significa *menor que*.
El signo $>$ significa *mayor que*.

Charla matemática PRÁCTICAS MATEMÁTICAS 8

Generaliza ¿Qué regla puedes usar para comparar números en una recta numérica vertical?

Nombre ______________________

Comparte y muestra MATH BOARD

Compara los números. Escribe < o >.

1. $^{-}8$ ◯ 6 **Piensa:** $^{-}8$ está a la ______ de 6 en la recta numérica, entonces $^{-}8$ es ______ 6.

2. 1 ◯ $^{-}8$

3. $^{-}4$ ◯ 0

4. 3 ◯ $^{-}7$

Ordena los números de menor a mayor.

5. 4, $^{-}3$, $^{-}7$

   ____ < ____ < ____

6. 0, $^{-}1$, 3

   ____ < ____ < ____

7. $^{-}5$, $^{-}3$, $^{-}9$

   ____ < ____ < ____

Ordena los números de mayor a menor.

8. $^{-}1$, $^{-}4$, 2

   ____ > ____ > ____

9. 5, 0, 10

   ____ > ____ > ____

10. $^{-}5$, $^{-}4$, $^{-}3$

   ____ > ____ > ____

Charla matemática PRÁCTICAS MATEMÁTICAS 7

Busca estructuras Explica cómo puedes usar una recta numérica para comparar números.

Por tu cuenta

Ordena los números de menor a mayor.

11. 2, 1, $^{-}1$

   ____ < ____ < ____

12. $^{-}6$, $^{-}12$, 30

   ____ < ____ < ____

13. 15, $^{-}9$, $^{-}20$

   ____ < ____ < ____

Ordena los números de mayor a menor.

14. $^{-}13$, 14, $^{-}14$

   ____ > ____ > ____

15. $^{-}20$, $^{-}30$, $^{-}40$

   ____ > ____ > ____

16. 9, $^{-}37$, 0

   ____ > ____ > ____

17. MÁS AL DETALLE La temperatura mínima del sábado fue $^{-}6$ °F. La temperatura mínima del domingo fue 3 °F. La temperatura mínima del lunes fue $^{-}2$ °F. La temperatura mínima del martes fue 5 °F. ¿Qué día la temperatura fue más cercana a 0 °F?

   ____

18. PRÁCTICA MATEMÁTICA 4 **Usa símbolos** Escribe una comparación con < o > para mostrar que la península Valdés de América del Sur (altitud $^{-}131$ ft) está a una altitud menor que el mar Caspio de Europa (altitud $^{-}92$ ft).

   ____

Resolución de problemas • Aplicaciones En el mundo

PIENSA MÁS ¿Cuál es el error?

19. En el golf, gana el jugador con el puntaje más bajo. Raheem, Erin y Blake jugaron un partido de minigolf. En la tabla se muestran sus puntajes comparados con el par.

Raheem	Erin	Blake
0	$^{-}5$	$^{-}1$

Al final del partido, querían saber quién había ganado.

Observa cómo resolvieron el problema. Halla su error.

PASO 1: 0 es mayor que $^{-}1$ y que $^{-}5$. Puesto que Raheem tuvo el puntaje más alto, no ganó.

PASO 2: $^{-}1$ es menor que $^{-}5$, entonces el puntaje de Blake fue menor que el de Erin. Puesto que Blake tuvo el puntaje más bajo, ganó el partido.

Ordena los puntajes de menor a mayor para corregir el error.

Entonces, ______________ ganó. ______________ quedó en segundo lugar. ______________ quedó en tercer lugar.

- Describe el error que cometieron los jugadores.

____

20. PIENSA MÁS Jasmine anotó las temperaturas más bajas de 3 ciudades.

Ciudad	Temperatura (°F)
A	6
B	−4
C	2

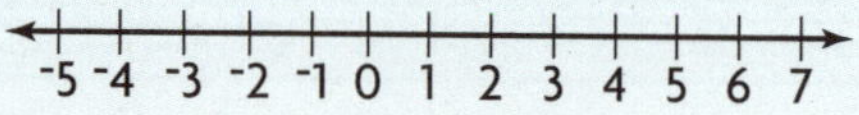

Dibuja un punto sobre la recta numérica para representar la temperatura más baja de cada ciudad. Escribe la letra de la ciudad encima del punto.

Nombre ____________________________________

Comparar y ordenar números enteros

Estándares comunes **ESTÁNDARES COMUNES—6.NS.C.7a, 6.NS.C.7b**
Aplican y extienden conocimientos previos sobre los números del sistema de números racionales.

Compara los números. Escribe < o >.

1. $^{-}4$ (>) $^{-}5$ Piensa: $^{-}4$ está a la ___derecha___ de $^{-}5$ en la recta numérica;
entonces, $^{-}4$ es ___mayor que___ $^{-}5$.

2. 0 ◯ $^{-}1$ **3.** 4 ◯ $^{-}6$ **4.** $^{-}9$ ◯ $^{-}8$

5. 2 ◯ $^{-}10$ **6.** $^{-}12$ ◯ $^{-}11$ **7.** 1 ◯ $^{-}10$

Ordena los números de menor a mayor.

8. 3, $^{-}2$, $^{-}7$

_____ < _____ < _____

9. 0, 2, $^{-}5$

_____ < _____ < _____

10. $^{-}9$, $^{-}12$, $^{-}10$

_____ < _____ < _____

11. $^{-}2$, $^{-}3$, $^{-}4$

_____ < _____ < _____

12. 1, $^{-}6$, 13

_____ < _____ < _____

13. 5, 7, 0

_____ < _____ < _____

Ordena los números de mayor a menor.

14. 0, 13, $^{-}13$

_____ > _____ > _____

15. $^{-}11$, 7, $^{-}5$

_____ > _____ > _____

16. $^{-}9$, $^{-}8$, 1

_____ > _____ > _____

Resolución de problemas En el mundo

17. Meg y Derek jugaron a un juego. Meg obtuvo −11 puntos y Derek obtuvo 4 puntos. Escribe una comparación para mostrar que el puntaje de Meg es menor que el puntaje de Derek.

____

18. Misha piensa en un número entero negativo mayor que −4. ¿En qué número podría estar pensando?

____

19. ESCRIBE *Matemáticas* Explica cómo usar una recta numérica para comparar dos números enteros negativos. Da un ejemplo.

____

____

Repaso de la lección (6.NS.C.7a, 6.NS.C.7b)

En la tabla se muestran las temperaturas máximas de siete ciudades en un día de enero.

Chama	Chicago	Denver	Fargo	Glen Spey	Helena	Lansing
−5°	2°	−8°	−10°	6°	−1°	3°

1. ¿Qué ciudad tuvo una temperatura más baja: Helena o Chicago?

2. Ordena las temperaturas de las siguientes ciudades de mayor a menor: Denver, Helena, Lansing.

Repaso en espiral (6.NS.A.1, 6.NS.B.3, 6.NS.B.4)

3. Fiona comienza en el punto de partida de un sendero y camina $\frac{4}{5}$ de milla. Cuenta los indicadores de millas que aparecen cada $\frac{1}{10}$ de milla al costado del sendero. ¿Cuántos indicadores cuenta?

4. Si Amanda camina a una velocidad promedio de 2.72 millas por hora, ¿cuánto tardará en caminar 6.8 millas?

5. El área de un rectángulo es $5\frac{4}{5}$ metros cuadrados. El ancho del rectángulo es $2\frac{1}{4}$ metros. ¿Cuál es la mejor estimación de la longitud del rectángulo?

6. Lillian compró 2.52 libras de tomates y 1.26 libras de lechuga para preparar una ensalada para 18 personas. Si cada persona recibió la misma cantidad de ensalada, ¿cuánta ensalada recibió cada una?

PRACTICA MÁS CON EL Entrenador personal en matemáticas

Nombre ______________________________

Los números racionales y la recta numérica

Pregunta esencial ¿Cómo puedes marcar números racionales en una recta numérica?

Estándares comunes **El sistema numérico—6.NS.C.6a, 6.NS.C.6c** *También 6.NS.C5*

PRÁCTICAS MATEMÁTICAS
MP2, MP4, MP6, MP7, MP8

RELACIONA Un **número racional** es cualquier número que se pueda escribir como $\frac{a}{b}$, en el que a y b son números enteros y $b \neq 0$. Los números decimales, las fracciones y los números enteros son todos números racionales.

Soluciona el problema *En el mundo*

El punto de congelación de un líquido es la temperatura a la que ese líquido se convierte en sólido cuando se enfría. En la tabla se muestran los puntos de congelación aproximados de distintos líquidos. Representa gráficamente cada temperatura en una recta numérica.

Puntos de congelación de líquidos

Líquido	Punto de congelación (°C)
Agua gasificada	$^-0.3$
Limonada gasificada	$^-0.5$
Hidracina	1.4

Representa gráficamente los valores de la tabla.

PASO 1 Ubica cada número con relación a los números enteros más próximos.

Piensa: $^-0.3$ es el opuesto de _______.

0.3 está entre los números enteros _______ y _______.
Entonces, $^-0.3$ está entre los opuestos de esos números enteros.

$^-0.3$ está entre _______ y _______.

$^-0.5$ está entre _______ y _______.

1.4 está entre _______ y _______.

PASO 2 Representa gráficamente cada temperatura.

Piensa: $^-0.3$ está 3 décimos debajo del 0 en la recta numérica.

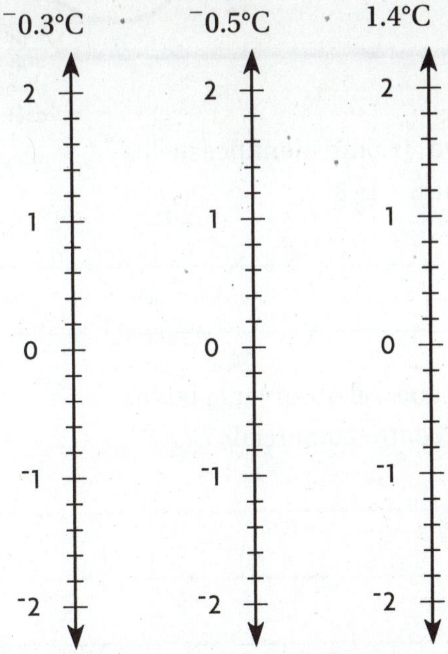

Charla matemática PRÁCTICAS MATEMÁTICAS 8

Saca conclusiones ¿Cómo puedes saber de qué número está más cerca $^-0.3$, de 0 o de $^-1$? Explica.

Ejemplo

El ayuntamiento está ubicado en el punto 0 de un mapa de la avenida Maple. Otros puntos de interés ubicados en la avenida Maple están indicados según su distancia, en millas, al este del ayuntamiento (números positivos) o al oeste del ayuntamiento (números negativos). Representa gráficamente cada ubicación en una recta numérica.

Puntos de interés

Nombre	Ubicación
Parque	$^{-}\frac{3}{8}$
Fuente	$^{-}1\frac{1}{2}$
Biblioteca	$1\frac{1}{4}$
Centro comercial	$\frac{3}{4}$

PASO 1 Ubica los números con relación a los números enteros más próximos.

$^{-}\frac{3}{8}$ está entre _______ y _______.

$^{-}1\frac{1}{2}$ está entre _______ y _______.

$1\frac{1}{4}$ está entre _______ y _______.

$\frac{3}{4}$ está entre _______ y _______.

Piensa: $^{-}\frac{3}{8}$ es el opuesto de _______.

PASO 2 Representa gráficamente cada ubicación en la recta numérica.

Parque: $^{-}\frac{3}{8}$

Piensa: $^{-}\frac{3}{8}$ está tres octavos a la izquierda del 0 en la recta numérica.

Ayuntamiento

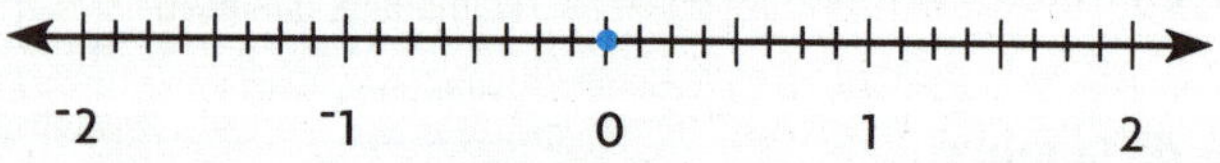

Ayuntamiento

Fuente: $^{-}1\frac{1}{2}$

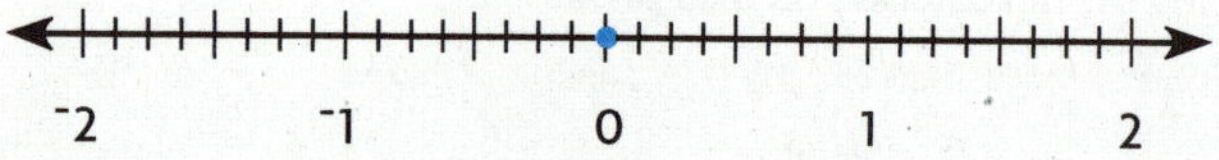

Ayuntamiento

Biblioteca: $1\frac{1}{4}$

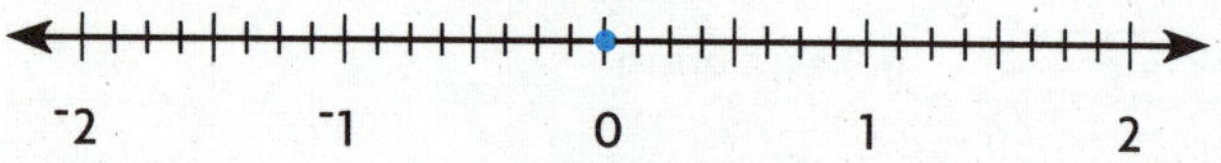

Ayuntamiento

Centro comercial: $\frac{3}{4}$

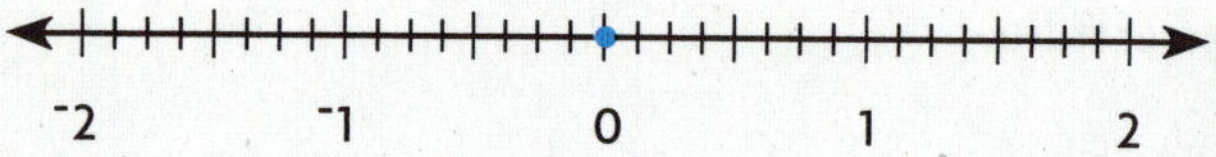

Charla matemática

PRÁCTICAS MATEMÁTICAS 6

Explica cómo puedes usar una recta numérica horizontal o vertical para representar gráficamente un número racional.

1. PRÁCTICA MATEMÁTICA 2 **Razona de forma cuantitativa** ¿Cómo identificaste los dos números enteros entre los que se encuentra $^{-}1\frac{1}{2}$?

____

____

2. PRÁCTICA MATEMÁTICA 7 **Identifica relaciones** ¿Cómo sabes, al observar la tabla, que el ayuntamiento está entre el parque y el centro comercial?

____

____

____

Nombre ______________________________

Comparar y ordenar números racionales

Pregunta esencial ¿Cómo puedes comparar y ordenar números racionales?

Estándares comunes **El sistema numérico—6.NS.C.7a, 6.NS.C.7b**
PRÁCTICAS MATEMÁTICAS
MP1, MP2, MP4, MP5

RELACIONA Has usado una recta numérica para comparar y ordenar números enteros. También puedes usar una recta numérica para comparar otros números racionales, incluidos los números decimales y las fracciones.

Soluciona el problema *En el mundo*

En la tabla se muestran las temperaturas promedio de diciembre de cinco ciudades de los EE. UU. ¿Qué ciudad tiene la temperatura promedio de diciembre más alta: Indianápolis o Boise?

Temperaturas promedio de diciembre

Ciudad	Temperatura (°C)
Boise, ID	$^{-}1$
Boston, MA	0.9
Indianápolis, IN	$^{-}0.6$
Philadelphia, PA	2.1
Syracuse, NY	$^{-}2$

De una manera Usa una recta numérica.

Representa gráficamente las temperaturas de Indianápolis y Boise.

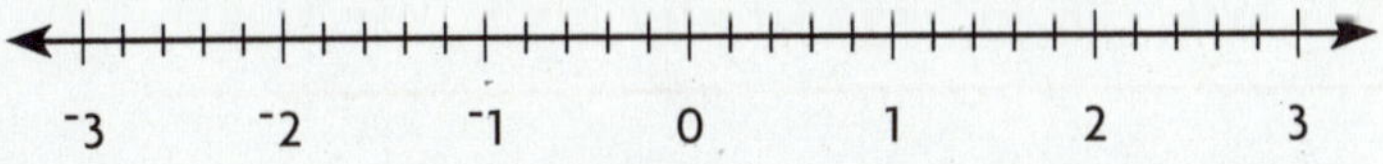

Piensa: A medida que te desplazas hacia la ____________ en una recta numérica horizontal, el valor de los números aumenta.

$^{-}0.6$ está a la ____________ de $^{-}1$.

Entonces, la ciudad cuya temperatura está más hacia la derecha es ________________.

De otra manera Usa el valor posicional para comparar los números decimales.

PASO 1 Escribe las temperaturas con sus puntos decimales alineados.

Indianápolis: ______

Boise: ______

PASO 2 Compara los dígitos del lugar de las unidades. Si el número es negativo, coloca un signo negativo junto al dígito.

Piensa: 0 es ____________ que $^{-}1$.

$^{-}0.6$ es ____________ que $^{-}1$.

$^{-}0.6$ °C es una temperatura más ____________ que $^{-}1$ °C, entonces ________________ tiene una temperatura promedio de diciembre más alta que ____________.

Charla matemática PRÁCTICAS MATEMÁTICAS 5

Usa herramientas adecuadas
¿Cómo puedes ordenar las temperaturas promedio de diciembre de Boston, Philadelphia y Syracuse de mayor a menor?

Ejemplo 1

En la tabla se encuentran las altitudes a las que se hallaron ciertos objetos en una excavación. ¿Qué objeto se halló a una altitud menor: el fósil de concha o el fósil de pez?

Fósiles

Objeto	Altitud (pies)
concha	$^-3\frac{1}{2}$
helecho	$\frac{1}{4}$
pez	$^-3\frac{1}{4}$

De una manera **Usa una recta numérica.**

Representa gráficamente las altitudes para el fósil de concha y el fósil de pez.

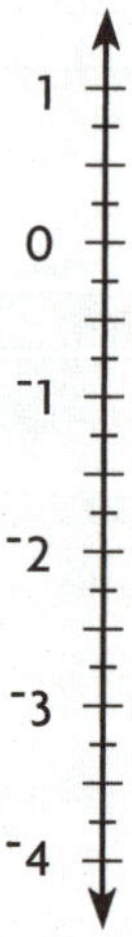

Piensa: A medida que te desplazas hacia ______________ en una recta numérica vertical, los números disminuyen.

$^-3\frac{1}{2}$ está ______________ de $^-3\frac{1}{4}$ en la recta numérica.

De otra manera **Usa denominadores comunes para comparar fracciones.**

PASO 1 Usa un denominador común para escribir las altitudes.

$^-3\frac{1}{2} = {}^-3\frac{\square}{\square}$ $\quad$ $^-3\frac{1}{4} = {}^-3\frac{\square}{\square}$

PASO 2 Puesto que los números enteros son iguales, solo tienes que comparar las fracciones. Si el número es negativo, coloca un signo negativo junto a la fracción.

$-\frac{2}{4}$ es ______________ que $-\frac{1}{4}$, entonces

$^-3\frac{1}{2}$ es ______________ que $^-3\frac{1}{4}$.

Entonces, el fósil de ______________ se halló a una

altitud menor que el fósil de ______________.

Ejemplo 2 **Compara $^-0.1$ y $^-\frac{4}{5}$.**

Convierte los números en fracciones o en números decimales.

fracciones $^-0.1 = \frac{^-\square}{10}$ $\quad$ $\frac{^-4}{5} = \frac{^-\square}{10}$

$^-8$ es ________ que $^-1$, entonces $^-\frac{4}{5}$ es menor que $^-0.1$.

números decimales $^-0.1 = {}^-0.1$ $\quad$ $^-\frac{4}{5} = {}^-0.\square$

$^-0.8$ es ________ que $^-0.1$, entonces $^-\frac{4}{5}$ es menor que $^-0.1$.

Usa una recta numérica para comprobar tu respuesta.

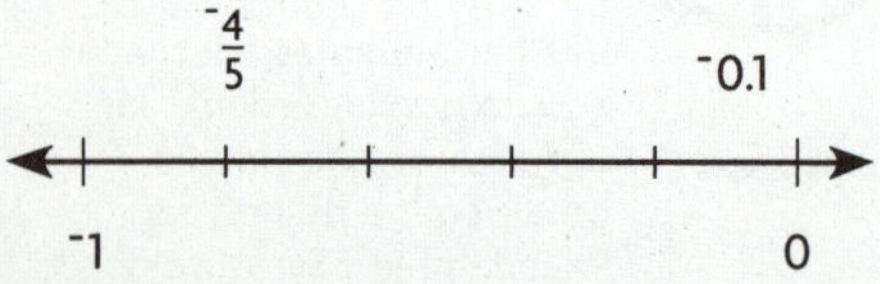

Charla matemática

PRÁCTICAS MATEMÁTICAS 1

Describe las relaciones Explica cómo podrías usar el sentido numérico para comparar $^-0.1$ y $^-\frac{4}{5}$.

Nombre ______________________________

Comparte y muestra MATH BOARD

Compara los números. Escribe < o >.

1. $^{-}0.3$ ◯ 0.2 **Piensa:** $^{-}0.3$ está a la ____________ de 0.2 en la recta numérica, entonces $^{-}0.3$ es ________ que 0.2.

2. $\frac{1}{3}$ ◯ $-\frac{2}{5}$

3. $^{-}0.8$ ◯ $^{-}0.5$

✔4. $-\frac{3}{4}$ ◯ $^{-}0.7$

Ordena los números de menor a mayor.

5. $3.6, {}^{-}7.1, {}^{-}5.9$

_____ < _____ < _____

6. $-\frac{6}{7}, \frac{1}{9}, -\frac{2}{3}$

_____ < _____ < _____

✔7. $^{-}5\frac{1}{4}, {}^{-}6.5, {}^{-}5.3$

_____ < _____ < _____

Charla matemática

PRÁCTICAS MATEMÁTICAS 2

Relaciona símbolos y palabras Indica qué significa el enunciado $-\frac{1}{3} > -\frac{1}{2}$. Explica cómo sabes que el enunciado es verdadero.

Por tu cuenta

Compara los números. Escribe < o >.

8. $-\frac{1}{2}$ ◯ $-\frac{3}{7}$

9. $^{-}23.7$ ◯ $^{-}18.8$

10. $^{-}3\frac{1}{4}$ ◯ $^{-}4.3$

Ordena los números de mayor a menor.

11. $^{-}2.4, 1.9, {}^{-}7.6$

_____ > _____ > _____

12. $-\frac{2}{5}, -\frac{3}{4}, -\frac{1}{2}$

_____ > _____ > _____

13. $3, {}^{-}6\frac{4}{5}, {}^{-}3\frac{2}{3}$

_____ > _____ > _____

14. MÁS AL DETALLE La semana pasada, la temperatura mínima del miércoles fue $^{-}4.5$ °F, la del jueves, fue $^{-}1.2$ °F, la del viernes, $^{-}2.7$ °F, y la del sábado 0.5 °F. La temperatura mínima promedio de la semana fue $^{-}1.5$ °F. ¿En cuántos de estos días hubo temperaturas más bajas que la temperatura mínima promedio de la semana?

____

15. PRÁCTICA MATEMÁTICA 4 **Usa símbolos** Usa < o > para escribir una comparación y mostrar la relación que hay entre una altitud de $^{-}12\frac{1}{2}$ ft y una altitud de $^{-}16\frac{5}{8}$ ft.

____

Resolución de problemas • Aplicaciones En el mundo

Se dan las altitudes, en millas, de los puntos más bajos debajo del nivel del mar de 4 masas de agua. Usa la tabla para resolver los problemas 16 a 19.

Puntos más bajos	
Ubicación	**Altitud (mi)**
Océano Ártico	$^{-}0.8$
Lago Superior	$-\frac{1}{4}$
Lago Tanganica	$^{-}0.9$
Mar Rojo	$-\frac{1}{3}$

16. ¿Cuál tiene mayor altitud en el punto más bajo: el océano Ártico o el del lago Tanganica?

____

17. ¿Qué punto tiene una altitud menor: el punto más bajo del lago Superior o un punto que está a $-\frac{2}{5}$ mi de altitud?

____

18. Escribe las altitudes ordenadas de menor a mayor.

____

19. PIENSA MÁS Se encontraron restos de un naufragio a una altitud de $^{-}0.75$ millas ¿En qué masas de agua pueden haber encontrado los restos del naufragio?

____

____

ESCRIBE Matemáticas
Muestra tu trabajo

20. PIENSA MÁS Encierra en un círculo <, > o =.

20a. $-\frac{3}{5}$ [< > =] $-\frac{4}{5}$

20b. $-\frac{2}{5}$ [< > =] $-\frac{3}{4}$

20c. $^{-}6.5$ [< > =] $^{-}4.2$

20d. $^{-}2.4$ [< > =] $^{-}3.7$

Nombre ____________________________________

Comparar y ordenar números racionales

Estándares comunes

ESTÁNDARES COMUNES—6.NS.C.7a, 6.NS.C.7b

Aplican y extienden conocimientos previos sobre los números del sistema de números racionales.

Compara los números. Escribe < o >.

1. $^{-}1\frac{1}{2}$ (<) $^{-}\frac{1}{2}$ Piensa: $^{-}1\frac{1}{2}$ está a la ____izquierda____ de $^{-}\frac{1}{2}$ en la recta numérica;

entonces, $^{-}1\frac{1}{2}$ es ____menor que____ $^{-}\frac{1}{2}$.

2. $0.1 \bigcirc\ ^{-}1.9$

3. $0.4 \bigcirc\ ^{-}\frac{1}{2}$

4. $\frac{2}{5} \bigcirc 0.5$

Ordena los números de menor a mayor.

5. $0.2,\ ^{-}1.7,\ ^{-}1$

______ < ______ < ______

6. $^{-}2\frac{3}{4},\ ^{-}\frac{3}{5},\ ^{-}1\frac{3}{4}$

______ < ______ < ______

7. $^{-}0.5,\ ^{-}1\frac{2}{3},\ ^{-}2.7$

______ < ______ < ______

Ordena los números de mayor a menor.

8. $^{-}1,\ ^{-}\frac{5}{6},\ 0$

______ > ______ < ______

9. $1.82,\ ^{-}\frac{2}{5},\ \frac{4}{5}$

______ > ______ > ______

10. $^{-}2.19,\ ^{-}2.5,\ 1.1$

______ > ______ > ______

Escribe una comparación con < o > para mostrar la relación que existe entre los dos valores.

11. una altitud de $^{-}15$ m y una altitud de $^{-}20.5$ m

____

12. un saldo de $78 y un saldo de $^{-}$\$42

____

13. un puntaje de $^{-}31$ puntos y un puntaje de $^{-}30$ puntos

____

Resolución de problemas En el mundo

14. El lunes, la temperatura en Ciudad Fría fue 1 °C. El mismo día, la temperatura en Ciudad Escarchada fue $^{-}2$ °C. ¿En qué ciudad hizo más frío el lunes?

____

15. El saldo de la cuenta bancaria de Stan es menor que $^{-}$\$20.00, pero mayor que $^{-}$\$21.00. ¿Cuál podría ser el saldo de la cuenta de Stan?

____

____

16. ESCRIBE ▸ *Matemáticas* Describe dos situaciones en que podría resultar útil comparar u ordenar números racionales positivos y negativos.

____

Repaso de la lección (6.NS.C.7a, 6.NS.C.7b)

1. La temperatura mínima fue −1.8 °C ayer y −21 °C hoy. Usa los símbolos $<$ o $>$ para mostrar la relación entre las temperaturas.

2. Se muestran los puntajes finales de un juego. Ordena los puntajes de mayor a menor.

Vince: −0.5, Allison: $\frac{3}{8}$, Mariah $-\frac{7}{20}$

Repaso en espiral (6.NS.A.1, 6.NS.B.3, 6.NS.B.4)

3. Simone compró 3.42 libras de manzanas verdes y 2.19 libras de manzanas rojas. Usó 3 libras para hacer un pastel. ¿Cuántas libras de manzanas quedan?

4. Kwan compró tres rollos de papel para regalos normal de 6.7 metros cuadrados cada uno. También compró un rollo de papel para regalos especial de 4.18 metros cuadrados. ¿Cuánto papel tiene en total?

5. Eddie necesita $2\frac{2}{3}$ tazas de harina para preparar una tanda de panqueques. ¿Cuánta harina necesita para preparar $2\frac{1}{2}$ tandas?

6. Tommy descubrió que lee $\frac{2}{3}$ de página en un minuto. A ese ritmo, ¿cuánto tardará en leer 12 páginas?

Nombre ______________________________

Revisión de la mitad del capítulo

Entrenador personal en matemáticas
Evaluación e intervención en línea

Vocabulario

Vocabulario
número racional
números enteros
opuestos

Elige el término del recuadro que mejor corresponda para completar el enunciado.

1. Cualquier número que se pueda escribir como $\frac{a}{b}$, en el que a y b son números enteros y $b \neq 0$ se llama ______________. (pág. 151)

2. El conjunto de los números enteros y sus opuestos es el conjunto de los ______________. (pág. 139)

Conceptos y destrezas

Escribe el opuesto del número entero. (6.NS.C.6a)

3. $^{-}72$ ______

4. 0 ______

5. $^{-}31$ ______

6. 27 ______

Indica el número entero que representa cada situación y explica qué representaría 0 en esa situación. (6.NS.C.5)

Situación	Número entero	¿Qué representaría 0?
7. Greg obtuvo 278 puntos durante su turno en un videojuego.		
8. La temperatura era 8 grados bajo cero.		

Compara los números. Escribe < o >. (6.NS.C.7a)

9. 3 ◯ $^{-}4$

10. $^{-}6$ ◯ $^{-}5$

11. 5 ◯ $^{-}6$

12. $\frac{1}{3}$ ◯ $^{-}\frac{1}{2}$

13. $^{-}3.1$ ◯ $^{-}4.3$

14. $1\frac{3}{4}$ ◯ $^{-}2\frac{1}{2}$

Ordena los números. (6.NS.7a)

15. 5, $^{-}2$, $^{-}8$

____ < ____ < ____

16. 0, $^{-}3$, 1

____ < ____ < ____

17. $^{-}7$, $^{-}6$, $^{-}11$

____ > ____ > ____

18. 2.5, $^{-}1.7$, $^{-}4.3$

____ < ____ < ____

19. $\frac{2}{3}$, $\frac{^{-}1}{4}$, $\frac{5}{12}$

____ < ____ < ____

20. $^{-}5.2$, $^{-}3.8$, $^{-}9.4$

____ > ____ > ____

21. En la práctica de submarinismo, Judy está sumergida a $^{-}7$ metros, Nelda está a $^{-}9$ metros y Rod está a $^{-}3$ metros. Ordena los submarinistas de mayor a menor profundidad. **(6.NS.C.7b)**

22. Un equipo de fútbol americano gana 8 yardas en la primera jugada. Pierde 12 yardas en la siguiente jugada. ¿Qué par de números enteros representa las dos jugadas? **(6.NS.C.5)**

23. MÁS AL DETALLE El jugador que consigue el puntaje más próximo a 0 puntos gana el juego. Se dan los puntajes de los cuatro jugadores en la mesa. ¿Quién ganó el juego? **(6.NS.C.7b)**

Puntajes del juego

Jugador	Puntos
Myra	$^{-}1.93$
Amari	$^{-}1\frac{2}{3}$
Justine	$^{-}1.8$
Donovan	$^{-}1\frac{1}{2}$

24. ¿Qué punto de la gráfica representa $^{-}3\frac{3}{4}$? ¿Qué número representa el punto *C*? **(6.NS.C.6c)**

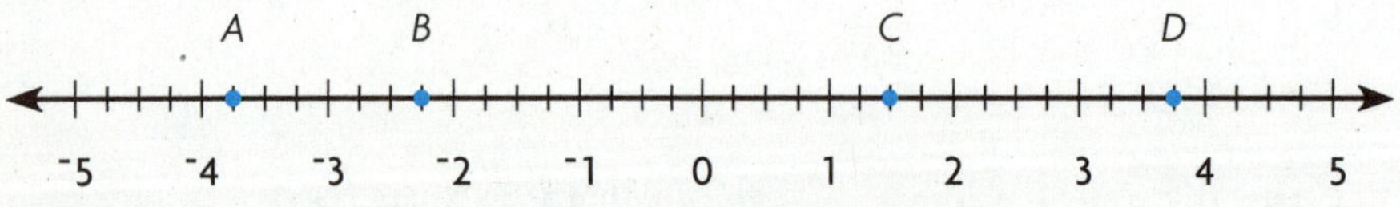

Nombre ______________________________

El valor absoluto

Pregunta esencial ¿Cómo puedes hallar e interpretar el valor absoluto de los números racionales?

Estándares comunes — El sistema numérico—6.NS.C.7c
PRÁCTICAS MATEMÁTICAS MP2, MP3, MP4, MP6

El **valor absoluto** o la magnitud de un número es la distancia del número desde el 0 en una recta numérica. El valor absoluto de $^{-}3$ es 3.

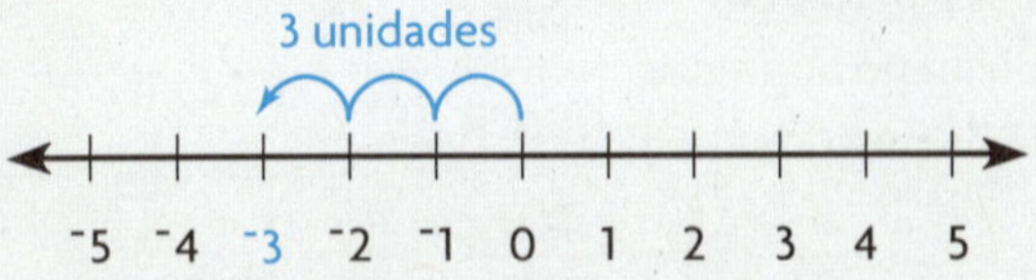

En símbolos, el valor absoluto de $^{-}3$ se escribe $|^{-}3|$.

Soluciona el problema — En el mundo

En 1934, un carguero llamado *Mohican* se hundió frente a la costa de la Florida. En la actualidad, los submarinistas pueden visitar el buque ubicado a una altitud de $^{-}32$ pies. Usa una recta numérica para hallar $|^{-}32|$.

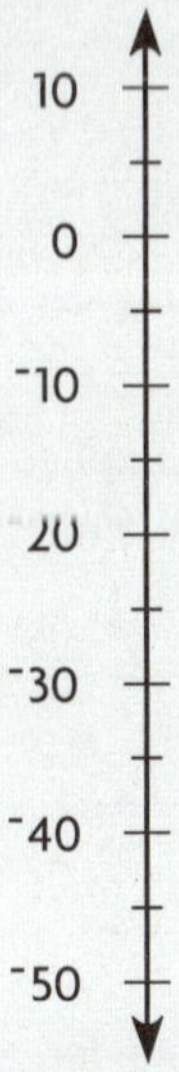

Representa gráficamente $^{-}32$. Luego halla su valor absoluto.

Representa gráficamente $^{-}32$ en la recta numérica.

Piensa: La distancia desde el 0 hasta el punto que representé es _______ unidades.

Entonces, $|^{-}32|$ = _______.

Idea matemática

Puesto que la distancia nunca puede ser negativa, el valor absoluto de un número nunca puede ser negativo.

Charla matemática — PRÁCTICAS MATEMÁTICAS 6

Compara los valores absolutos de dos números que sean opuestos. Explica tu razonamiento.

1. La profundidad a la que está sumergida una submarinista es igual a su distancia por debajo del nivel del mar. Puesto que la profundidad representa una distancia, nunca puede ser negativa. Halla la profundidad de una submarinista que visita el *Mohican*, y explica la relación entre su profundidad y la altitud de $^{-}32$ ft del carguero.

____

____

2. Explica la relación entre la expresión $|^{-}32|$ y la profundidad de la submarinista.

____

____

Puedes hallar el valor absoluto de números decimales, fracciones y otros números racionales de la misma manera en que hallaste el valor absoluto de números enteros.

Ejemplo 1

Un experto en alimentación hizo pruebas de un nuevo alimento para perros con cinco perros. Durante las pruebas, controló el peso de cada perro. Los resultados se muestran en la tabla. Los valores positivos indican un aumento de peso en libras. Los valores negativos indican una pérdida de peso en libras.

Resultados de las pruebas del alimento

Nombre	Cambio de peso (lb)
Buck	$\frac{3}{4}$
Goldie	$-\frac{5}{8}$
Mackerel	$^-1\frac{7}{16}$
Paloma	$2\frac{1}{8}$
Spike	$-\frac{3}{8}$

Representa gráficamente los cambios de peso en la recta numérica. Luego halla su valor absoluto.

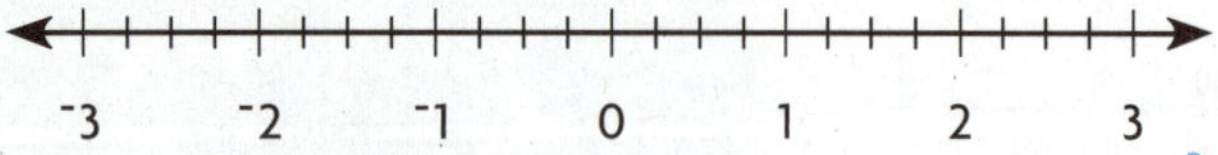

Piensa: La distancia entre el 0 y el punto que representé es $\frac{3}{4}$.

$\left|\frac{3}{4}\right| = \frac{3}{4}$

$\left|-\frac{5}{8}\right| =$ ______ $\left|^-1\frac{7}{16}\right| =$ ______ $\left|2\frac{1}{8}\right| =$ ______ $\left|-\frac{3}{8}\right| =$ ______

3. PRÁCTICA MATEMÁTICA 4 **Interpreta el resultado** Explica la relación que hay entre el valor absoluto de los cambios de peso positivos y negativos, y el peso inicial de los perros.

____

____

____

Ejemplo 2 **Halla todos los números enteros con un valor absoluto de 7.**

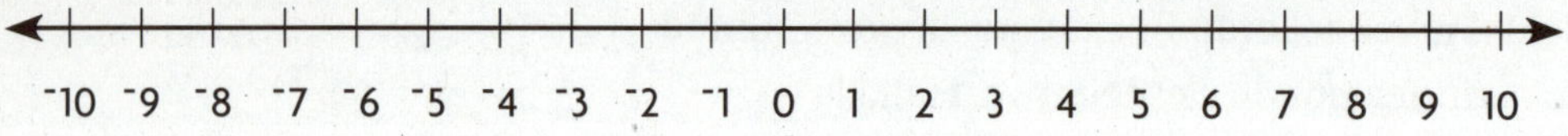

Piensa: La distancia desde el 0 hasta los números enteros con un valor absoluto de 7 es ______ unidades.

Representa gráficamente los números enteros ubicados a 7 unidades del 0 en la recta numérica.

|______| = 7 y |______| = 7

Entonces, tanto ______ como ______ tienen un valor absoluto de 7.

4. PRÁCTICA MATEMÁTICA 3 **Usa contraejemplos** Paula dice que siempre hay dos números que tienen un valor absoluto dado. ¿Tiene razón? Explica.

____

Nombre ______________________________

Comparte y muestra MATH BOARD

Halla el valor absoluto.

1. $|^{-}2|$ Representa gráficamente $^{-}2$ en la recta numérica.

$^{-}2$ está a ______ unidades del 0.

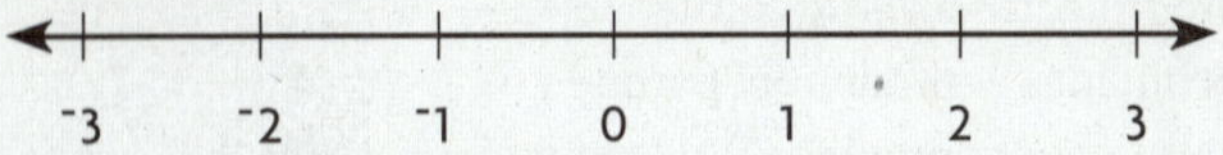

$|^{-}2| =$ ______

2. $|6|$ ______

3. $|^{-}5|$ ______

4. $|^{-}11|$ ______

5. $|9|$ ______

6. $|^{-}15|$ ______

Charla matemática

PRÁCTICAS MATEMÁTICAS 2

Usa el razonamiento ¿Un número puede tener valor absoluto negativo? Explica.

Por tu cuenta

Halla el valor absoluto.

7. $|^{-}37|$ ______

8. $|1.8|$ ______

9. $\left|\frac{-2}{3}\right|$ ______

10. $|^{-}6.39|$ ______

11. $\left|^{-}5\frac{7}{8}\right|$ ______

Halla todos los números con el valor absoluto dado.

12. 13 ______

13. $\frac{5}{6}$ ______

14. 14.03 ______

15. 0.59 ______

16. $3\frac{1}{7}$ ______

PRÁCTICA MATEMÁTICA 2 **Usa el razonamiento** **Álgebra** **Halla el número o números que faltan para hacer que el enunciado sea verdadero.**

17. $|\blacksquare| = 10$ ______

18. $|\blacksquare| = 1.78$ ______

19. $|\blacksquare| = 0$ ______

20. $|\blacksquare| = \frac{15}{16}$ ______

21. MÁS AL DETALLE Halla todos los números enteros cuyo valor absoluto sea menor que $|^{-}4|$.

______

Soluciona el problema — En el mundo

22. El sendero Colina Azul comienza en las oficinas centrales del parque Oso Grande y asciende por la montaña. El sendero Arroyo Verde comienza en las oficinas centrales del parque y desciende por la montaña. En la tabla se muestran las altitudes de diversos puntos de interés en relación con las oficinas centrales del parque. ¿Cuántos puntos de interés están a menos de 1 kilómetro por encima o por debajo de las oficinas centrales del parque?

Matemáticas al instante

Punto de interés	Altitud respecto de las oficinas centrales del parque (km)
A	1.9
B	1.1
C	0.7
D	0.3
E	$^-0.2$
F	$^-0.5$
G	$^-0.9$
H	$^-1.6$

a. ¿Cómo puedes hallar a qué distancia por encima o por debajo de las oficinas centrales del parque está ubicado un punto de interés?

b. ¿Cómo puedes hallar la cantidad de puntos de interés que están a menos de 1 km por encima o por debajo de las oficinas centrales del parque?

c. Halla a qué distancia por encima o por debajo de las oficinas centrales del parque está ubicado cada punto de interés.

d. ¿Cuántos puntos de interés están ubicados a menos de 1 km por encima o por debajo de las oficinas centrales del parque?

23. PRÁCTICA MATEMÁTICA 2 **Usa el razonamiento** Nombra un número racional que pueda reemplazar a ■ para hacer que ambos enunciados sean verdaderos.

$■ > {}^-3$ $\qquad$ $|■| < |{}^-3|$

24. PIENSA MÁS Laila dijo que $|4|$ es igual a $|{}^-4|$. ¿Tiene razón? Usa la recta numérica y palabras para justificar tu respuesta.

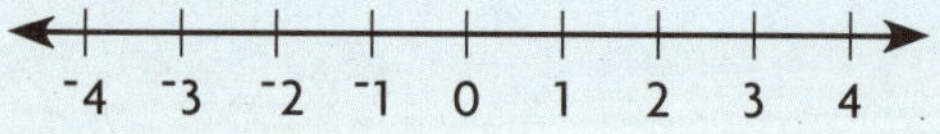

Nombre ______________________

El valor absoluto

ESTÁNDARES COMUNES—6.NS.C.7c
Aplican y extienden conocimientos previos sobre los números del sistema de números racionales.

Halla el valor absoluto.

1. $|7|$ Representa gráficamente 7 en la recta numérica.

7 está a ___7___ unidades de 0.

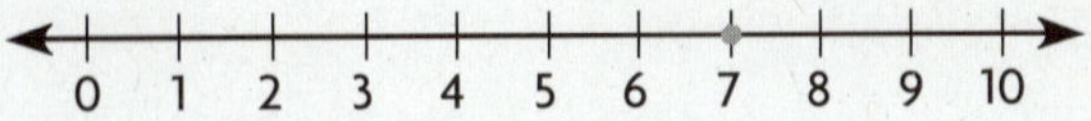

$|7| =$ ___7___

2. $|-8|$ ________

3. $|16|$ ________

4. $|8.65|$ ________

5. $\left|4\frac{3}{20}\right|$ ________

6. $|^{-}5{,}000|$ ________

Halla todos los números con el valor absoluto dado.

7. 12 ________

8. 1.7 ________

9. $\frac{3}{5}$ ________

10. $3\frac{1}{6}$ ________

11. 0 ________

Halla el número o los números que hacen que el enunciado sea verdadero.

12. $|\square| = 17$ ________

13. $|\square| = 2.04$ ________

14. $|\square| = 1\frac{9}{10}$ ________

15. $|\square| = \frac{19}{24}$ ________

Resolución de problemas (En el mundo)

16. ¿Qué dos números están a 7.5 unidades de 0 en una recta numérica?

____

17. Emilio está jugando a un juego. Acaba de responder una pregunta incorrectamente, así que su puntaje cambiará en $^{-}10$ puntos. Halla el valor absoluto de $^{-}10$.

____

18. **ESCRIBE** ▸ *Matemáticas* Escribe dos ejemplos del mundo real diferentes. Uno debería incluir el valor absoluto de un número positivo y el otro debería incluir el valor absoluto de un número negativo.

____

____

____

Repaso de la lección (6.NS.C.7c)

1. ¿Cuál es el valor absoluto de $\frac{8}{9}$?

2. ¿Qué dos números tienen un valor absoluto de 21.63?

Repaso en espiral (6.NS.A.1, 6.NS.B.3, 6.NS.B.4, 6.NS.C.7b)

3. Rachel ganó $89.70 el martes. Gastó $55.89 en la tienda de comestibles. ¿Cuánto dinero le queda?

4. Un envase de jugo contiene $\frac{17}{20}$ de litro. Otro envase contiene 0.87 litros de jugo. ¿Cuál de los envases contiene más jugo?

5. Maggie trotó $\frac{7}{8}$ de milla el lunes y $\frac{1}{2}$ de esa distancia el martes. ¿Qué distancia trotó el martes?

6. Trygg tiene $\frac{3}{4}$ de paquete de semillas de caléndula. Planta $\frac{1}{6}$ de esas semillas en su jardín y divide el resto equitativamente en 10 macetas. ¿Qué fracción de un paquete de semillas plantó en cada maceta?

Nombre ____________________

Comparar valores absolutos

Pregunta esencial ¿Cómo puedes interpretar comparaciones que incluyen valores absolutos?

Estándares comunes **El sistema numérico—6.NS.C.7d**

PRÁCTICAS MATEMÁTICAS
MP1, MP2, MP6

Soluciona el problema En el mundo

Actividad

Carmen toma una clase de submarinismo de un día. Cuando complete la clase, podrá explorar el océano a altitudes menores que $^{-}25$ pies. Usa el valor absoluto para describir las profundidades a las que podrá bucear Carmen después de tomar la clase.

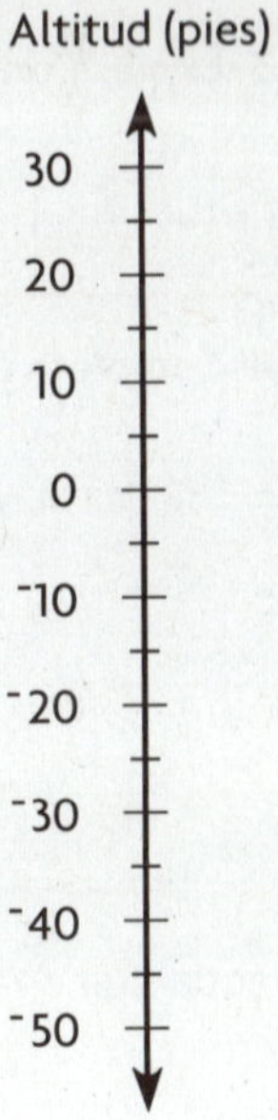

- Representa gráficamente una altitud de $^{-}25$ pies en la recta numérica.
- Enumera tres altitudes menores que $^{-}25$ pies. Luego representa gráficamente esas altitudes.

  ____
- Las altitudes menores que $^{-}25$ pies se encuentran __________ de $^{-}25$ pies.
- Puesto que la profundidad representa la distancia respecto del nivel del mar, nunca es negativa. En esta situación, $|^{-}25|$ ft representa una profundidad de ______ pies.
- Escribe cada altitud como una profundidad.

Altitud (ft)	Profundidad (ft)
$^{-}30$	
$^{-}35$	
$^{-}40$	

- Una altitud de menos de $^{-}25$ pies es una profundidad __________ que 25 pies.

Entonces, Carmen podrá bucear a profundidades __________ que 25 pies después de tomar la clase.

1. Compara una altitud de $^{-}175$ pies con una profundidad de 175 pies. Explica tu razonamiento.

____

____

Ejemplo

Cole tiene una cuenta en línea para comprar videojuegos. El saldo de su cuenta siempre ha sido mayor que $^{-}\$16$. Usa el valor absoluto para describir el saldo de la cuenta de Cole como deuda.

PASO 1 Representa gráficamente un saldo de la cuenta de $^{-}\$16$ en la recta numérica.

Saldo de la cuenta ($)

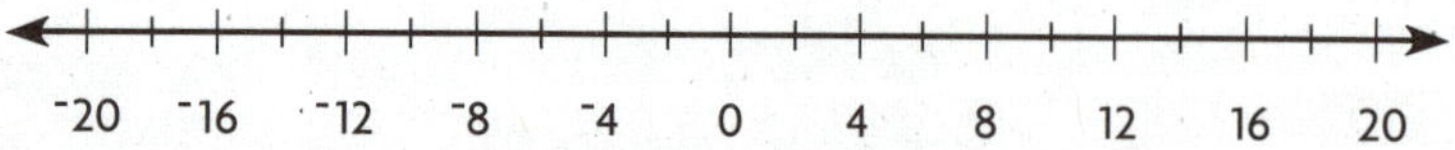

PASO 2 Enumera tres saldos de cuenta mayores que $^{-}\$16$. Luego representa gráficamente esos saldos en la recta numérica de arriba.

____

Los saldos mayores que $^{-}\$16$ se encuentran a la ____________ de $^{-}\$16$.

PASO 3 Expresa un saldo de la cuenta de $^{-}\$16$ como deuda.

En esta situación, $|^{-}\$16|$ representa una deuda de ______.

PASO 4 Completa la tabla.

Saldo mayor que $^{-}\$16$	Deuda
$^{-}\$15$	
$^{-}\$14$	
	$13

Cada deuda que aparece en la tabla es ____________ que $16.

El saldo de la cuenta de Cole siempre es mayor que $^{-}\$16$, entonces la deuda de su cuenta siempre es ____________ que $16.

Charla matemática PRÁCTICAS MATEMÁTICAS 6

La temperatura en el Polo Norte era de $^{-}35$ °F al mediodía. **Explica** cómo puedes usar el valor absoluto para expresar una temperatura de $^{-}35$ °F.

2. Explica cómo puedes describir una deuda como valor absoluto.

____

____

3. PRÁCTICA MATEMÁTICA 1 **Describe** Enumera tres números que tengan una magnitud mayor que $^{-}28$. Describe cómo determinaste tu respuesta.

____

____

Nombre ______________________

Comparte y muestra

MATH BOARD

1. El lunes, el saldo de la cuenta bancaria de Allie era $^{-}\$24$. El martes, el saldo de su cuenta era menor de lo que había sido el lunes. Usa el valor absoluto para describir el saldo de Allie del martes como deuda.

   En esta situación, $|^{-}\$24|$ representa una deuda

   de ______.

   El martes, Allie tenía una deuda de ______ de $24.

2. En un videojuego, Matthew anotó $^{-}36$ puntos. Cuando llegó su turno, Genevieve anotó menos puntos que Matthew. Usa el valor absoluto para describir el puntaje de Genevieve como pérdida.

   Genevieve perdió ______ de 36 puntos.

Charla matemática PRÁCTICAS MATEMÁTICAS 1

Analiza relaciones Compara un saldo bancario negativo y el tamaño de la deuda que se tiene con el banco. Explica.

Por tu cuenta

3. MÁS AL DETALLE Uno de los gatos que se muestran en la tabla es atigrado. El gato atigrado tuvo una disminución de peso de más de 3.3 onzas. ¿Cuál de los gatos es el atigrado?

____

Gato	Cambio de peso (onzas)
Missy	3.8
Angel	$^{-}3.2$
Frankie	$^{-}2.6$
Spot	$^{-}3.4$

Compara. Escribe <, > o =.

4. $^{-}8$ ◯ $|^{-}8|$

5. 13 ◯ $|^{-}13|$

6. $|^{-}23|$ ◯ $|^{-}24|$

7. 15 ◯ $|^{-}14|$

8. 34 ◯ $|^{-}36|$

9. $^{-}5$ ◯ $|^{-}6|$

10. PIENSA MÁS Ordena los valores de menor a mayor.

    $|^{-}2|$ $|3|$ $|^{-}6|$ $|1|$

    ____

Conectar con la Lectura

Compara y contrasta

Cuando *comparas y contrastas,* buscas aspectos en los que se parecen dos o más sujetos (comparar) y aspectos en los que se diferencian (contrastar). Esto te ayuda a descubrir información acerca de cada sujeto que de otra forma no tendrías. Lee el siguiente pasaje y piensa en qué se parecen y en qué se diferencian los temas principales.

Después de la escuela, Trevor corta el césped para reunir dinero y comprar una bicicleta de montaña nueva. La semana pasada, llovió todos los días y no pudo trabajar. Mientras esperaba que mejorara el tiempo, gastó una parte de sus ahorros en reparar la cortadora de césped. Entonces, el saldo de sus ahorros cambió en $^{-}\$45$. Esta semana, el tiempo mejoró. Trevor volvió a trabajar, y el saldo de sus ahorros cambió en $^{+}\$45$.

11. El pasaje tiene dos partes principales. Descríbelas.

12. Describe los dos cambios en el saldo de los ahorros de Trevor.

13. PRÁCTICA MATEMÁTICA 2 **Razona de forma cuantitativa** Compara los dos cambios en el saldo de los ahorros de Trevor. ¿En qué se parecen?

14. PIENSA MÁS Contrasta los dos cambios en el saldo de los ahorros de Trevor. ¿En qué se diferencian?

Nombre ____________________

Comparar valores absolutos

Estándares comunes

ESTÁNDAR COMÚN—6.NS.C.7d
Aplican y extienden conocimientos previos sobre los números del sistema de números racionales.

Resuelve.

1. En un juego de preguntas y respuestas, Jamie anotó ⁻5 puntos. Cuando llegó el turno de Verónica, anotó más puntos que Jamie. Usa el valor absoluto para describir el puntaje de Verónica como una pérdida.

   En esta situación, |⁻5| representa una pérdida de __5__ puntos. Verónica perdió __menos__ de 5 puntos.

2. La temperatura mínima del viernes fue ⁻10 °F. La temperatura mínima del sábado fue más fría. Usa el valor absoluto para describir la temperatura del sábado como una temperatura bajo cero.

   La temperatura del sábado fue ____________ de 10 grados bajo cero.

3. En la tabla se muestran los cambios en las cuentas de ahorro de cinco estudiantes. ¿Qué estudiante tuvo el mayor aumento de dinero? ¿Cuánto aumentó la cuenta del estudiante?

   ____

   ____

Estudiante	Cambio en la cuenta ($)
Brett	⁻12
Destiny	⁻36
Carissa	15
Rylan	10

Compara. Escribe <, > o =.

4. ⁻16 ◯ |⁻16|

5. 20 ◯ |20|

6. 3 ◯ |⁻4|

Resolución de problemas — En el mundo

7. El miércoles, el saldo de la cuenta bancaria de Miguel era ⁻$55. El jueves, el saldo de su cuenta era menor que esa cantidad. Usa el valor absoluto para describir el saldo de Miguel del jueves como una deuda.

   En esta situación, ⁻$55 representa una deuda de ____________. El jueves, Miguel tenía una deuda de ____________ de $55.

8. En un juego, Naomi perdió puntos. Perdió menos de 3 puntos. Usa un número entero para describir su puntaje posible.

   ____

9. **ESCRIBE** ▸ *Matemáticas* Indica dos números que se ajusten a la descripción: uno de los números es menor que el otro, pero tiene un valor absoluto mayor. Describe cómo hallaste los números.

   ____

   ____

Repaso de la lección (6.NS.C.7d)

1. Una temperatura de $-6°$ es más fría que una temperatura de 5 °F bajo cero. ¿Este enunciado es verdadero o falso?

2. Long Beach, California, tiene una altitud de -7 pies. Nueva Orleans, Luisiana, está 8 pies debajo del nivel del mar. ¿Cuál de las ciudades tiene una altitud menor?

Repaso en espiral (6.NS.A.1, 6.NS.B.3, 6.NS.B.4)

3. Dawn y Lin comenzaron a andar en patineta desde la misma ubicación, pero en direcciones opuestas. Después de 20 minutos, Dawn había recorrido 6.42 kilómetros y Lin 7.7 kilómetros. ¿A qué distancia estaban la una de la otra?

4. Rico y Josh comenzaron a andar en patineta en la misma dirección. Después de 20 minutos, Rico había recorrido 5.98 kilómetros y Josh 8.2 kilómetros. ¿A qué distancia estaban el uno del otro?

5. Etta compró 11.5 yardas de tela que se vende a $0.90 la yarda. ¿Cuál fue el costo total?

6. Yen debe hallar el producto de $\frac{5}{8} \times \frac{24}{25}$. Antes de multiplicar, simplifica los factores. ¿Cómo queda el problema después de simplificar los factores?

PRACTICA MÁS CON EL Entrenador personal en matemáticas

Nombre ____________________

Los números racionales y el plano de coordenadas

Estándares comunes — El sistema numérico—6.NS.C.6C

PRÁCTICAS MATEMÁTICAS MP3, MP4, MP7, MP8

Pregunta esencial ¿Cómo marcas pares ordenados de números racionales en un plano de coordenadas?

Un **plano de coordenadas** es un plano formado por una recta numérica horizontal llamada **eje *x*** que se interseca con una recta numérica vertical llamada **eje *y***. Los ejes se intersecan en el 0 de ambas rectas numéricas. El punto donde se intersecan los ejes es el **origen**.

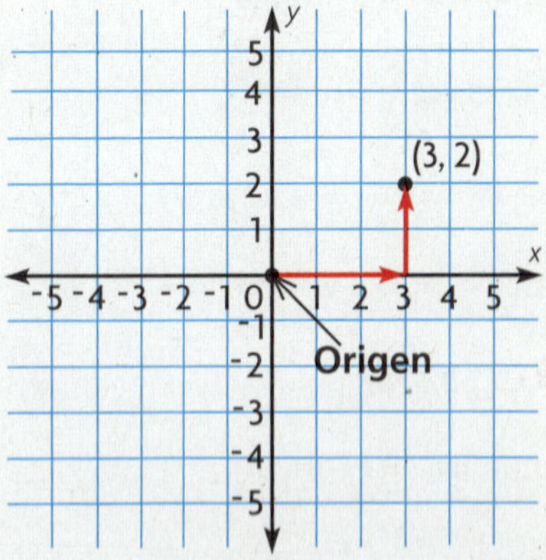

Un **par ordenado** es una pareja de números, tal como (3, 2), que puede usarse para ubicar un punto en el plano de coordenadas. El primer número es la **coordenada *x***; indica la distancia hacia la izquierda o hacia la derecha desde el origen. El segundo número es la **coordenada *y***; indica la distancia hacia arriba o hacia abajo desde el origen. El par ordenado del origen es (0, 0).

Soluciona el problema — En el mundo

En la pantalla de un videojuego se muestra un plano de coordenadas. Los puntos *P*, *Q*, *R* y *S* representan cofres de tesoros. Escribe el par ordenado de la ubicación de cada cofre.

- Si un punto está a la izquierda del eje *y*, ¿su coordenada *x* es positiva o negativa?

____

Halla las coordenadas de cada punto.

Para hallar las coordenadas del punto *P*, comienza en el origen.

Para hallar la coordenada *x*, desplázate hacia la derecha (positiva) o hacia la izquierda (negativa).	Desplázate 2 unidades hacia la ____________.
Para hallar la coordenada *y*, desplázate hacia arriba (positiva) o hacia abajo (negativa).	Desplázate ________ unidades hacia arriba.

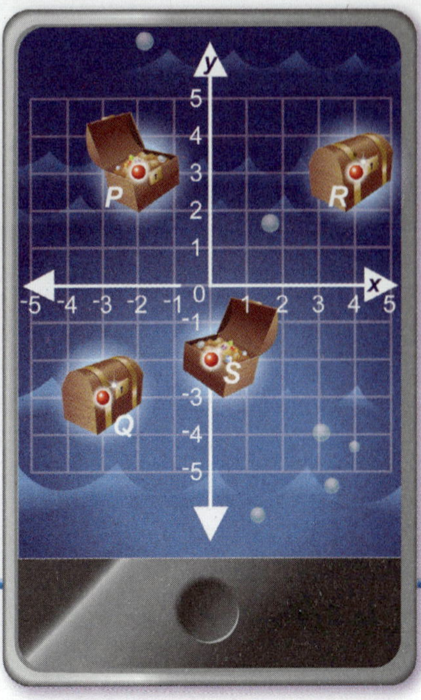

El punto *P* está ubicado en ($^-2$, ________).

El punto *Q* está ubicado en (________, ________).

El punto *R* está ubicado en (________, ________).

El punto *S* está ubicado en (________, ________).

1. PRÁCTICA MATEMÁTICA 8 **Saca conclusiones** Haz una conjetura acerca de la coordenada *x* de cualquier punto que esté en el eje *y*.

____

2. Explica por qué (2, 4) representa una ubicación diferente de (4, 2).

____

Ejemplo Representa gráficamente y rotula el punto en el plano de coordenadas.

A $A(2, ^{-}\frac{1}{2})$

Comienza en el origen.

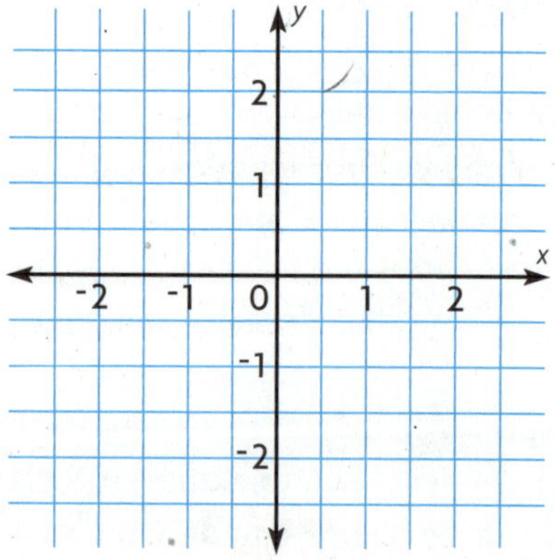

La coordenada *x* es positiva. Desplázate ________ unidades hacia la derecha.

La coordenada *y* es negativa. Desplázate $\frac{1}{2}$ de unidad hacia ________.

Marca el punto y rotúlalo *A*.

B $B(^{-}0.5, 0)$

Comienza en el origen.

La coordenada *x* es ______________. Desplázate ________ unidades hacia la ______________.

La coordenada *y* es 0. El punto está en el eje ________.

Marca el punto y rotúlalo *B*.

C $C(2\frac{1}{2}, \frac{3}{4})$

Comienza en el origen.

Desplázate ________ unidades

hacia la ______________.

Desplázate ________ de unidad

hacia ________.

Marca el punto y rotúlalo *C*.

D $D(^{-}1.25, ^{-}1.75)$

Comienza en el origen.

Desplázate ________ unidades hacia

la ______________.

Desplázate ________ unidades

hacia ________.

Marca el punto y rotúlalo *D*.

Charla matemática PRÁCTICAS MATEMÁTICAS 4

Usa símbolos Descibe la ubicación de un punto que tiene una coordenada *x* positiva y una coordenada *y* negativa.

Comparte y muestra

MATH BOARD

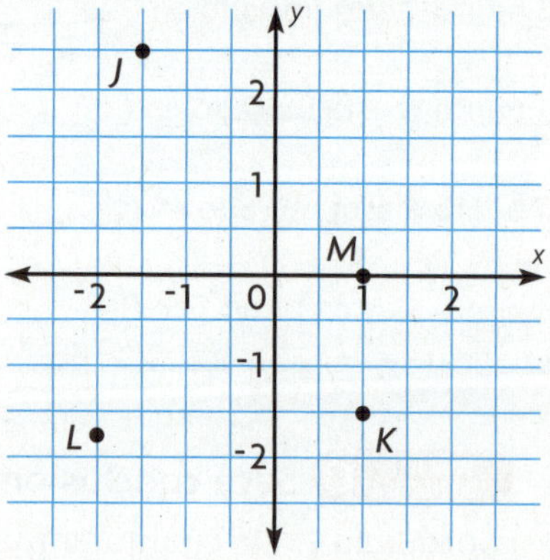

1. Escribe el par ordenado del punto *J*.

Comienza en el origen. Desplázate ________ unidades hacia la

______________ y ________ unidades hacia ________.

El par ordenado es ______________.

Escribe el par ordenado de los puntos.

2. *K*

____

3. *L*

____

4. *M*

____

Nombre ______________________________________

Relaciones entre pares ordenados

Pregunta esencial ¿Cómo puedes identificar la relación entre puntos de un plano de coordenadas?

Estándares comunes **El sistema numérico— 6.NS.C.6b**

PRÁCTICAS MATEMÁTICAS
MP1, MP6, MP7

Las cuatro zonas del plano de coordenadas que están separadas por el eje *x* y el eje *y* se llaman **cuadrantes**. Los cuadrantes se numeran con los números romanos I, II, III y IV. Si conoces los signos de las coordenadas de un punto, puedes identificar el cuadrante donde está ubicado ese punto.

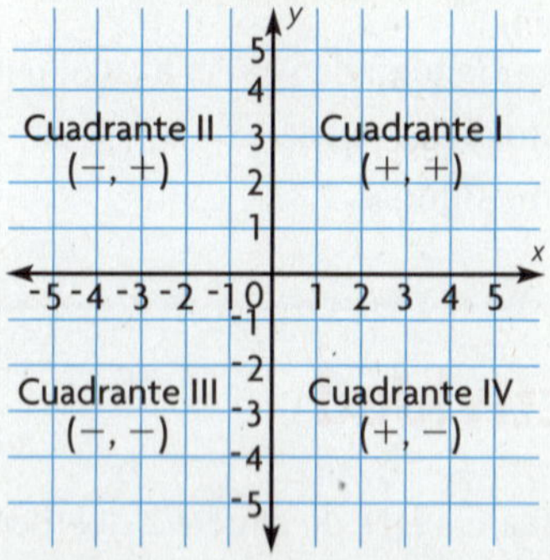

Soluciona el problema *En el mundo*

El punto $(^-3, 4)$ representa la ubicación de una librería en el mapa de un centro comercial. Identifica el cuadrante donde está ubicado el punto.

- ¿Cuál es la coordenada *x* del punto? _______
- ¿Cuál es la coordenada *y* del punto? _______

Halla el cuadrante que contiene $(^-3, 4)$.

PASO 1 Examina la coordenada *x*.

Piensa: La coordenada *x* es _______, entonces el punto está ubicado _______ unidades a la _____________ del origen.

Puesto que el punto está a la izquierda del origen, debe estar ubicado en el Cuadrante _______ o en el Cuadrante _______.

PASO 2 Examina la coordenada *y*.

Piensa: La coordenada *y* es _______, entonces el punto está ubicado _______ unidades hacia _______ del origen.

Puesto que el punto está hacia arriba del origen, debe estar ubicado en el Cuadrante _______.

Para comprobar tu respuesta, representa gráficamente el punto $(^-3, 4)$ en el plano de coordenadas.

Entonces, el punto que representa la librería está ubicado en el Cuadrante _______.

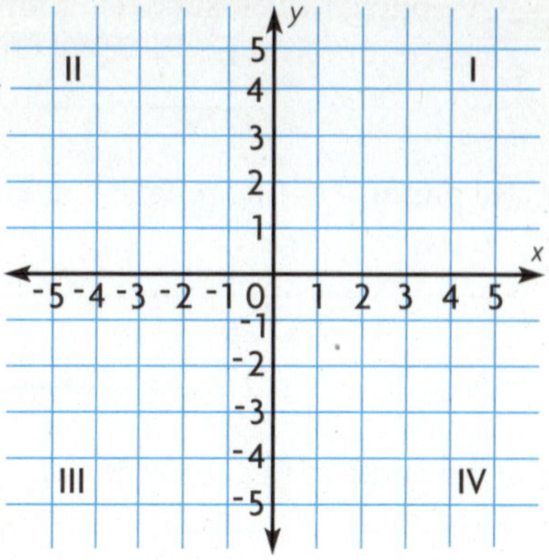

- **PRÁCTICA MATEMÁTICA 7** **Busca estructuras** Observa los signos de las coordenadas de los puntos ubicados en los Cuadrantes I y II. ¿Qué tienen en común? ¿En qué se diferencian? ______________________________________

Una figura tiene **simetría axial** si se puede doblar sobre una línea y las dos partes resultantes son exactamente iguales. Si cortaras el triángulo isósceles que está a la derecha y lo doblaras a lo largo de la línea discontinua, las dos partes serían iguales. Una línea que divide una figura en dos mitades que son una reflexión la una de la otra se llama **eje de simetría**.

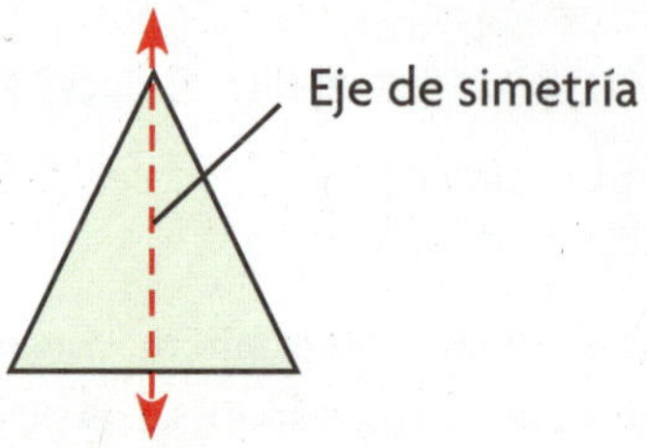

Puedes usar la idea de simetría axial para analizar la relación que hay entre puntos tales como $(5, {}^-1)$ y $({}^-5, {}^-1)$ cuyas coordenadas se diferencian solo por sus signos.

Actividad

- Identifica los ejes de simetría del rectángulo.

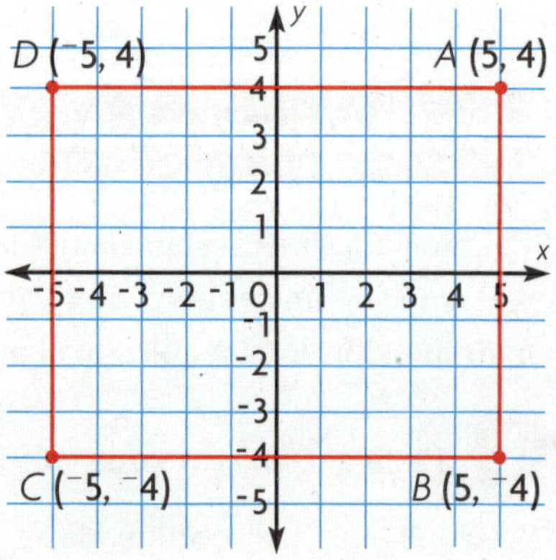

El eje ______ es un eje de simetría horizontal y el eje ______ es un eje de simetría vertical.

- Observa los puntos *A* y *B*. ¿Qué puedes decir sobre las coordenadas *x*? ¿Qué puedes decir sobre las coordenadas *y*?

____

____

- ¿El punto *B* es una reflexión del punto *A* sobre qué eje? ¿Cómo lo sabes?

____

____

- Observa los puntos *A* y *D*. ¿Qué puedes decir sobre las coordenadas *x*? ¿Qué puedes decir sobre las coordenadas *y*?

____

- ¿El punto *D* es una reflexión del punto *A* sobre qué eje? ¿Cómo lo sabes?

____

____

- ¿Qué punto es una reflexión del punto *B* sobre el eje *x* y luego sobre el eje *y*?

____

- Compara las coordenadas del punto *B* con las coordenadas del punto *D*.

____

____

Charla matemática

PRÁCTICAS MATEMÁTICAS 1

Describe las relaciones Describe cómo cambian las coordenadas de un punto si este se refleja sobre el eje *x*.

Nombre ______________________________

La distancia en el plano de coordenadas

Pregunta esencial ¿Cómo puedes hallar la distancia entre dos puntos que se encuentran en una línea horizontal o vertical en un plano de coordenadas?

Estándares comunes El sistema numérico — 6.NS.C.8

PRÁCTICAS MATEMÁTICAS MP1, MP2, MP6, MP7, MP8

Soluciona el problema — En el mundo

El mapa del parque Montaña Nubosa está marcado en una cuadrícula de coordenadas en unidades de 1 milla. Hay dos campamentos en el parque. El campamento 1 está ubicado en $(^-4, 3)$. El campamento 2 está ubicado en $(5, 3)$. ¿Qué distancia hay entre el campamento 1 y el campamento 2?

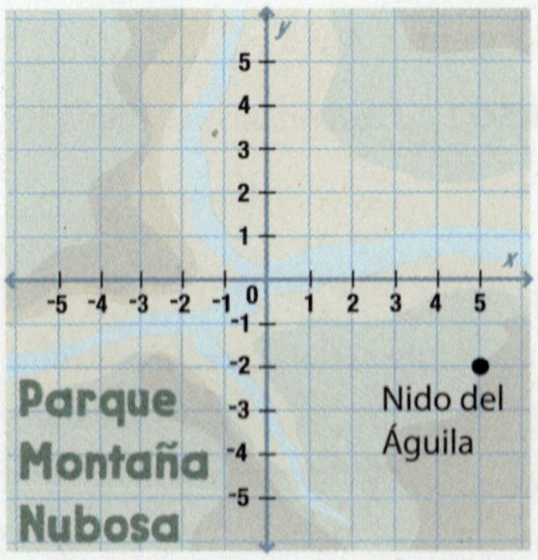

Halla la distancia entre el campamento 1 y el campamento 2.

PASO 1 Representa gráficamente los puntos.

Piensa: Los puntos tienen la misma coordenada ________, entonces están ubicados en una recta horizontal.

PASO 2 Halla la distancia horizontal entre el campamento 1 y el eje *y*.

Halla la distancia entre las coordenadas *x* del punto (______, 3) y el punto (0, 3).

La distancia de un número desde el 0 es el ____________________ del número.

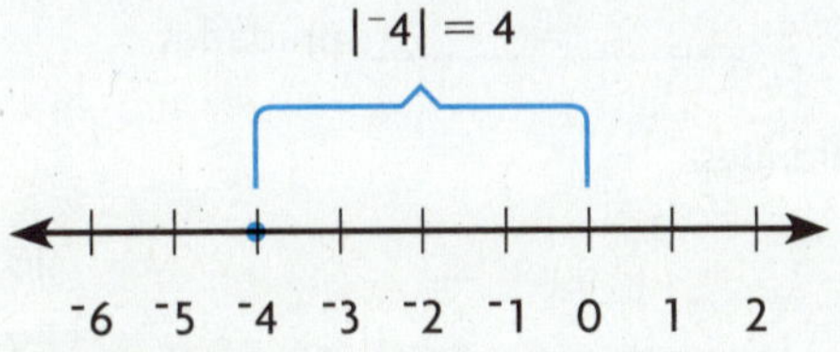

La distancia entre $(^-4, 3)$ y $(0, 3)$ es $|^-4|$ = _______ millas.

Para evitar errores
Recuerda que la distancia nunca es negativa. Puedes usar el valor absoluto para hallar la distancia entre un número negativo y el 0.

PASO 3 Halla la distancia horizontal entre el campamento 2 y el eje *y*.

Halla la distancia entre las coordenadas *x* de (________ , 3) y (________ , 3).

La distancia entre (5, 3) y (0, 3) es |________| = ________ millas.

PASO 4 Suma para hallar la distancia total: _______ + _______ = _______ millas.

Entonces, la distancia entre el campamento 1 y el campamento 2 es _______ millas.

Charla matemática — PRÁCTICAS MATEMÁTICAS 1
Evalúa Explica cómo podrías comprobar que hallaste la distancia correcta.

1. PRÁCTICA MATEMÁTICA 6 **Explica** cómo podrías usar el valor absoluto para hallar la distancia entre el campamento 2 y el Nido del Águila. ¿Cuál es la distancia?

____

____

____

En el problema de la página anterior, usaste el valor absoluto para hallar la distancia entre puntos ubicados en cuadrantes diferentes. También puedes usar el valor absoluto para hallar la distancia entre puntos ubicados en el mismo cuadrante.

Ejemplo **Halla la distancia entre el par de puntos marcado en el plano de coordenadas.**

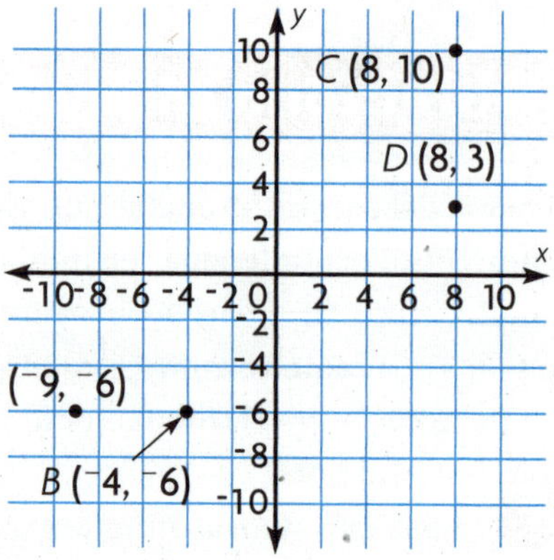

A puntos *A* y *B*

PASO 1 Observa las coordenadas de los puntos.

Las coordenadas ______ de los puntos son iguales, entonces los puntos están en una recta horizontal.

Piensa en la recta horizontal que pasa por *A* y *B* como una recta numérica.

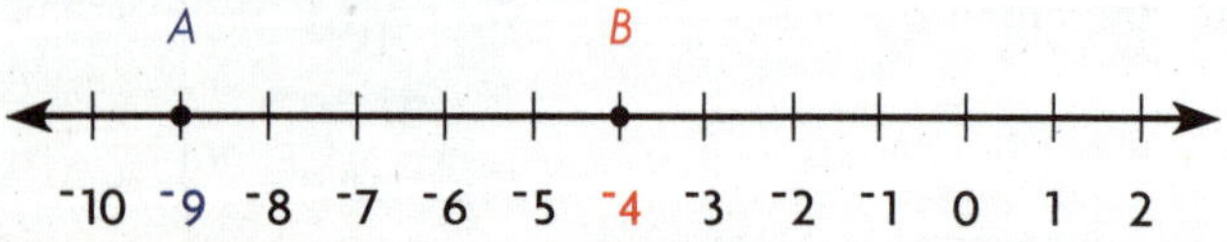

PASO 2 Halla las distancias de *A* y *B* desde el 0.

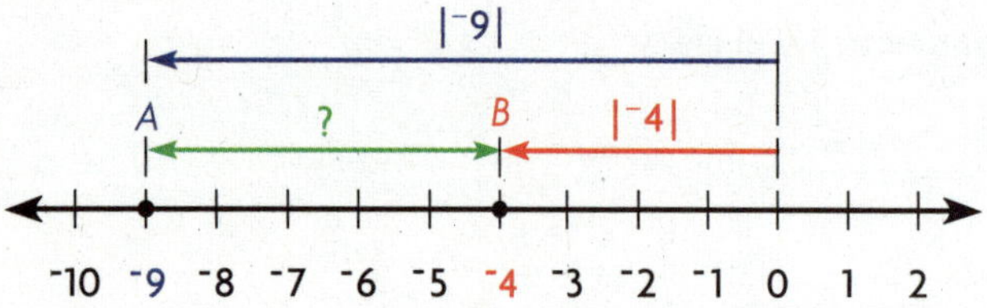

Distancia de *A* desde el 0:

$|{}^{-}9|$ = ______ unidades

Distancia de *B* desde el 0:

| ______ | = ______ unidades

PASO 3 Resta para hallar la distancia entre *A* y *B*: ______ − ______ = ______ unidades.

Entonces, la distancia entre los puntos *A* y *B* es ______ unidades.

B puntos *C* y *D*

PASO 1 Observa las coordenadas de los puntos.

Las coordenadas ______ de los puntos son iguales, entonces los puntos están en una recta vertical.

Piensa en la recta vertical que pasa por *C* y *D* como una recta numérica.

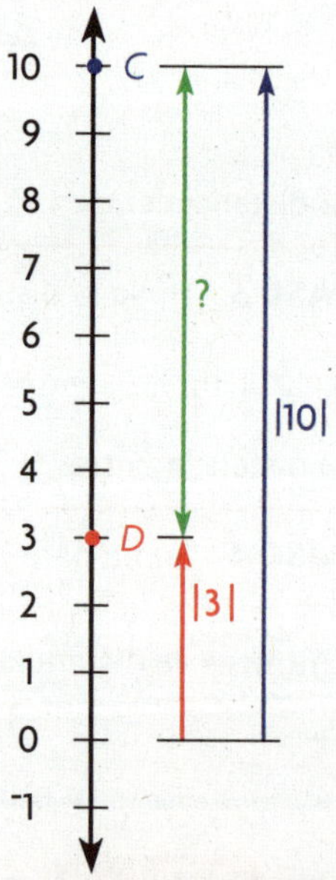

PASO 2 Halla las distancias de *C* y *D* desde el 0 en la recta numérica vertical.

Distancia entre *C* y el 0: | 10 | = ______ unidades

Distancia entre *D* y el 0: | ______ | = ______ unidades

PASO 3 Resta para hallar la distancia entre *C* y *D*:

______ − ______ = ______ unidades.

Entonces, la distancia entre *C* y *D* es ______ unidades.

Charla matemática PRÁCTICAS MATEMÁTICAS 7

Busca estructuras Explica cómo hallar la distancia entre *M*(⁻5, 1) y *N*(⁻5, 7).

Nombre ______________________________

Resolución de problemas • El plano de coordenadas

Estándares comunes El sistema numérico—6.NS.C.8

PRÁCTICAS MATEMÁTICAS
MP1, MP5, MP6

Pregunta esencial ¿Cómo puedes usar la estrategia *hacer un diagrama* para resolver un problema en el plano de coordenadas?

Soluciona el problema En el mundo

Una artista usa un programa de ilustración. En el programa hay un plano de coordenadas, con el origen (0, 0) ubicado en el centro de la pantalla de la computadora. La artista dibuja un dinosaurio centrado en el punto (4, 6). Luego lo desplaza 10 unidades hacia la izquierda y 12 unidades hacia abajo. ¿Qué par ordenado representa la nueva ubicación del dinosaurio?

Usa el organizador gráfico como ayuda para resolver el problema.

Lee el problema

¿Qué debo hallar?	¿Qué información debo usar?	¿Cómo usaré la información?
Debo hallar el ______________ de la nueva ubicación del dinosaurio.	El dinosaurio estaba inicialmente en el punto ________. Luego la artista lo desplazó ____________ hacia la izquierda y ____________ hacia abajo.	Puedo hacer un diagrama para representar gráficamente la información en un ______________________.

Resuelve el problema

- Comienza por representa gráficamente y rotular el punto ________.
- Desde este punto, cuenta ____________ hacia la izquierda.
- Luego cuenta ____________ hacia abajo.
- Representa gráficamente y rotula el punto en esta ubicación, y escribe sus coordenadas: ________.

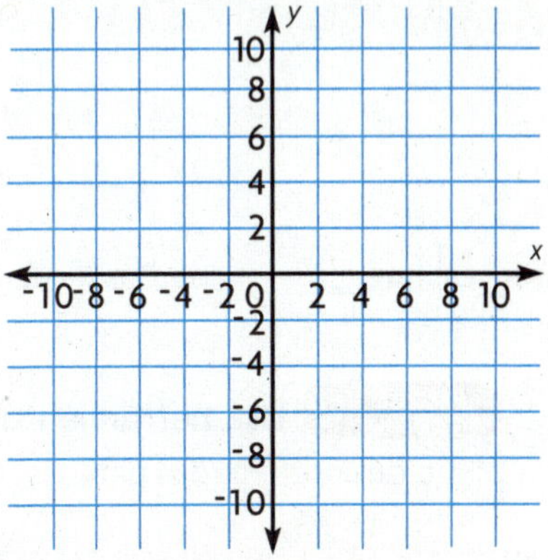

Entonces, la nueva ubicación del dinosaurio es ________.

Charla matemática

PRÁCTICAS MATEMÁTICAS 1

Analiza Explica cómo podrías comprobar que tu resultado es correcto.

Haz otro problema

Al salir de la escuela, Tyrone y Kyra van caminando a su casa. Para llegar a su casa, Kyra camina 4 cuadras hacia el este y 3 cuadras hacia el sur. Tyrone vive 3 cuadras al oeste y 3 cuadras al sur de la escuela. ¿A qué distancia está la casa de Tyrone de la casa de Kyra?

Usa el organizador gráfico como ayuda para resolver el problema.

Lee el problema	Resuelve el problema
¿Qué debo hallar?	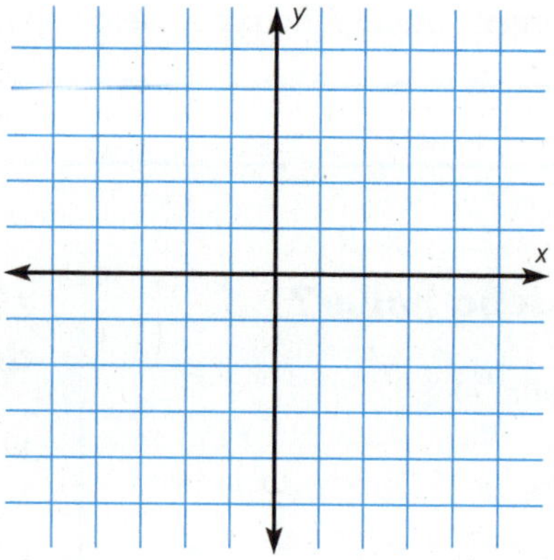
¿Qué información debo usar?	
¿Cómo usaré la información?	

Entonces, hay _______ cuadras de distancia entre la casa de Tyrone y la casa de Kyra.

- PRÁCTICA MATEMÁTICA 5 **Usa herramientas adecuadas** Describe las ventajas de usar un plano de coordenadas para resolver un problema como el de arriba.

____

____

Charla matemática

PRÁCTICAS MATEMÁTICAS 6

Explica cómo sabes que tu respuesta es razonable.

Nombre ______________________________

Comparte y muestra

MATH BOARD

> **Soluciona el problema**
> - Haz un diagrama de la situación.
> - Usa el valor absoluto para hallar la distancia.

1. MÁS AL DETALLE El condado de Busby es rectangular. En un mapa del condado trazado sobre un plano de coordenadas se muestran los vértices del condado, ubicados en ($^{-}5$, 8), (8, 8), (8, $^{-}10$) y ($^{-}5$, $^{-}10$). Cada unidad del mapa representa 1 milla. ¿Cuál es el perímetro del condado?

Primero, haz un diagrama del condado de Busby.

Condado de Busby

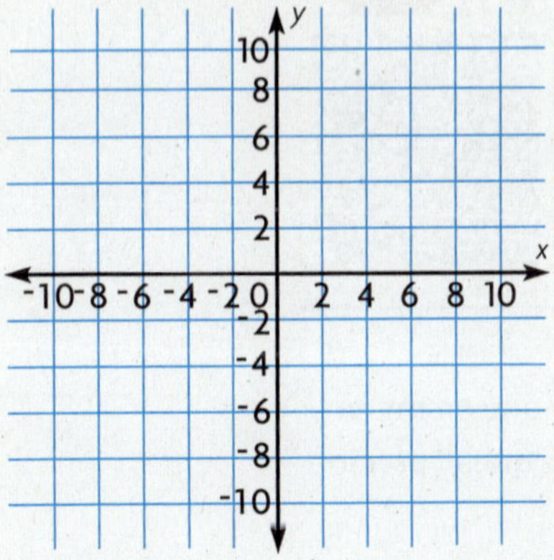

Luego, usa el diagrama para hallar la longitud de cada lado del rectángulo. Luego suma.

____

Entonces, el perímetro del condado de Busby es __________.

2. PIENSA MÁS ¿Qué pasaría si los vértices del condado fueran ($^{-}5$, 8), (8, 8), (8, $^{-}6$) y ($^{-}5$, $^{-}6$) ¿Cuál sería el perímetro del condado?

____

3. En un mapa de coordenadas de Melville, hay un restaurante en ($^{-}9$, $^{-}5$). También hay una lavandería ubicada 3 unidades a la izquierda del restaurante que figura en el mapa. ¿Cuáles son las coordenadas de la lavandería?

____

4. MÁS AL DETALLE La biblioteca está ubicada 4 cuadras al norte y 9 cuadras al este de la escuela. El museo está ubicado 9 cuadras al este y 11 cuadras al sur de la escuela. ¿Cuál es la distancia entre la biblioteca y el museo?

____

ESCRIBE Matemáticas
Muestra tu trabajo

Resolución de problemas • Aplicaciones En el mundo

5. PRÁCTICA MATEMÁTICA 1 **Entiende los problemas** Diana salió de su campamento, ubicado en (2, 6) en un mapa del Parque parque Árboles Grandes, caminó hasta el bosque Rojo ubicado en ($^{-}5$, 6), y continuó hasta el lago Bajo ubicado en ($^{-}5$, $^{-}3$). Cada unidad del mapa representa 1 kilómetro. ¿Qué distancia caminó Diana?

____

6. PIENSA MÁS Héctor salió de su casa ubicada en ($^{-}6$, 13) en un mapa de Coleville y caminó hasta el zoológico ubicado en ($^{-}6$, 2). Desde allí caminó hacia el este, hasta la casa de su amiga. En total, caminó 25 cuadras. Si cada unidad del mapa representa una cuadra, ¿cuáles son las coordenadas de la casa de la amiga de Héctor?

____

7. MÁS AL DETALLE En noviembre, un teléfono celular costaba el doble que en marzo. En diciembre, el teléfono costaba \$57. Este precio era \$29 menos que el precio de noviembre. ¿Cuánto costaba un teléfono celular en marzo?

____

Entrenador personal en matemáticas

8. PIENSA MÁS + Un mapa de la ciudad donde se celebran los Juegos Olímpicos está ubicado sobre un plano de coordenadas. El Estadio Olímpico está ubicado en el origen del mapa. Cada unidad del mapa representa 2 millas.

Representa gráficamente las ubicaciones de otros cuatro edificios Olímpicos.

Edificio	Ubicación
Villa Olímpica	($^{-}8$, 4)
Centro Acuático	(8, 4)
Centro de Medios	(4, $^{-}5$)
Estadio de Básquetbol	($^{-}8$, $^{-}5$)

Max dijo que la distancia entre el Centro Acuático y la Villa Olímpica es mayor que la distancia entre el Centro de Medios y el Estadio de Básquetbol. ¿Estas de acuerdo con Max? Usa palabras y números para justificar tu respuesta.

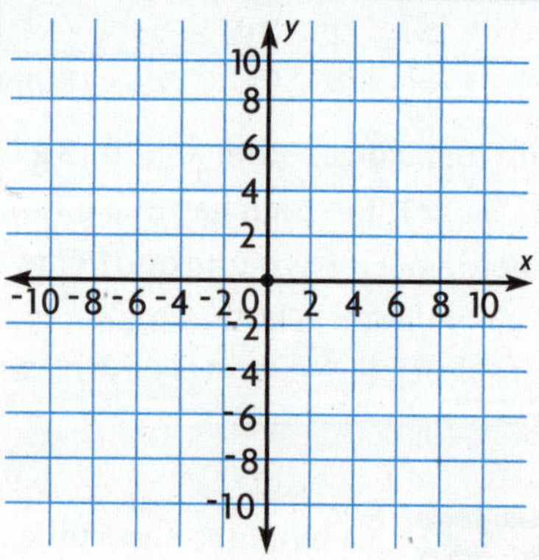

____

____

____

____

____

Nombre ______________________________

Resolución de problemas • El plano de coordenadas

Estándares comunes **ESTÁNDAR COMÚN—6.NS.C.8** *Calculan con facilidad números de múltiples dígitos y hallan factores y múltiplos comunes.*

Lee los problemas y resuélvelos.

1. En un mapa de coordenadas de Clifton, hay una tienda de artículos electrónicos ubicada en el punto (6, −7). Hay una tienda de artículos varios ubicada 7 unidades al norte de la tienda de artículos electrónicos que figura en el mapa. ¿Cuáles son las coordenadas de la tienda de artículos varios?

   (6, 0)

2. Sonya y Lucas caminan desde la escuela hasta la biblioteca. Caminan 5 cuadras hacia el sur y 4 cuadras hacia el oeste para llegar a la biblioteca. Si la escuela está ubicada en el punto (9, $^-1$) de un mapa de coordenadas, ¿cuáles son las coordenadas de la biblioteca?

   ____

3. En un mapa de coordenadas, la casa de Sherry está en el punto (10, $^-2$) y el centro comercial está en el punto ($^-4$, $^-2$). Si cada unidad del mapa representa una cuadra, ¿cuál es la distancia entre la casa de Sherry y el centro comercial?

   ____

4. Arthur salió de su trabajo ubicado en el punto (5, 4) de un mapa de coordenadas y fue caminando hasta su casa ubicada en el punto (5, $^-6$). Cada unidad del mapa representa 1 cuadra. ¿Qué distancia caminó Arthur?

   ____

5. Una estación de bomberos está ubicada 2 unidades al este y 6 unidades al norte de un hospital. Si el hospital está ubicado en el punto ($^-2$, $^-3$) de un mapa de coordenadas, ¿cuáles son las coordenadas de la estación de bomberos?

   ____

6. La casa de Xavier está ubicada en el punto (4, 6). La casa de Michael está 10 cuadras al oeste y 2 cuadras al sur de la casa de Xavier. ¿Cuáles son las coordenadas de la casa de Michael?

   ____

7. **ESCRIBE** *Matemáticas* Escribe un problema que pueda resolverse haciendo un diagrama en un plano de coordenadas.

   ____

   ____

Repaso de la lección (6.NS.C.8)

1. Los puntos $(-4, -4)$, $(-4, 4)$, $(4, 4)$ y $(4, -4)$ forman un cuadrado en un plano de coordenadas. ¿Cuánto mide la longitud del lado del cuadrado?

2. En un mapa de coordenadas, el museo está en el punto $(-5, 7)$. El parque está ubicado 6 unidades a la derecha del museo en el mapa. ¿Cuáles son las coordenadas del parque?

Repaso en espiral (6.NS.A.1, 6.NS.B.3, 6.NS.C.6c, 6.NS.C.7b, 6.NS.C.8)

3. En una cuadrícula, la casa de Joe está marcada en el punto $(-5, -3)$ y la casa de Andy, en el punto $(1, -3)$. ¿Cuál es la distancia, en la cuadrícula, entre la casa de Joe y la casa de Andy?

4. En los últimos dos años, Mari creció $2\frac{1}{4}$ pulgadas, Kim creció 2.4 pulgadas y Kate creció $2\frac{1}{8}$ pulgadas. Ordena cuánto creció cada una de menor a mayor.

5. Un frasco de gelatina que pesa 4.25 onzas cuesta $2.89. ¿Cuánto cuesta una onza de gelatina?

6. Jan comenzó con $\frac{5}{6}$ de libra de plastilina y usó $\frac{1}{5}$ de la plastilina para hacer imanes decorativos. Dividió el resto de la plastilina en 8 partes iguales. ¿Cuánto pesa cada parte de plastilina?

Name ___

Repaso y prueba del Capítulo 3

Entrenador personal en matemáticas
Evaluación e intervención en línea

1. Elige Sí o No para indicar si las situaciones 1a a 1d pueden representarse con un número negativo.

1a. Sherri perdió 100 puntos por contestar mal una pregunta. ○ Sí ○ No

1b. La cima de una montaña se encuentra 2,000 pies sobre el nivel del mar. ○ Sí ○ No

1c. Yong pagó $25 por una multa de estacionamiento. ○ Sí ○ No

1d. Un cachorro subió 3 libras. ○ Sí ○ No

2. Se muestran las temperaturas de una ciudad durante los días de semana.

Temperaturas mínimas	
Día	**Temperatura mínima (°F)**
Lunes	−5
Martes	−3
Miércoles	2
Jueves	−7
Viernes	3

Parte A

Usa la información de la tabla para ordenar las temperaturas de menor a mayor.

___

Parte B

Explica cómo usar una recta numérica vertical para determinar el orden.

APRENDE EN LÍNEA Opciones de evaluación
Prueba del capítulo

3. Elige Sí o No para indicar si los números 3a a 3e se encuentran entre $^{-}1$ y $^{-}2$.

3a. $^{-}\frac{4}{5}$ ○ Sí ○ No

3b. $1\frac{2}{3}$ ○ Sí ○ No

3c. $^{-}1.3$ ○ Sí ○ No

3d. $^{-}1\frac{1}{4}$ ○ Sí ○ No

3e. $^{-}2\frac{1}{10}$ ○ Sí ○ No

4. Compara $-\frac{1}{5}$ y $^{-}0.9$. Usa números y palabras para explicar tu resultado.

5. Jeandre dijo que $|3|$ es igual a $|^{-}3|$. ¿Tiene razón? Usa una recta numérica y palabras para justificar tu respuesta.

6. Ordena los valores de menor a mayor.

$|^{-}4|$ $|2|$ $|^{-}12|$ $|8|$

_______ _______ _______ _______

7. Selecciona Verdadero o Falso para los enunciados 7a a 7d.

7a. La coordenada *x* de cualquier punto sobre el eje *y* es 0. ○ Verdadero ○ Falso

7b. El punto $D(^{-}2, 1)$ se encuentra a la izquierda del eje *y* y debajo del eje *x*. ○ Verdadero ○ Falso

7c. El punto de intersección de los ejes es el origen. ○ Verdadero ○ Falso

7d. Si tanto las coordenadas *x* como las *y* son positivas, el punto se encuentra a la derecha del eje *y* y debajo del eje *x*. ○ Verdadero ○ Falso

Nombre ___

8. La casa de Mia está ubicada en el punto (3, 4) de un plano de coordenadas. La ubicación de la casa de Keisha es la reflexión de la ubicación de la casa de Mia sobre el eje *y*. ¿Dentro de qué cuadrante se encuentra la casa de Keisha?

___

Entrenador personal en matemáticas

9. PIENSA MÁS + Los puntos $A(3, 8)$ y $B(^{-}4, 8)$ están ubicados sobre un plano de coordenadas. Representa gráficamente el par de puntos. Luego, halla la distancia que hay entre ellos. Explica tu respuesta con números y palabras.

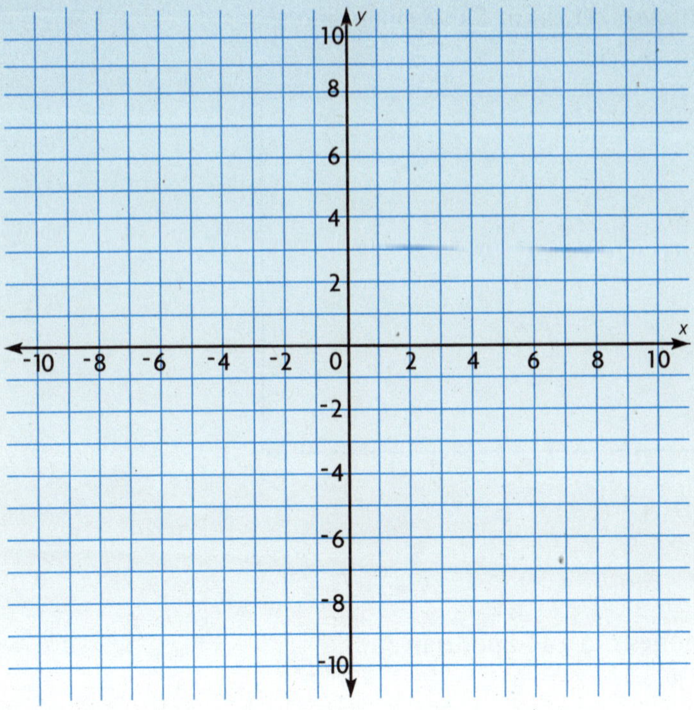

10. MÁS AL DETALLE El mapa muestra la ubicación *J* de la casa de José y la ubicación *F* de la cancha de fútbol americano. José irá a la casa de Tyrell y luego, los dos irán a la cancha de fútbol americano a entrenar.

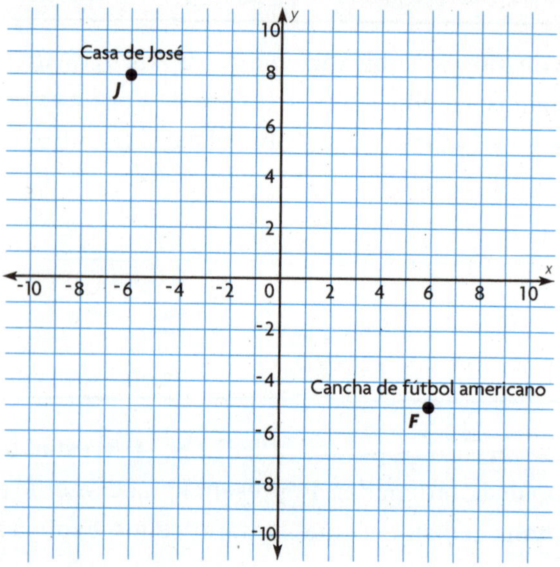

Parte A

La casa de Tyrell está ubicada en el punto *T*, que es la reflexión del punto *J* sobre el eje *y*. ¿Cuáles son las coordenadas de los puntos *T*, *J* y *F*?

____

Parte B

Si cada unidad del mapa representa 1 cuadra, ¿qué distancia recorrió Tyrell hasta la cancha de fútbol americano y qué distancia recorrió José hasta la cancha de fútbol americano? Usa números y palabras para explicar tu respuesta.

11. Elige Sí o No para indicar si las situaciones 11a a 11d podrían representarse con el número entero $^{+}3$.

11a. Un equipo de fútbol americano gana 3 yardas en una jugada. ○ Sí ○ No

11b. La puntuación de un golfista supera el par por 3 puntos. ○ Sí ○ No

11c. Un estudiante responde correctamente una pregunta que vale 3 puntos. ○ Sí ○ No

11d. Un gato adelgaza 3 libras. ○ Sí ○ No

Nombre ______________________________

12. Jason usó un mapa para anotar las altitudes de cinco lugares.

Altitudes	
Lugar	**Altitud (pies)**
Nob Hill	5
Bear Creek	$^{-}18$
Po Valley	$^{-}20$
Fox Hill	8
Jax River	$^{-}3$

Jason escribió las altitudes de la más baja a la más alta. ¿Tiene razón? Usa palabras y números para explicar tu respuesta. Si Jason no tiene razón, ¿cuál es el orden correcto?

$^{-}3, 5, 8, ^{-}18, ^{-}20$

13. Selecciona Verdadero o Falso para los enunciados 13a a 13d.

13a. $\frac{1}{5}$ está entre 0 y 1. ○ Verdadero ○ Falso

13b. $^{-}2\frac{2}{3}$ está entre $^{-}1$ y $^{-}2$. ○ Verdadero ○ Falso

13c. $^{-}3\frac{5}{8}$ está entre $^{-}3$ y $^{-}4$. ○ Verdadero ○ Falso

13d. $4\frac{3}{4}$ está entre 3 y 4. ○ Verdadero ○ Falso

14. Elige <, > o =.

14a. 0.25 [< / > / =] $\frac{3}{4}$

14c. $2\frac{7}{8}$ [< / > / =] 2.875

14b. $\frac{1}{3}$ [< / > / =] 0.325

14d. $\frac{-3}{4}$ [< / > / =] $\frac{-1}{2}$

15. Representa gráficamente 4 y $^{-}4$ en la recta numérica.

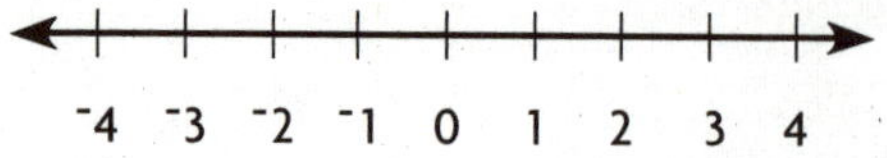

Tyler dice que tanto 4 como $^{-}4$ tienen el valor absoluto 4. ¿Tiene razón? Usa la recta numérica y palabras para explicar tu respuesta.

16. Lindsay y Will tienen cuentas en línea para comprar música. El saldo de la cuenta de Lindsay es de $^{-}\$20$ y el de la cuenta de Will de $^{-}\$15$. Expresa cada saldo como una deuda y explica la deuda de quién es mayor.

17. Explica cómo representar gráficamente los puntos $A(^{-}3, 0)$, $B(0, 0)$ y $C(0, ^{-}3)$ en el plano de coordenadas. Luego, explica cómo representar gráficamente el punto D, de modo tal que $ABCD$ sea un cuadrado.

18. El punto $A(2, -3)$ está reflejado sobre el eje x con el punto B. El punto B está reflejado sobre el eje y con el punto C. ¿Cuáles son las coordenadas del punto C? Usa palabras y números para explicar tu respuesta.

Área de atención

Razones y tasas

Estándares comunes **ÁREA DE ATENCIÓN** Conectar razón y tasa a la multiplicación y división de números enteros, y usar los conceptos de razón y tasa para resolver problemas

Los Cardinals de St. Louis, equipo fundado en 1882, tienen su sede en St. Louis, Missouri.

En el mundo **Proyecto**

Nos vemos en St. Louis

Los equipos de béisbol, como los Cardinals de St. Louis, registran información sobre cada jugador del equipo. Estas estadísticas se usan para describir el rendimiento del jugador.

Para comenzar

ESCRIBE ▸ *Matemáticas*

Un promedio de bateo se calcula a partir de la razón entre los jits de un jugador y la cantidad de veces que bateó. En general, los promedios de bateo se registran como un número decimal hasta los milésimos. En la tabla se muestran los resultados de bateo de tres jugadores de béisbol que recibieron el premio al Jugador Más Valioso cuando jugaban para los Cardinals de St. Louis. Escribe cada razón de bateo como una fracción. Luego escribe la fracción como un número decimal hasta el milésimo lugar y como un porcentaje.

Datos importantes

Nombre del jugador	Resultados de bateo
Albert Pujols (2008)	187 jits en 524 bateos
Stan Musial (1948)	230 jits en 611 bateos
Rogers Hornsby (1925)	203 jits en 504 bateos

Los jugadores de un equipo de béisbol se turnan para batear en el mismo orden o secuencia durante un juego. El entrenador decide el orden de bateo. Imagina que eres el entrenador de un equipo que incluye a Pujols, Musial y Hornsby. ¿Qué orden de bateo usarías para esos tres jugadores? Explica tu respuesta.

Completado por ______

Capítulo 4

Razones y tasas

Muestra lo que sabes

Entrenador personal en matemáticas
Evaluación e intervención en línea

Comprueba si comprendes las destrezas importantes.

Nombre ____________________

▶ **Multiplicar o dividir para hallar fracciones equivalentes** **Multiplica o divide para hallar dos fracciones equivalentes para la fracción dada.** (4.NF.A.1)

1. $\frac{1}{2}$ ____________

2. $\frac{5}{6}$ ____________

3. $\frac{12}{18}$ ____________

▶ **Ampliar patrones** **Escribe una descripción del patrón. Luego halla los números que faltan.** (4.OA.C.5)

4. 3, ______, 48, 192, 768, ______
____

5. 625, 575, 525, ______, ______, 375
____

▶ **Multiplicar por números de 2 dígitos** **Halla el producto.** (5.NBT.B.5)

6. 52×19

7. 14×88

8. 37×21

9. 45×62

Matemáticas En el mundo

El consejo estudiantil debe tener 1 representante cada 25 estudiantes. ¿Cuál de estas situaciones es la adecuada para la descripción? Explica tu respuesta.

a. 5 representantes cada 100 estudiantes
b. 10 representantes cada 250 estudiantes
c. 15 representantes cada 300 estudiantes

Desarrollo del vocabulario

Visualízalo

Completa el mapa de burbujas con palabras de repaso relacionadas con las fracciones.

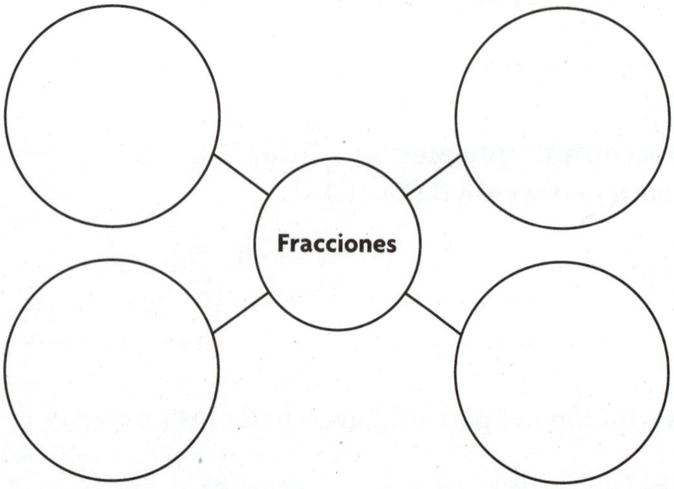

Palabras de repaso

- coordenada *x*
- coordenada *y*
- denominador
- ✓ fracciones equivalentes
- numerador
- ✓ par ordenado
- patrón
- plano de coordenadas
- simplificar

Palabras nuevas

- ✓ razón
- ✓ razones equivalentes
- ✓ tasa
- ✓ tasa por unidad

Comprende el vocabulario

Completa las oraciones con las palabras marcadas.

1. Una comparación de un número con otro mediante la división es una

________________________.

2. Las ________________________ son razones que indican la misma comparación.

3. Las ________________________ son fracciones que indican la misma cantidad o parte.

4. Una razón que compara cantidades con unidades diferentes es una

________________________.

5. Una ________________________ es una tasa que compara una cantidad con 1 unidad

6. En un ________________________, el primer número es la coordenada *x* y el segundo número es la coordenada *y*.

APRENDE EN LÍNEA
- Libro interactivo del estudiante
- Glosario multimedia

Visita al Salón de la Fama del Béisbol

Para 2 jugadores

Recuadro de palabras
coordenada *x*
coordenada *y*
denominador
numerador
razón
razones equivalentes
tasa
tasa por unidad

Materiales

- 1 de cada color: fichas de juego rojas y azules
- 1 cubo numerado
- Tarjetas de pistas

Instrucciones

1. Elige una ficha de juego y colócala en la SALIDA.
2. Cuando sea tu turno, lanza el cubo numerado. Avanza tu ficha ese número de espacios:
3. Si caes en uno de los siguientes espacios:

   Espacio azul Sigue las instrucciones del espacio.

   Espacio rojo Saca una Tarjeta de pistas de la pila. Si respondes correctamente la pregunta, quédate con la tarjeta. Si no, colócala debajo de la pila.
4. Junta al menos 5 Tarjetas de pistas. Recorre la pista todas las veces que necesites.
5. Una vez que tengas 5 Tarjetas de pistas, toma el camino central más próximo para alcanzar la LLEGADA.
6. Ganará la partida el primer jugador que alcance la LLEGADA.

Ganas una entrada para el Fin de Semana del Salón de la Fama. Avanza 1 espacio.
PISTA
LLEGADA
PISTA
Haces un recorrido detrás de las escenas del museo. Retrocede 1 espacio.

Juego

SALIDA
PISTA
Ves la gorra de tu jugador de béisbol favorito. Avanza 1 espacio.
PISTA
Tú y tu familia se quedan a dormir en el museo. Pierdes un turno.
LLEGADA

Diario

Escríbelo

Reflexiona

Elige una idea. Escribe sobre ella.

- Sofía armó un collar de cuentas con 2 cuentas blancas cada 5 cuentas moradas. En total usó 30 cuentas moradas. Explica cómo calculas el número total de cuentas blancas que usó.
- Escribe y resuelve un problema que incluya una tasa.
- Cuenta sobre alguna vez que necesitaste saber la tasa por unidad de algo.
- ¿Son 3:7 y 6:14 razones equivalentes? Explica cómo lo sabes.

Nombre ______________________________

Representar razones

Pregunta esencial ¿Cómo puedes representar razones?

Estándares comunes Razones y relaciones proporcionales—6.RP.A.1
Tambien 6.RP.A.3a

PRÁCTICAS MATEMÁTICAS
MP4, MP5, MP7, MP8

En el dibujo se muestran 5 cuadrados azules y 1 cuadrado rojo. Puedes usar una razón para comparar la cantidad de cuadrados azules con la cantidad de cuadrados rojos. Una **razón** es una comparación de dos cantidades mediante la división.

La razón que compara los cuadrados azules con los cuadrados rojos es 5 a 1. La razón 5 a 1 también se puede escribir como 5:1.

Investigar

Manos a la obra

Materiales ■ fichas de dos colores

Por cada pulsera que hace Beth, Julie hace 3. Usa razones para comparar la cantidad de pulseras que hace Julie con la cantidad que hace Beth.

A. Usa fichas rojas y amarillas para representar la razón que compara la cantidad de pulseras que hace Julie con la cantidad de pulseras que hace Beth.

Piensa: Cuando Beth hace 1 pulsera, Julie hace _______ pulseras.

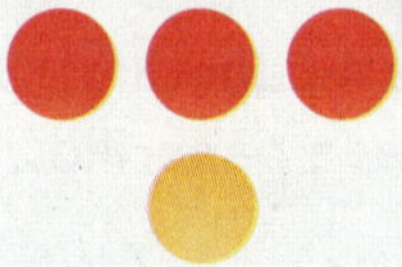

La razón es _______:1.

B. Represente la razón que muestre la cantidad de pulseras que hace Julie cuando Beth hace 2 pulseras. Escribe la razón y explica cómo la representaste.

____

____

C. ¿Cómo podrías cambiar el modelo de la Parte B para mostrar la cantidad de pulseras que hace Julie cuando Beth hace 3 pulseras? Escribe la razón.

____

____

Charla matemática PRÁCTICAS MATEMÁTICAS 7

Busca el patrón Para calcular cada razón, divide la cantidad de pulseras que hace Julie entre la cantidad de pulseras que hace Beth. Describe un patrón que observes en los cocientes.

Sacar conclusiones

1. Explica cómo usaste fichas para comparar la cantidad de pulseras que hace Julie con la cantidad de pulseras que hace Beth.

____

____

2. PRÁCTICA MATEMÁTICA 8 **Generaliza** Describe una regla que puedas usar para hallar la cantidad de pulseras que hace Julie si conoces la cantidad de pulseras que hace Beth.

____

3. *PIENSA MÁS* ¿Cómo puedes usar fichas para hallar cuántas pulseras hace Beth si sabes la cantidad que hace Julie? Explica y da un ejemplo.

____

____

____

Hacer conexiones

Puedes usar una tabla para comparar cantidades y escribir razones.

En una panadería se usa 1 caja de embalaje cada 4 panecillos. Dibuja un modelo y haz una tabla para representar la razón de cajas a panecillos.

PASO 1 Dibuja un modelo para mostrar la razón que compara cajas con panecillos.

Piensa: Hay _______ caja cada _______ panecillos.

La razón es _______ : _______.

PASO 2 Completa la tabla para mostrar la razón de cajas a panecillos.

Piensa: Cada vez que la cantidad de cajas aumenta en 1,

la cantidad de panecillos aumenta en _______.

+1

Cantidad de cajas	1	2	3	4
Cantidad de panecillos	4			

+ ____

¿Cuál es la razón de cajas a panecillos cuando hay 2 cajas? _______

Escribe otra razón que se muestre en la tabla. Explica lo que representa la razón.

____

____

Charla matemática

PRÁCTICAS MATEMÁTICAS 5

Usa herramientas Describe el patrón que observes en la tabla en la que se compara la cantidad de cajas con la cantidad de panecillos.

Nombre ______________________________

Razones y tasas

Pregunta esencial ¿Cómo escribes razones y tasas?

Estándares comunes **Razones y relaciones proporcionales—6.RP.A.1**
Tambien 6.RP.A.2

PRÁCTICAS MATEMÁTICAS
MP2, MP5, MP6

Soluciona el problema — En el mundo

Un grupo que rescata aves está cuidando a 3 águilas, 2 halcones y 5 búhos en su centro de rescate.

Puedes usar razones para comparar la cantidad de los diferentes tipos de aves. Hay tres maneras de escribir la razón de búhos a águilas que hay en el centro de rescate.

Con palabras	Como una fracción	Con dos puntos
5 a 3	$\frac{5}{3}$	5:3

Puedes escribir razones para comparar una parte con una parte, una parte con un todo y un todo con una parte.

Escribe cada razón con palabras, como una fracción y con dos puntos.

A **Búhos a halcones**

______ a ______	$\frac{\square}{\square}$	______:______	Parte a parte

B **Águilas a total de aves que hay en el centro de rescate**

______ a ______	$\frac{\square}{\square}$	______:______	Parte al todo

C **Total de aves que hay en el centro de rescate a halcones**

______ a ______	$\frac{\square}{\square}$	______:______	Todo a una parte

1. La razón de búhos a la cantidad total de aves es 5:10. Explica qué significa esta razón.

____

Ejemplo

Un restaurante vende hamburguesas vegetarianas a una tasa de $4 por 1 hamburguesa. ¿Qué tasa indica el costo de 5 hamburguesas vegetarianas? Escribe la tasa para 5 hamburguesas con palabras, como una fracción y con dos puntos.

Una **tasa** es una razón que compara dos cantidades que tienen unidades de medida diferentes.

Idea matemática

Una tasa puede escribirse como una razón, $a{:}b$, en donde $b \neq 0$

Una **tasa por unidad** es una tasa que hace una comparación con 1 unidad.
La tasa por unidad para el costo por hamburguesa vegetariana es $4 a 1 hamburguesa o $\frac{\$4}{1 \text{ hamburguesa}}$.

Completa la tabla para hallar la tasa que indica el costo de 5 hamburguesas vegetarianas.

Piensa: 1 hamburguesa vegetariana cuesta $4; entonces, 2 hamburguesas vegetarianas cuestan

$4 + ________ o 2 × ________.

	Tasa por unidad	2 • $4	3 • $4	___ • $4	___ • $4
Costo	$4	$8			
Hamburguesas vegetarianas	1	2	3	4	
		2 • 1	___ • 1	4 • 1	___ • 1

En la tabla se muestra que 5 hamburguesas vegetarianas cuestan ______.

Entonces, la tasa que indica el costo de 5 hamburguesas vegetarianas es $______ a ______ hamburguesas,

$\frac{\$\_\_\_}{\_\_\_ \text{ hamburguesas}}$, o $______ : ______ hamburguesas.

Charla matemática PRÁCTICAS MATEMÁTICAS 2

Razonamiento Describe otras dos maneras de decir "$4 por hamburguesa".

¡Inténtalo! **Escribe la tasa de tres maneras diferentes.**

A La tasa que indica el costo de 3 hamburguesas vegetarianas

____

B La tasa que indica el costo de 4 hamburguesas vegetarianas

____

2. Explica por qué la razón $\frac{\$4}{1 \text{ hamburguesa}}$ es una tasa por unidad.

____

3. PRÁCTICA MATEMÁTICA 5 **Usa patrones** Explica el patrón que observas en la tabla de la sección Ejemplo.

____

____

Nombre ______________________________

Comparte y muestra

MATH BOARD

1. Escribe la razón entre la cantidad de barras rojas y estrellas azules.

Escribe la razón de dos maneras diferentes.

2. 8 a 16

3. $\frac{4}{24}$

4. 1:3

5. 7 a 9

6. Marilyn ahorra $15 por semana. Completa la tabla para hallar la tasa que indica la cantidad que ahorra en 4 semanas. Escribe la tasa de tres maneras diferentes.

Ahorros		$30	$45		$75
Semanas	1	2	3	4	5

Charla matemática

PRÁCTICAS MATEMÁTICAS 6

Explica ¿Las razones 5:2 y 2:5 son iguales o diferentes? ¿Cómo lo sabes?

Por tu cuenta

Escribe la razón de dos maneras diferentes.

7. $\frac{16}{40}$

8. 8:12

9. 4 a 11

10. 2:13

11. Hay 24 tarjetas de béisbol en 4 paquetes. Completa la tabla para hallar la tasa que indica la cantidad de tarjetas que hay en 2 paquetes. Escribe esta tasa de tres maneras diferentes.

Tarjetas			18	24
Paquetes	1	2	3	4

12. PRÁCTICA MATEMÁTICA 6 **Haz conexiones** Explica por qué el enunciado "Hay $\frac{3}{4}$ de taza por porción" representa una tasa.

Resolución de problemas • Aplicaciones En el mundo

Usa el diagrama de la casa para aves para resolver los problemas 13 a 15.

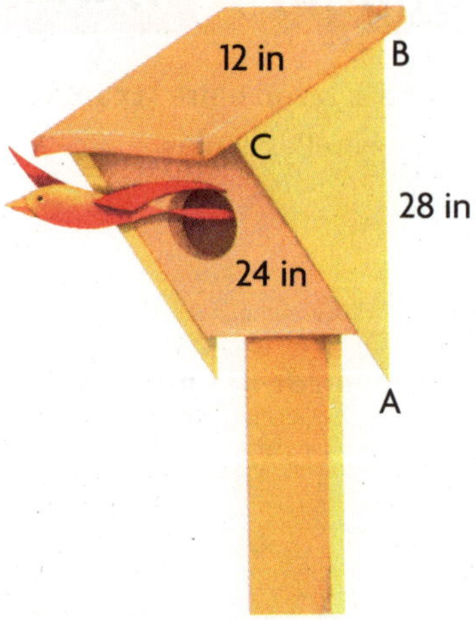

13. Escribe la razón de *AB* a *BC* de tres maneras diferentes.

____

14. MÁS AL DETALLE Escribe la razón entre la longitud del lado más corto del triángulo ABC y el perímetro del triángulo de tres maneras diferentes.

____

15. PRÁCTICA MATEMÁTICA 2 **Representa un problema** Escribe la razón entre el perímetro del triángulo *ABC* y la longitud del lado más largo del triángulo de tres maneras diferentes.

____

16. Leandra coloca 6 fotografías en cada página de un álbum de fotos. Halla la tasa que indica la cantidad de fotos que hay en 2 páginas. Escribe la tasa de tres maneras diferentes.

____

17. PIENSA MÁS **¿Cuál es la pregunta?** La razón entre el total de estudiantes de la clase de la maestra Murray y los estudiantes de la clase que tienen un hermano mayor es 3 a 1. La respuesta es 1:2. ¿Cuál es la pregunta?

____

____

18. ESCRIBE Matemáticas ¿Qué tienen en común todas las tasas por unidad?

____

____

19. PIENSA MÁS Julia tiene 2 bolsas de compras reusables verdes y 5 bolsas de compras reusables moradas. Elige las razones que comparan el número de bolsas de compras reusables moradas con la cantidad total de bolsas de compras reusables. Marca todas las opciones que correspondan.

- ○ 5 a 7
- ○ 5 : 2
- ○ 2 a 7
- ○ 5 : 7
- ○ $\frac{2}{5}$
- ○ $\frac{5}{7}$

ESCRIBE Matemáticas • **Muestra tu trabajo**

Matemáticas al instante

Nombre ____________________

Razones y tasas

ESTÁNDAR COMÚN—6.RP.A.1
Entienden los conceptos de razón y utilizan el razonamiento proporcional para resolver problemas.

Escribe la razón de dos maneras diferentes.

1. $\frac{4}{5}$

4 a 5

4:5

2. 16 a 3

3. 9:13

4. $\frac{15}{8}$

5. En 5 paquetes hay 20 bombillas. Completa la tabla para hallar la tasa que indica la cantidad de bombillas que hay en 3 paquetes. Escribe esta tasa de tres maneras diferentes.

Bombillas		8		16	20
Paquetes	1	2	3	4	5

Resolución de problemas

En el mundo

6. Gemma juega al fútbol 4 horas por semana y practica el clarinete 3 horas por semana. Escribe la razón entre la cantidad de horas que practica el clarinete y la cantidad de horas que juega al fútbol de tres maneras diferentes.

7. Randall compró 2 controles para consolas de juegos a $36 en la tienda Electrónica y más. ¿Cuál es la tasa por unidad para un control para consola de juegos en Electrónica y más?

8. ESCRIBE *Matemáticas* Explica cómo determinar si una tasa dada también es una tasa por unidad.

Repaso de la lección (6.RP.A.1)

1. En la tienda de comestibles, Luis compró 10 plátanos y 4 manzanas. ¿Cómo puedes escribir la razón de manzanas a plátanos de tres maneras diferentes?

2. Rita retiró 7 libros de la biblioteca. Tenía 2 libros de no ficción. El resto eran de ficción. ¿Cómo puedes escribir la razón de libros de no ficción a libros de ficción de tres maneras diferentes?

Repaso en espiral (6.RP.A.1, 6.NS.B.4, 6.NS.C.6c)

3. McKenzie compró 1.2 libras de café por $11.82. ¿Cuál es el costó del café por libra?

4. Pedro tiene una bolsa de harina que pesa $\frac{9}{10}$ de libra. Usa $\frac{2}{3}$ de la bolsa para preparar una salsa. ¿Cuántas libras de harina usa Pedro para preparar la salsa?

5. Gina traza un mapa de su ciudad en un plano de coordenadas. El punto que representa el centro cívico de la ciudad está 1 unidad a la derecha y 4 unidades arriba del origen. ¿Cuáles son las coordenadas del punto que representa el centro cívico?

6. Stefan traza estas figuras. ¿Cuál es la razón de triángulos a estrellas?

Nombre ______________________________________

Las razones equivalentes y las tablas de multiplicar

Estándares comunes **Razones y relaciones proporcionales—6.RP.A.3a**

PRÁCTICAS MATEMÁTICAS
MP1, MP5, MP6

Pregunta esencial ¿Cómo puedes usar una tabla de multiplicar para hallar razones equivalentes?

En la siguiente tabla se muestran dos hileras de la tabla de multiplicar: la hilera del número 1 y la hilera del número 6. Las razones que se muestran en cada columna de la tabla son equivalentes a la razón original. Las razones que indican la misma comparación son **razones equivalentes**.

×	1	2	3	4	5
1	1	2	3	4	5
2	2	4	6	8	10
3	3	6	9	12	15
4	4	8	12	16	20
5	5	10	15	20	25
6	6	12	18	24	30

	Razón original	2 • 1 ↓	3 • 1 ↓	4 • 1 ↓	5 • 1 ↓
Bolsas	1	2	3	4	5
Manzanas	6	12	18	24	30
		↑ 2 • 6	↑ 3 • 6	↑ 4 • 6	↑ 5 • 6

Puedes usar una tabla de multiplicar para hallar razones equivalentes.

Soluciona el problema En el mundo

La razón de adultos a estudiantes en una excursión es $\frac{3}{8}$.

Escribe dos razones que sean equivalentes a $\frac{3}{8}$.

×	1	2	3	4	5	6	7	8	9
1	1	2	3	4	5	6	7	8	9
2	2	4	6	8	10	12	14	16	18
3	3	6	9	12	15	18	21	24	27
4	4	8	12	16	20	24	28	32	36
5	5	10	15	20	25	30	35	40	45
6	6	12	18	24	30	36	42	48	54
7	7	14	21	28	35	42	49	56	63
8	8	16	24	32	40	48	56	64	72
9	9	18	27	36	45	54	63	72	81

Usa la tabla de multiplicar.

PASO 1 Sombrea las hileras que muestran la razón original.

Piensa: La razón original es $\frac{\_\_}{\_\_}$. Sombrea la hilera del número _______ y la hilera del número _______ en la tabla de multiplicar.

PASO 2 Encierra en un círculo la columna que muestra la razón original.

Piensa: Hay un grupo de 3 adultos por cada grupo de 8 estudiantes.

PASO 3 Encierra en un círculo dos columnas que muestren razones equivalentes.

La columna del número 2 muestra que hay 2 • 3 o _______ adultos cuando hay 2 • 8 o _______ estudiantes.

La columna del número 3 muestra que hay 3 • 3 o _______ adultos cuando hay 3 • 8 o _______ estudiantes.

Entonces,, _______ y _______ son equivalentes a $\frac{3}{8}$.

Charla matemática PRÁCTICAS MATEMÁTICAS 6

Explica si la tabla de multiplicar dada representa todas las razones que son equivalentes a 3:8

RELACIONA Puedes usar una tabla o multiplicar o dividir con una forma de uno para hallar razones equivalentes.

De una manera

Usa una tabla.

Jessa mezcló 2 pintas de jugo de naranja con 5 pintas de jugo de piña para preparar refresco de frutas. Para preparar más refresco, debe mezclar jugo de naranja y jugo de piña en la misma razón. Escribe tres razones equivalentes para $\frac{2}{5}$.

Piensa: Usa las hileras de la tabla de multiplicar como ayuda para completar una tabla de razones equivalentes.

×	1	2	3	4	5
1	1	2	3	4	5
2	2	4	6	8	10
3	3	6	9	12	15
4	4	8	12	16	20
5	5	10	15	20	25

→

	Razón original	2 • 2 ↓	3 • 2 ↓	☐ • 2 ↓
Jugo de naranja (pintas)	2			8
Jugo de piña (pintas)	5		15	
		↑ 2 • 5	↑ ☐ • 5	↑ 4 • 5

Entonces, $\frac{2}{5}$, ______, ______ y ______ son razones equivalentes.

De otra manera **Multiplica o divide con una forma de uno.**

Escribe dos razones equivalentes para $\frac{6}{8}$.

A **Multiplica por una forma de uno.**

Multiplica el numerador y el denominador por el mismo número.

$$\frac{6 \cdot \square}{8 \cdot \square} = \frac{\square}{\square}$$

Para evitar errores

Asegúrate de multiplicar el numerador y el denominador por el mismo número o de dividirlos entre el mismo número.

B **Divide entre una forma de uno.**

Divide el numerador y el denominador entre el mismo número.

$$\frac{6 \div \square}{8 \div \square} = \frac{\square}{\square}$$

Entonces, $\frac{6}{8}$, ______ y ______ son razones equivalentes.

• PRÁCTICA MATEMÁTICA 6 **Compara** Explica en qué se parecen las razones y las fracciones. Explica en qué se diferencian.

____

____

Nombre ______________________

Comparte y muestra MATH BOARD

Escribe dos razones equivalentes.

1. Usa una tabla de multiplicar para escribir dos razones que sean equivalentes a $\frac{4}{7}$.

Halla las hileras que muestran $\frac{4}{7}$.

Halla las columnas que muestran razones equivalentes.

$\frac{4}{7} =$ ______ $=$ ______

2.

3		
7		

3.

5		
2		

4.

	2	
	10	

5. $\frac{4}{5}$ ______

6. $\frac{12}{30}$ ______

7. $\frac{2}{9}$ ______

Charla matemática

PRÁCTICAS MATEMÁTICAS 5

Usa herramientas Explica de qué manera la tabla de multiplicar te ayuda a hallar razones equivalentes.

Por tu cuenta

Escribe dos razones equivalentes.

8.

9		
8		

9.

5		
4		

10.

	6	
	9	

11. $\frac{8}{7}$ ______

12. $\frac{2}{6}$ ______

13. $\frac{4}{11}$ ______

Determina si las razones son equivalentes.

14. $\frac{2}{3}$ y $\frac{8}{12}$ ______

15. $\frac{8}{10}$ y $\frac{6}{10}$ ______

16. $\frac{16}{60}$ y $\frac{4}{15}$ ______

17. $\frac{3}{14}$ y $\frac{8}{28}$ ______

Resolución de problemas • Aplicaciones En el mundo

Usa la tabla de multiplicar para resolver los problemas 18 y 19.

×	1	2	3	4	5	6	7	8	9
1	1	2	3	4	5	6	7	8	9
2	2	4	6	8	10	12	14	16	18
3	3	6	9	12	15	18	21	24	27
4	4	8	12	16	20	24	28	32	36
5	5	10	15	20	25	30	35	40	45
6	6	12	18	24	30	36	42	48	54
7	7	14	21	28	35	42	49	56	63
8	8	16	24	32	40	48	56	64	72
9	9	18	27	36	45	54	63	72	81

18. Este año, en los partidos de béisbol de Keith, la razón entre las veces que llegó a la base y las veces que bateó es $\frac{4}{14}$. Escribe dos razones que sean equivalentes a $\frac{4}{14}$.

____

19. PIENSA MÁS **Plantea un problema** Usa la tabla de multiplicar para escribir un nuevo problema que incluya razones equivalentes. Luego resuelve el problema.

____

____

____

20. PRÁCTICA MATEMÁTICA 1 **Describe** cómo se escribe una razón equivalente para $\frac{9}{27}$ sin usar una tabla de multiplicación.

____

____

____

21. MÁS AL DETALLE Escribe una razón equivalente a $\frac{6}{9}$ y $\frac{16}{24}$.

____

22. PIENSA MÁS Determina si cada razón es equivalente a $\frac{1}{3}$, $\frac{5}{10}$ o $\frac{3}{5}$ Escribe la razón en la casilla correcta.

$\frac{2}{4}$ $\frac{3}{9}$ $\frac{7}{21}$ $\frac{18}{30}$ $\frac{10}{30}$ $\frac{6}{10}$ $\frac{1}{2}$ $\frac{8}{16}$

$\frac{1}{3}$	$\frac{5}{10}$	$\frac{3}{5}$

Nombre ________________________________

Las razones equivalentes y las tablas de multiplicar

ESTÁNDAR COMÚN—6.RP.3a
Entienden los conceptos de razón y utilizan el razonamiento proporcional para resolver problemas.

Escribe dos razones equivalentes.

1. Usa una tabla de multiplicar para escribir dos razones que sean equivalentes a $\frac{5}{3}$.

$\frac{5}{3} = \frac{10}{6}, \frac{15}{9}$

2.

6		
7		

3.

3		
2		

4. $\frac{6}{8}$

5. $\frac{11}{1}$

Determina si las razones son equivalentes.

6. $\frac{2}{3}$ y $\frac{5}{6}$

7. $\frac{5}{10}$ y $\frac{1}{6}$

8. $\frac{8}{3}$ y $\frac{32}{12}$

9. $\frac{9}{12}$ y $\frac{3}{4}$

Resolución de problemas En el mundo

10. Tristán usa 7 estrellas y 9 diamantes para crear un diseño. Escribe dos razones que sean equivalentes a $\frac{7}{9}$.

11. En la clase de matemáticas de Javier, hay 12 niñas y 16 niños. En la clase de coro de Javier, hay 26 niñas y 14 niños. ¿La razón de niñas a niños en ambas clases es equivalente? Explícalo.

12. **ESCRIBE** ▸ *Matemáticas* Explica cómo determinar si dos razones son equivalentes.

Repaso de la lección (6.RP.A.3a)

1. Una receta para preparar panqueques lleva 4 tazas de harina y 3 tazas de leche. ¿Tiene la misma razón de harina a leche que una receta para preparar panecillos que lleva 2 tazas de harina y 1.5 tazas de leche?

2. Un brazalete está hecho de 14 cuentas rojas y 19 cuentas doradas. Se hace un collar con 84 cuentas rojas y 133 cuentas doradas. ¿Las dos piezas tienen la misma razón de cuentas rojas a cuentas doradas?

Repaso en espiral (6.NS.A.1, 6.NS.B.4, 6.NS.C.6c)

3. Las tijeras se venden en paquetes de 3. El pegamento en barra se vende en paquetes de 10. Martha quiere comprar la misma cantidad de cada cosa. ¿Cuál es la cantidad mínima de barras de pegamento que puede comprar?

4. Cole tenía $\frac{3}{4}$ de hora de tiempo libre antes de la cena. Tocó la guitarra durante $\frac{2}{3}$ de ese tiempo. ¿Cuánto tiempo tocó la guitarra?

5. Delia tiene $3\frac{5}{8}$ yardas de cinta. ¿Aproximadamente cuántos trozos de $\frac{1}{4}$ de yarda de longitud puede cortar?

6. ¿Qué punto está ubicado en −1.1?

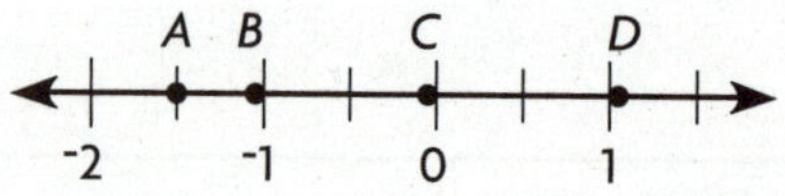

Nombre ______________________________

Resolución de problemas • Usar tablas para comparar razones

Pregunta esencial ¿Cómo puedes usar la estrategia *buscar un patrón* como ayuda para comparar razones?

Estándares comunes Razones y relaciones proporcionales—6.RP.A.3a

PRÁCTICAS MATEMÁTICAS MP1, MP5, MP7

Soluciona el problema — En el mundo

En una tienda de pintura se mezclan 3 partes de pintura roja y 8 partes de pintura blanca para preparar pintura rosado pastel. Un empleado mezcló 4 partes de pintura roja por cada 7 partes de pintura blanca. ¿El empleado mezcló correctamente la pintura para preparar pintura rosado pastel? Usa las tablas de razones equivalentes para justificar tu respuesta.

Usa el organizador gráfico como ayuda para resolver el problema.

Lee el problema

¿Qué debo hallar?

Debo hallar si la razón que usó el empleado es ______________ a la razón para la pintura rosado pastel.

¿Qué información debo usar?

Debo usar la razón para la pintura rosado pastel y la razón que usó el empleado.

¿Cómo usaré la información?

Haré tablas de razones equivalentes para comparar las razones ______ a ______ y ______ a ______.

Resuelve el problema

Pintura rosado pastel				
Partes de rojo	3	6	9	12
Partes de blanco	8			

Mezcla de pintura del empleado				
Partes de rojo	4			
Partes de blanco	7	14	21	28

Busca un patrón para determinar si las razones de la primera tabla son equivalentes a las razones de la segunda tabla.

Piensa: El número 12 aparece en la primera hilera de ambas tablas.

$\frac{12}{\square}$ es/no es equivalente a $\frac{12}{\square}$.

Las razones tienen el mismo numerador y denominadores ______________.

Entonces, el empleado ______________ mezcló la pintura correctamente.

Charla matemática PRÁCTICAS MATEMÁTICAS 1

Evalúa ¿Cómo puedes comprobar si tu respuesta es correcta?

Haz otro problema

En la clase de arte de Amy, la razón de pinceles a estudiantes es 6 a 4. En la clase de arte de Traci, la razón de pinceles a estudiantes es 9 a 6. La razón de pinceles a estudiantes en la clase de Amy, ¿es equivalente a la razón en la clase de Traci? Usa las tablas de razones equivalentes para justificar tu respuesta.

Lee el problema

¿Qué debo hallar?	¿Qué información debo usar?	¿Cómo usaré la información?

Resuelve el problema

Entonces, la razón de pinceles a estudiantes en la clase de Amy es/no es equivalente a la razón de pinceles a estudiantes en la clase de Traci.

1. PRÁCTICA MATEMÁTICA 5 **Usa patrones** Explica cómo usaste un patrón para determinar si las razones de las dos tablas son equivalentes.

2. Indica cómo escribir las razones en su mínima expresión puede ayudarte a justificar tu respuesta.

Nombre ____________________

Comparte y muestra

MATH BOARD

Soluciona el problema

- √ Encierra en un círculo la pregunta.
- √ Subraya los datos importantes.
- √ Comprueba para asegurarte de que respondiste la pregunta.

1. En la escuela de Jawan, 4 de cada 10 estudiantes prefieren ver básquetbol y 3 de cada 5 estudiantes prefieren ver fútbol americano. ¿La razón de estudiantes que prefieren el básquetbol (4 a 10) es equivalente a la razón de estudiantes que prefieren el fútbol americano (3 a 5)?

Primero, haz tablas para mostrar las razones.

Básquetbol				

Fútbol americano				

A continuación, compara las razones de las tablas. Halla una razón en la primera tabla que tenga el mismo numerador que una razón de la segunda tabla.

$\frac{12}{\square}$ ____________ equivalent to $\frac{12}{\square}$.

Entonces, las razones ____________ equivalentes.

2. PIENSA MÁS ¿Qué pasaría si 20 de cada 50 estudiantes prefirieran ver béisbol? ¿Esta razón es equivalente a la razón del básquetbol o a la del fútbol americano? Explica.

____

____

____

3. PRÁCTICA MATEMÁTICA 7 **Busca estructuras** En la tabla se muestran los resultados de las pruebas que realizó Hannah en una semana. ¿Obtuvo la misma puntuación en las pruebas de matemáticas y de ciencias? Explica.

Resultados de las pruebas de Hannah	
Asignatura	**Preguntas correctas**
Estudios Sociales	4 de 5
Matemáticas	8 de 10
Ciencias	3 de 4
Inglés	10 de 12

____

____

4. ¿Hannah obtuvo la misma puntuación en las pruebas de alguna de sus clases? Explica.

____

____

Por tu cuenta

5. MÁS AL DETALLE Por cada $10 que gana, Julie ahorra $3. Por cada $15 que gana, Liam ahorra $6. La razón entre el dinero que ahorra y que gana Julie, ¿es equivalente a la razón entre el dinero que ahorra y que gana Liam?

6. PIENSA MÁS Un florista ofrece tres ramos diferentes de tulipanes y lirios. La lista muestra las razones de tulipanes a lirios en cada ramo. Determina los ramos que tienen razones equivalentes.

Matemáticas al instante

Razones de los ramos

Mezcla de primavera

4 tulipanes a 6 lirios

Melodía de mañana

9 tulipanes a 12 lirios

Toques de sol

10 tulipanes a 15 lirios

7. La razón de varones a mujeres en el club de fútbol de una escuela es 3 a 5. La razón de varones a mujeres en el club de ajedrez de la escuela es 13 a 15. La razón de varones a mujeres en el club de fútbol, ¿es equivalente a la razón de varones a mujeres en el club de ajedrez? Explica.

ESCRIBE *Matemáticas*
Muestra tu trabajo

8. PRÁCTICA MATEMÁTICA 1 **Analiza** Thad, Joey y Mia corrieron una carrera. Los tiempos de llegada fueron 4.56 minutos, 3.33 minutos y 4.75 minutos. Thad no llegó último. Mia logró correr el menor tiempo. ¿Cuál fue el tiempo de llegada de cada corredor?

9. PIENSA MÁS Fernando dona $2 a una organización local de caridad por cada $15 que gana. Cleo dona $4 por cada $17 que gana. ¿La razón de dinero que dona a dinero que gana Fernando es equivalente a la razón de dinero que dona a dinero que gana Cleo? Explica.

Nombre ____________________

Usar razones equivalentes

Pregunta esencial ¿Cómo puedes usar tablas para resolver problemas que incluyan razones equivalentes?

Estándares comunes **Razones y relaciones proporcionales—6.RP.A.3a**

PRÁCTICAS MATEMÁTICAS
MP2, MP3, MP8

Soluciona el problema — En el mundo

Cuando hace calor, a la familia Anderson le gusta pasar tiempo en su bote. El bote consume 2 galones de combustible para recorrer 12 millas en el lago. ¿Cuánto combustible consumirá el bote para recorrer 48 millas?

- ¿Qué se te pide que halles?

____

____

Halla razones equivalentes para resolver el problema.

Sea ▢ la cantidad desconocida de galones.

$$\frac{\text{galones}}{\text{millas}} \rightarrow \frac{2}{12} = \frac{▢}{48} \leftarrow \frac{\text{galones}}{\text{millas}}$$

Haz una tabla de razones equivalentes.

	Razón original	2 · 2 ↓	▢ · 2 ↓	▢ · 2 ↓
Consumo de combustible (en galones)	2		6	
Distancia (en millas)	12	24		48
		↑ ▢ · 12	↑ 3 · 12	↑ ▢ · 12

Las razones $\frac{2}{12}$ y ______ son razones equivalentes,

entonces $\frac{2}{12} = \frac{▢}{48}$.

Entonces, el bote consumirá ______ galones de combustible para recorrer 48 millas.

- ¿Qué pasaría si el bote consumiera 14 galones de combustible? Explica cómo puedes usar razones equivalentes para hallar la cantidad de millas que recorre el bote cuando consume 14 galones de combustible.

____

____

____

Ejemplo Usa razones equivalentes para hallar el valor desconocido.

A $\frac{3}{4} = \frac{\blacksquare}{20}$

Usa denominadores comunes para escribir razones equivalentes.

$\frac{3}{4} = \frac{\blacksquare}{20}$

__________ es múltiplo de 4; entonces, __________ es un denominador común.

Multiplica el ______________________ y el denominador por __________ para escribir las razones usando un denominador común.

$\frac{3 \times \square}{4 \times \square} = \frac{\blacksquare}{20}$

Los ______________________ son iguales; entonces, los ______________________ son iguales entre sí.

$\frac{\square}{20} = \frac{\blacksquare}{20}$

Entonces, el valor desconocido es _______ y $\frac{3}{4} = \frac{\square}{20}$.

Haz una tabla de razones equivalentes para comprobar tu resultado.

Razón original	$\square \cdot 3$	$\square \cdot 3$	$\square \cdot 3$	$\square \cdot 3$
3	6			
4	8			
	$\square \cdot 4$	$\square \cdot 4$	$\square \cdot 4$	$\square \cdot 4$

B $\frac{56}{42} = \frac{8}{\blacksquare}$

Escribe una razón equivalente que tenga 8 en el numerador.

$\frac{56}{42} = \frac{8}{\blacksquare}$

Piensa: Divide 56 entre _______ para obtener 8.

Entonces, divide también el denominador entre _______ .

$\frac{56 \div \square}{42 \div \square} = \frac{8}{\blacksquare}$

Los ______________________ son iguales; entonces, los ______________________ son iguales entre sí.

$\frac{8}{\square} = \frac{8}{\blacksquare}$

Entonces, el valor desconocido es _______ y $\frac{56}{42} = \frac{8}{\square}$.

Haz una tabla de razones equivalentes para comprobar tu resultado.

Razón original	$\square \cdot 8$	$\square \cdot 8$	$\square \cdot 8$	$\square \cdot 8$	$\square \cdot 8$	$\square \cdot 8$
8	16					
6	12					
	$\square \cdot 6$	$\square \cdot 6$	$\square \cdot 6$	$\square \cdot 6$	$\square \cdot 6$	$\square \cdot 6$

Charla matemática

PRÁCTICAS MATEMÁTICAS 8

Usa el razonamiento repetitivo
Da un ejemplo de dos razones equivalentes. Explica cómo sabes que son equivalentes.

Nombre ______________________

Comparte y muestra

MATH BOARD

Usa razones equivalentes para hallar el valor desconocido.

1. $\frac{■}{10} = \frac{4}{5}$

$\frac{■}{10} = \frac{4 \cdot ■}{5 \cdot ■}$

$\frac{■}{10} = \frac{■}{10}$

Entonces, el valor desconocido es ______.

2. $\frac{18}{24} = \frac{6}{■}$

$\frac{18 \div ■}{24 \div ■} = \frac{6}{■}$

$\frac{6}{■} = \frac{6}{■}$

Entonces, el valor desconocido es ______.

3. $\frac{3}{6} = \frac{15}{■}$ ______

4. $\frac{■}{5} = \frac{8}{10}$ ______

✓5. $\frac{7}{4} = \frac{■}{12}$ ______

✓6. $\frac{10}{■} = \frac{40}{12}$ ______

Charla matemática PRÁCTICAS MATEMÁTICAS 3

Aplica Explica si siempre puedes hallar una razón equivalente restando el mismo número del numerador y el denominador. Da un ejemplo para justificar tu respuesta.

Por tu cuenta

Usa razones equivalentes para hallar el valor desconocido.

7. $\frac{2}{6} = \frac{■}{30}$ ______

8. $\frac{5}{■} = \frac{55}{110}$ ______

9. $\frac{3}{9} = \frac{9}{■}$ ______

10. $\frac{■}{6} = \frac{16}{24}$ ______

11. Mavis camina 3 millas en 45 minutos. ¿Cuántos minutos demorará Mavis en caminar 9 millas?

______

12. MÁS AL DETALLE La razón de niños a niñas en un coro es 3 a 8. Hay 32 niñas en el coro. ¿Cuántos miembros hay en el coro?

______

13. PRÁCTICA MATEMÁTICA 2 **Usa el razonamiento** ¿El valor desconocido en $\frac{2}{3} = \frac{■}{18}$ es el mismo que el valor desconocido en $\frac{3}{2} = \frac{18}{■}$? Explica.

______

______

Resolución de problemas • Aplicaciones En el mundo

Halla una razón equivalente para resolver el problema.

14. Sue tarda 8 minutos en dar 2 vueltas alrededor de la pista de carritos de carrera. ¿Cuántas vueltas puede completar Sue en 24 minutos?

____

15. MÁS AL DETALLE El ancho de la foto original de Jay es 8 pulgadas. La longitud de la foto original es 10 pulgadas. Jay imprime una versión más pequeña que tiene una razón equivalente entre el ancho y la longitud. El ancho de la versión más pequeña es 4 pulgadas menos que el ancho de la foto original. ¿Cuál es la longitud de la versión más pequeña?

____

16. Ariel compró 3 boletos para una rifa por $5. ¿Cuántos boletos podría comprar Ariel con $15?

____

17. PIENSA MÁS **¿Cuál es el error?** Greg siguió los pasos que se muestran para hallar el valor desconocido. Describe su error y da el resultado correcto.

$$\frac{2}{6} = \frac{\blacksquare}{12}$$

$$\frac{2+6}{6+6} = \frac{\blacksquare}{12}$$

$$\frac{8}{12} = \frac{\blacksquare}{12}$$

El valor desconocido es 8.

____

____

____

18. PIENSA MÁS Courtney compró 3 mapas por $10. Usa la tabla de razones equivalentes para hallar cuántos mapas puede comprar por $30.

3	6	
10	20	30

Nombre ______________________

Usar razones equivalentes

Estándares comunes

ESTÁNDAR COMÚN—6.RP.A.3a
Entienden los conceptos de razón y utilizan el razonamiento proporcional para resolver problemas.

Usa razones equivalentes para hallar el valor desconocido.

1. $\frac{4}{10} = \frac{■}{40}$

$\frac{4 \times 4}{10 \times 4} = \frac{■}{40}$

$\frac{16}{40} = \frac{■}{40}$

$■ = 16$

2. $\frac{3}{24} = \frac{33}{■}$

3. $\frac{7}{■} = \frac{21}{27}$

4. $\frac{■}{9} = \frac{12}{54}$

5. $\frac{3}{2} = \frac{12}{■}$

6. $\frac{4}{5} = \frac{■}{40}$

7. $\frac{■}{2} = \frac{45}{30}$

8. $\frac{8}{■} = \frac{5}{6}$

Resolución de problemas

En el mundo

9. Las abejas producen 7 libras de miel por cada libra de cera que producen. Usa razones equivalentes para hallar cuántas libras de miel producen cuando producen 25 libras de cera.

10. Una porción de 3 onzas de atún aporta 21 gramos de proteína. Usa razones equivalentes para hallar cuántos gramos de proteína hay en 9 onzas de atún.

11. **ESCRIBE** ▸ *Matemáticas* Explica en qué se asemeja usar razones equivalentes a sumar fracciones con denominadores diferentes.

Repaso de la lección (6.RP.A.3a)

1. Jason pagó \$2.70 por 6 cajas de jugo. ¿Cuánto tendría que pagar por 18 cajas de jugo?

2. Un determinado tono de pintura anaranjada se obtiene al mezclar 3 cuartos de pintura roja y 2 cuartos de pintura amarilla. Para preparar más pintura del mismo tono, ¿cuántos cuartos de pintura amarilla deben mezclarse con 6 cuartos de pintura roja?

Repaso en espiral (6.RP.A.3a, 6.NS.A.1, 6.NS.C.7c, 6.NS.C.8)

3. ¿Cuál es el cociente de $2\frac{4}{5} \div 1\frac{1}{3}$?

4. ¿Cuál es el valor absoluto de $^{-}2\frac{2}{3}$?

5. En un mapa, una tienda de ropa está ubicada en $(-2, -3)$. Un restaurante de pescados y mariscos está ubicado 6 unidades a la derecha de la tienda de ropa. ¿Cuáles son las coordenadas del restaurante?

6. Marisol planea preparar 9 sándwiches pequeños por cada 2 personas que asistan a su fiesta. Escribe una razón que sea equivalente a la razón de Marisol.

Nombre ________________________________

Hallar tasas por unidad

Pregunta esencial ¿Cómo puedes usar tasas por unidad para hacer comparaciones?

Estándares comunes **Razones y relaciones proporcionales—6.RP.A.2** *Tambien 6.RP.A.3b*

PRÁCTICAS MATEMÁTICAS **MP2, MP3, MP6, MP8**

Soluciona el problema En el mundo

La fruta estrella, o carambola, es el fruto de un árbol nativo de Indonesia, India y Sri Lanka. Las rebanadas de la fruta tienen forma de estrella de cinco puntas. Lara pagó $9.60 por 16 onzas de fruta estrella. Halla el precio de 1 onza de fruta estrella.

- Subraya la oración que te indica lo que debes hallar.
- Encierra en un círculo los números que debes usar para resolver el problema.

Recuerda que una tasa por unidad establece una comparación con 1 unidad. Puedes hallar una tasa por unidad si divides el numerador y el denominador entre el número que está en el denominador.

Escribe la tasa por unidad para hallar el precio de la fruta estrella.

Escribe una razón que compare el ______ con el ______.

$\frac{\text{precio}}{\text{peso}} \rightarrow \frac{\$\ \square}{\square\ \text{oz}}$

Divide el numerador y el denominador entre el número que está en el ______.

$\frac{\$9.60 \div \square}{16\ \text{oz} \div \square}$

$\frac{\$\ \square}{1\ \text{oz}}$

Entonces, la tasa por unidad es ______. El precio es ______ por onza.

Charla matemática PRÁCTICAS MATEMÁTICAS 6

Explica ¿Qué diferencia existe entre una razón y una tasa?

1. PRÁCTICA MATEMÁTICA 6 **Explica** por qué la tasa por unidad es equivalente a la tasa original.

____

____

2. PRÁCTICA MATEMÁTICA 3 **Argumenta** Explica una forma de convencer a los demás que has hallado la tasa por unidad correctamente.

____

____

Ejemplo

A **Durante la migración, un colibrí puede volar 210 millas en 7 horas, y un ganso puede volar 165 millas en 3 horas. ¿Qué ave vuela a una tasa más veloz?**

Escribe la tasa para cada ave.

Colibrí: $\frac{\square \text{ millas}}{7 \text{ horas}}$ Ganso: $\frac{165 \text{ millas}}{\square \text{ horas}}$

Escribe las tasas por unidad.

$\frac{210 \text{ mi} \div \square}{7 \text{ h} \div \square}$ $\frac{165 \text{ mi} \div \square}{3 \text{ h} \div \square}$

$\frac{\square \text{ mi}}{1 \text{ h}}$ $\frac{\square \text{ mi}}{1 \text{ h}}$

Compara las tasas por unidad. _______ millas por hora es más veloz que _______ millas por hora.

Entonces, el _______________ vuela a una tasa más veloz.

B **Una botella de 64 onzas de jugo de manzana cuesta $5.76. Una botella de 15 onzas de jugo de manzana cuesta $1.80. ¿Qué producto cuesta menos por onza?**

Escribe la tasa para cada botella.

Botella de 64 onzas: $\frac{\square}{64 \text{ onzas}}$ Botella de 15 onzas: $\frac{\square}{\square \text{ onzas}}$

Escribe las tasas por unidad.

$\frac{\square \div \square}{64 \text{ oz} \div \square}$ $\frac{\$1.80 \div \square}{\square \text{ oz} \div \square}$

$\frac{\square}{1 \text{ oz}}$ $\frac{\square}{1 \text{ oz}}$

Compara las tasas por unidad. _______ por onza es más barato que _______ por onza.

Entonces, la botella de _______ onzas cuesta menos por onza.

¡Inténtalo! **En una tienda de comestibles, una docena de huevos cuesta $1.20. En otra tienda, $1\frac{1}{2}$ docenas de huevos cuestan $2.16. ¿Cuál es el mejor precio?**

Tienda 1: Tienda 2:

El precio por unidad es menor en la Tienda _______; entonces, una docena de huevos a _______________ es el mejor precio.

Nombre ___

Comparte y muestra

MATH BOARD

Escribe la tasa como una fracción. Luego halla la tasa por unidad.

1. Sara manejó 72 millas con 4 galones de combustible.

$\frac{\square}{4 \text{ gal}} = \frac{\square \div \square}{4 \text{ gal} \div \square} = \frac{\square}{1 \text{ gal}}$

2. Dean pagó $27.00 por 4 boletos para el cine.

___

3. Amy y Mai deben leer *Me llamo Bud, no Buddy* para una clase. Amy lee 20 páginas en 2 días. Mai lee 35 páginas en 3 días. ¿ Quién lee a una tasa más veloz?

___

4. Una tienda de música en línea ofrece 5 descargas a $6.25. Otra tienda de música en línea ofrece 12 descargas a $17.40. ¿Qué tienda ofrece el mejor precio?

___

Charla matemática

PRÁCTICAS MATEMÁTICAS 8

Generaliza Explica cómo hallar una tasa por unidad.

Por tu cuenta

Escribe la tasa como una fracción. Luego halla la tasa por unidad.

5. Una empresa envasó 108 productos en 12 cajas.

___

6. Hay 112 estudiantes para 14 maestros.

___

7. MÁS AL DETALLE Geoff cobra $27 por 3 horas de clases de natación. Anne cobra $31 por 4 horas de clases de natación. ¿Cuánto más cobra Geoff que Anne por hora?

___

8. PRÁCTICA MATEMÁTICA 6 **Compara** Un florista hizo 16 ramos en 5 horas. Un segundo florista hizo 40 ramos en 12 horas. ¿Qué florista hace ramos a una tasa más veloz?

___

Compara las tasas por unidad para indicar qué tasa es más veloz.

9. $\frac{160 \text{ mi}}{2 \text{ h}}$ y $\frac{210 \text{ mi}}{3 \text{ h}}$

___

10. $\frac{270 \text{ ft}}{9 \text{ min}}$ y $\frac{180 \text{ ft}}{9 \text{ min}}$

___

11. $\frac{250 \text{ m}}{10 \text{ s}}$ y $\frac{120 \text{ m}}{4 \text{ s}}$

___

Soluciona el problema En el mundo

12. PIENSA MÁS Ryan quiere comprar golosinas para su cachorro. Si Ryan quiere comprar las golosinas para perro que cuestan menos por envase, ¿qué golosinas debería comprar? Explica.

Matemáticas al instante

Costo de las golosinas para perro

Nombre	Costo	Cantidad de envases
Mordisquitos	$5.76	4
Sabrositos	$7.38	6
Huesitos	$7.86	6
Nutrigolosinas	$9.44	8

a. ¿Qué debes hallar?

____

____

b. Halla el precio por envase de cada golosina

____

____

____

____

____

____

____

____

c. Completa las oraciones.

La golosina para perro que tiene el precio más alto por envase es ______________.

La golosina para perro que tiene el precio más bajo por envase es ______________.

Ryan debería comprar ______________

porque ______________

____

______________________.

13. PRÁCTICA MATEMÁTICA 2 **Razona de forma abstracta** ¿Qué información debes tener en cuenta para decidir si un producto tiene un mejor precio que otro? ¿En qué casos quizás no sea la mejor opción elegir un producto con la tasa por unidad más baja? Explica.

____

____

____

____

____

14. PIENSA MÁS Selecciona los carros que recorren más millaje por galón de combustible que un carro que recorre 25 millas por galón. Selecciona todas las respuestas que correspondan.

○ Carro A: 22 millas por 1 galón

○ Carro B: 56 millas por 2 galones

○ Carro C: 81 millas por 3 galones

○ Carro D: 51 millas por 3 galones

Nombre ____________________

Hallar tasas por unidad

ESTÁNDAR COMÚN—6.RP.A.2
Entienden los conceptos de razón y utilizan el razonamiento proporcional para resolver problemas.

Escribe la tasa como una fracción. Luego halla la tasa por unidad.

1. Una rueda gira 1,800° en 5 revoluciones.

$$\frac{1{,}800°}{5 \text{ revoluciones}}$$

$$\frac{1{,}800° \div 5}{5 \text{ revoluciones} \div 5} = \frac{360°}{1 \text{ revolución}}$$

2. En 6 mazos hay 312 cartas.

____

3. Bana corrió 18.6 millas de un maratón en 3 horas.

____

4. Cameron pagó $30.16 por 8 libras de almendras.

____

Compara tasas por unidad.

5. Una compañía de juegos en línea ofrece un paquete que incluye 2 juegos a $11.98. También ofrece un paquete que incluye 5 juegos por $24.95. ¿Qué paquete representa una mejor oferta?

____

6. En una competencia de atletismo, Samma completó la carrera de 200 metros en 25.98 segundos. Tom completó la carrera de 100 metros en 12.54 segundos. ¿Qué participante corrió a una tasa promedio más rápida?

____

Resolución de problemas

En el mundo

7. Se espera que el vuelo de Sylvio recorra 1,792 millas en 3.5 horas. ¿A qué tasa promedio deberá volar el avión para completar el viaje a tiempo?

____

8. Rachel compró 2 libras de manzanas y 3 libras de duraznos por un total de $10.45. Las manzanas y los duraznos costaron la misma cantidad por libra. ¿Cuál fue la tasa por unidad?

____

9. ESCRIBE *Matemáticas* Escribe un problema en el que haya que comparar tasas por unidad.

____

____

Repaso de la lección (6.RP.A.2, 6.RP.A.3b)

1. Los frutos secos surtidos Aransoja cuestan $2.99 las 5 onzas; los frutos secos surtidos Pasa y Nuez cuestan $3.41 las 7 onzas; los frutos secos surtidos Muchas Castañas cuestan $7.04 las 8 onzas y los frutos secos surtidos Sabronueces cuestan $2.40 las 6 onzas. Ordena las marcas de frutos secos surtidos de menos caro a más caro

2. El corazón de Aarón late 166 veces en 120 segundos. El corazón de Callie late 88 veces en 60 segundos. El corazón de Emma late 48 veces en 30 segundos. El corazón de Galen late 22 veces en 15 segundos. ¿Qué dos estudiantes tienen tasas equivalentes de ritmos cardíacos?

Repaso en espiral (6.RP.A.1, 6.RP.A.3a, 6.NS.A.1, 6.NS.7d)

3. Courtlynn combina $\frac{7}{8}$ de taza de crema agria con $\frac{1}{2}$ de taza de queso crema. Luego divide la mezcla en 2 tazones. ¿Cuánta mezcla colocó Courtlynn en cada tazón?

4. Escribe una comparación con $<$ o $>$ para mostrar la relación entre $\left|-\frac{2}{3}\right|$ y $-\frac{5}{6}$.

5. En un camión hay 18 neumáticos. ¿Cuántos neumáticos hay en 3 camiones del mismo tipo?

6. Escribe dos razones que sean equivalentes a $\frac{5}{6}$.

PRACTICA MÁS CON EL
Entrenador personal en matemáticas

Nombre ______________________________

ÁLGEBRA
Lección 4.8

Las razones equivalentes y las gráficas

Pregunta esencial ¿Cómo puedes usar una gráfica para representar razones equivalentes?

Estándares comunes **Razones y relaciones proporcionales—6.RP.A.3a**

PRÁCTICAS MATEMÁTICAS
MP4, MP5, MP7

Soluciona el problema — En el mundo

Un carro viaja a una tasa de 50 millas por hora. Usa razones equivalentes para representar gráficamente la distancia que recorre el carro a lo largo del tiempo. Representa el tiempo en el eje *x* y la distancia en el eje *y*.

- ¿Qué palabras del problema te indican la tasa por unidad?

____

Escribe y representa gráficamente las razones equivalentes.

PASO 1 Usa la tasa por unidad para escribir razones equivalentes.

Escribe la tasa por unidad. $\frac{\square \text{ millas}}{1 \text{ hora}}$

Escribe una razón equivalente. $\frac{\square \text{ mi} \times 2}{1 \text{ h} \times 2} = \frac{\square \text{ mi}}{\square \text{ h}}$

Completa la tabla de razones equivalentes.

Distancia (mi)			150	200	
Tiempo (h)	1	2	3	4	5

PASO 2 Usa un par ordenado para representar cada razón de la tabla.

Sea la coordenada *x* el tiempo en horas y la coordenada *y* la distancia en millas.

$\frac{50 \text{ mi}}{1 \text{ h}} \rightarrow (1, 50)$

(1, 50)

(2, 100)

(3, 150)

(4, 200)

(5, 250)

Recuerda

El primer número de un par ordenado es la coordenada *x* y el segundo número es la coordenada *y*.

PASO 3 Usa los pares ordenados para representar gráficamente la distancia que recorre el carro a lo largo del tiempo.

Piensa: La gráfica representa la misma relación que la tasa por unidad.

Por cada 1 hora que viaja el carro, la distancia aumenta en ________ millas.

Viaje del carro

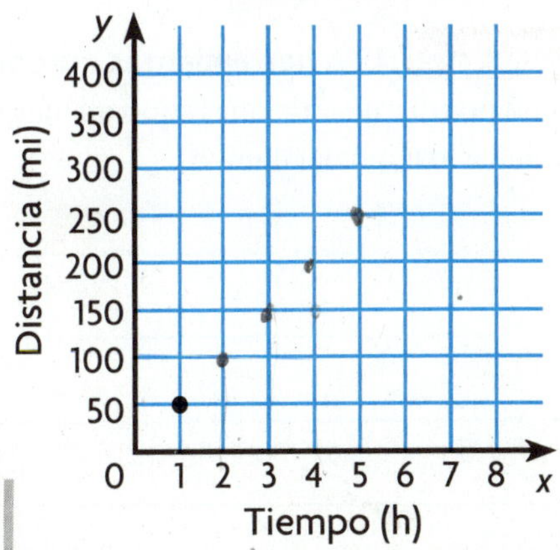

Charla matemática PRÁCTICAS MATEMÁTICAS 7

Busca el patrón Identifica un patrón en la gráfica.

Ejemplo

Durante una tormenta muy fuerte, las aguas del río Azul subieron a una tasa constante durante 8 horas. En la gráfica se muestra el incremento de la altura del río a lo largo del tiempo. Usa la gráfica para completar la tabla de razones equivalentes. ¿Cuántas pulgadas subió el río en 8 horas?

Piensa: En la gráfica, las coordenadas *x* representan el tiempo en ______ y las coordenadas *y* representan el incremento de la altura del río en ______.

El par ordenado (1, ____) quiere decir que después de ____ hora, el río subió ____ pulgadas.

Incremento de la altura del río Azul

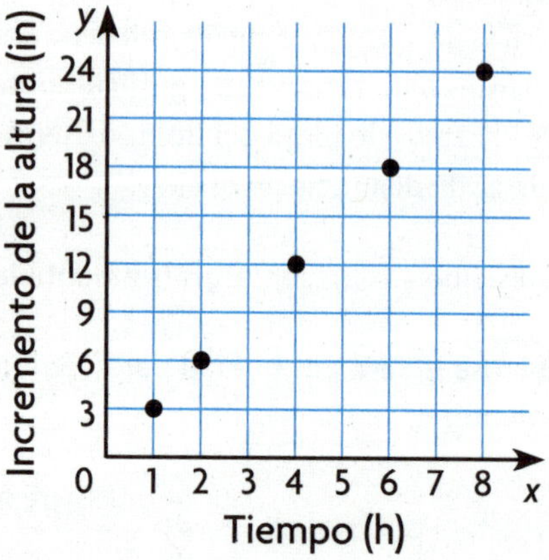

Incremento de la altura (in)	3				
Tiempo (h)	1	2	4	6	8

Entonces, el río subió ____ pulgadas en 8 horas.

1. PRÁCTICA MATEMÁTICA 7 **Busca el patrón** Describe el patrón que observas en la gráfica y la tabla.

______

______

2. Explica cómo sabes que las razones de la tabla son equivalentes.

______

______

3. PRÁCTICA MATEMÁTICA 5 **Usa herramientas apropiadas** Matt gana $12 por hora. Explica cómo podrías usar razones equivalentes para representar gráficamente lo que ganará a lo largo del tiempo.

______

______

______

______

Nombre ________________________________

Las razones equivalentes y las gráficas

ESTÁNDAR COMÚN—6.RP.A.3a
Entienden los conceptos de razón y utilizan el razonamiento proporcional para resolver problemas.

Christie hace pulseras. Usa 8 dijes para cada pulsera. Usa esta información para resolver los ejercicios 1 a 3.

1. Completa la tabla de razones equivalentes para las primeras 5 pulseras.

Dijes	8	16	24	32	40
Pulseras	1	2	3	4	5

2. Escribe pares ordenados en los que la coordenada x sea la cantidad de pulseras y la coordenada y sea la cantidad de dijes.

(1, __8__), (2, __16__), (____, ____),

(____, ____), (____, ____)

3. Usa los pares ordenados para representar gráficamente los dijes y las pulseras.

Pulseras de Christie

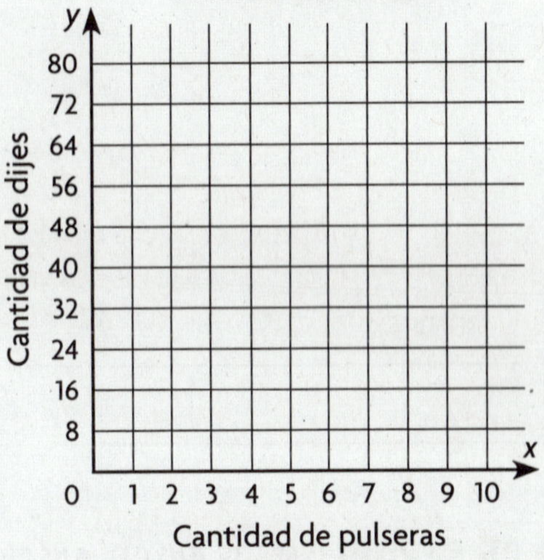

En la gráfica se muestra la cantidad de barras de cereal que hay en diversas cantidades de cajas de la marca Qué Crocante. Usa la gráfica para resolver los ejercicios 4 y 5.

Barras de cereal Qué Crocante

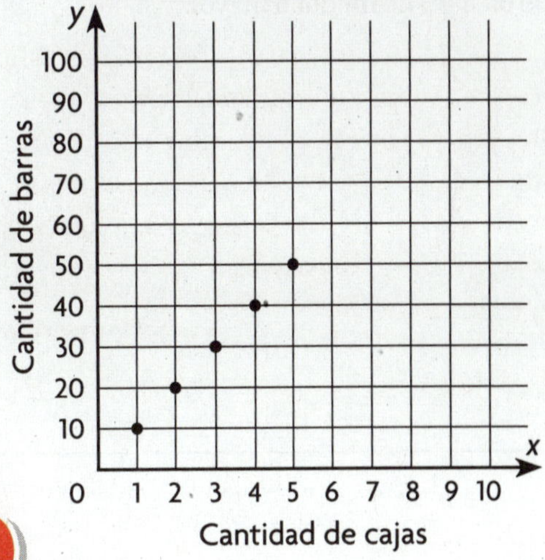

4. Completa la tabla de razones equivalentes.

Barras				
Cajas	1	2	3	4

5. Halla la tasa por unidad de barras de cereal por caja.

____

Resolución de problemas
En el mundo

6. Observa la gráfica de las pulseras de Christie. ¿Cuántos dijes se necesitan para 7 pulseras?

____

7. Observa la gráfica de las barras de cereal Qué Crocante. Stefan necesita comprar 90 barras de cereal. ¿Cuántas cajas debe comprar?

____

8. ESCRIBE *Matemáticas* Elige un ejemplo de la vida real de una tasa por unidad. Dibuja una gráfica de la tasa por unidad. Después, explica cómo otra persona podría usar la gráfica para encontrar la tasa por unidad.

____

Repaso de la lección (6.RP.A.3a)

1. En una gráfica se muestra la distancia que recorrió un carro a lo largo del tiempo. El eje x representa el tiempo en horas y el eje y representa la distancia en millas. En la gráfica se encuentra el punto (3, 165). ¿Qué representa este punto?

2. Maura cobra $11 por hora para cuidar niños. Diseña una gráfica en la que compara la cantidad que cobra (la coordenada y) con el tiempo que cuida niños (la coordenada x). ¿Qué par ordenado NO se encuentra en la gráfica?

(4,44) (11,1) (1,11) (11,121)

Repaso en espiral (6.RP.A.3b, 6.NS.C.6b, 6.NS.C.7a, 6.NS.C.7c)

3. Escribe 0, $^{-}4$ y 3 de menor a mayor.

4. ¿Qué números pueden usarse en lugar del ■ para hacer que el enunciado sea verdadero?

$$|■| = \frac{8}{9}$$

5. Morgan marca el punto (4, $^{-}7$) en un plano de coordenadas. Si refleja el punto sobre el eje y, ¿cuáles son las coordenadas del punto reflejado?

6. Jonathan recorrió 220 millas en 4 horas. Si suponemos que maneja a la misma tasa, ¿qué distancia recorrerá en 7 horas?

PRACTICA MÁS CON EL
Entrenador personal en matemáticas

Nombre ______________________________

Revisión y prueba del Capítulo 4

Entrenador personal en matemáticas
Evaluación e intervención en línea

1. Kendra tiene 4 collares, 7 pulseras y 5 anillos. Dibuja un modelo para representar la razón que compara anillos con pulseras.

2. Hay 3 niñas y 2 niños que toman clases de natación. Escribe la razón que compara las niñas que toman clases de natación con la cantidad total de estudiantes que toman clases de natación.

____

3. Luis suma 3 fresas por cada 2 arándanos en su licuado de frutas. Dibuja un modelo para representar la razón que compara fresas con arándanos.

4. Escribe la razón 3 a 10 de dos formas diferentes.

____

5. Alex da 3 pasos cada 5 pies que camina. A medida que Alex camina, da más pasos y camina una mayor distancia. Completa la tabla con dos razones equivalentes.

Pasos	3		
Distancia (pies)	5		

Opciones de evaluación
Prueba del capítulo

6. Sam tiene 3 manzanas verdes y 4 manzanas rojas. Selecciona las razones que comparan la cantidad de manzanas rojas con la cantidad total de manzanas. Marca todas las opciones que correspondan.

- ○ 4 a 7
- ○ 3 a 7
- ○ 4 : 7
- ○ 4 : 3
- ○ $\frac{3}{7}$
- ○ $\frac{4}{7}$

7. Jeff corrió 2 millas en 12 minutos. Ju Chan corrió 3 millas en 18 minutos. ¿Jeff y Ju Chan corrieron la misma cantidad de millas por minuto? Completa las tablas de razones equivalentes para apoyar tu respuesta.

Jeff				
Distancia (millas)	2			
Tiempo (minutos)	12			

Ju Chan				
Distancia (millas)	3			
Tiempo (minutos)	18			

8. Jen compró 2 cuadernos por $10. Escribe la tasa como una fracción. Luego halla la tasa por unidad.

$\frac{\square}{\text{2 cuadernos}} = \frac{\square}{\text{1 cuaderno}}$

Nombre ______________________________

9. Determina si cada razón es equivalente a $\frac{1}{2}$, $\frac{2}{3}$ o $\frac{4}{7}$. Escribe la razón en la casilla correcta.

$\frac{6}{9}$ $\frac{4}{8}$ $\frac{7}{14}$ $\frac{20}{35}$ $\frac{40}{80}$ $\frac{8}{14}$ $\frac{4}{6}$ $\frac{8}{12}$

$\frac{1}{2}$	$\frac{2}{3}$	$\frac{4}{7}$

10. Amos compró 5 melones por $8. ¿Cuántos melones puede comprar por $24? Muestra tu trabajo.

11. Camille dijo que $\frac{4}{5}$ es equivalente a $\frac{24}{30}$. Comprueba su trabajo haciendo una tabla de razones equivalentes.

4					
5					

12. MÁS AL DETALLE Una caja de cereales de avena cuesta $3.90 por 15 onzas. Una caja de cereales de arroz cuesta $3.30 por 11 onzas. ¿Qué caja de cereales cuesta menos por onza? Usa números y palabras para explicar tu respuesta.

13. Scotty gana $35 por cuidar a un bebé durante 5 horas. Si Scotty cobra la misma razón, ¿cuántas horas le llevará ganar $42?

_______ horas

14. Usa una tasa por unidad para hallar el valor desconocido.

$$\frac{42}{14} = \frac{9}{\square}$$

15. Jenna ahorra $3 por cada $13 que gana. Vanessa ahorra $6 por cada $16 que gana. ¿La razón de dinero que ahorró Jenna a la que ganó es equivalente a la razón de dinero que ahorró Vanessa a la que ganó?

____

16. Los Henderson están de camino a un parque nacional. Están viajando a una tasa de 40 millas por hora. Usa los pares ordenados para graficar la distancia que viajaron a lo largo del tiempo.

Distancia (millas)	40	80	120	160	200
Tiempo (minutos)	1	2	3	4	5

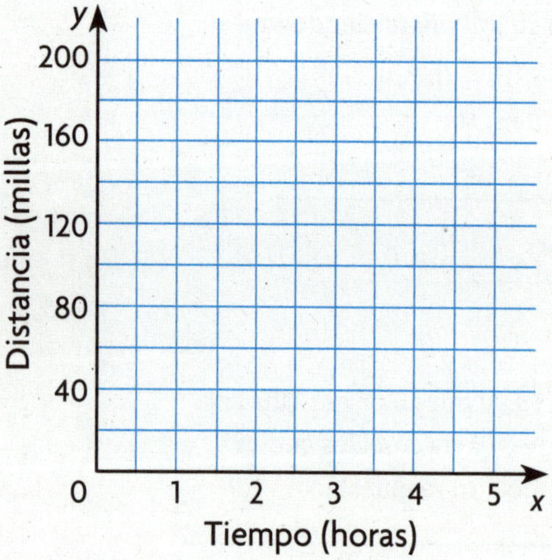

Nombre ______________________

Entrenador personal en matemáticas

17. PIENSA MÁS + Abby va a la piscina a nadar largos. La gráfica representa qué distancia nadó Abby a lo largo del tiempo. Usa razones equivalentes para hallar qué distancia nadó Abby en 7 minutos.

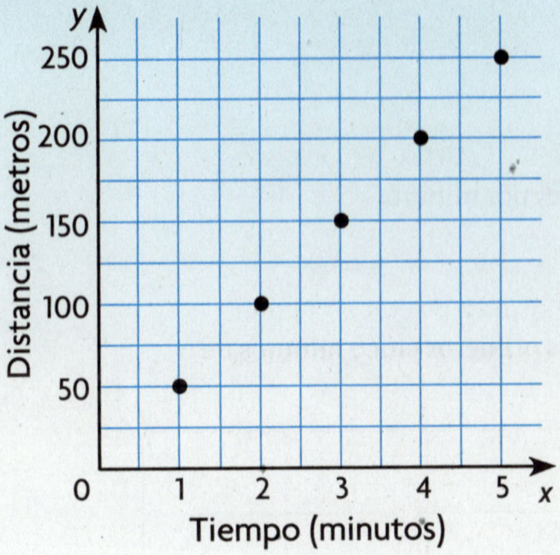

_______ metros

18. Caleb compró 6 cajas de lápices por $12.

Parte A

¿Cuánto pagará por 9 cajas de lápices? Usa números y palabras para explicar tu respuesta.

Parte B

Describe cómo usar un modelo de barras para resolver el problema.

19. Un conejo corre 35 millas por hora. Selecciona los animales que corren a una tasa por unidad por hora más veloz que el conejo. Marca todas las opciones que correspondan.

- ○ Ciervo: 100 millas en 2 horas
- ○ Avestruz: 80 millas en 2 horas
- ○ Cebra: 90 millas en 3 horas
- ○ Ardilla: 36 millas en 3 horas

20. Una bañera se llena de agua a una tasa de 3 galones por minuto.

Parte A

Completa la tabla de razones equivalentes para los primeros cinco minutos de llenado de agua de la bañera.

Cantidad de agua (galones)	3				
Tiempo (minutos)	1				

Parte B

Emily dijo que habrá 36 galones de agua en la bañera luego de 12 minutos. Explica cómo puede haber hallado Emily ese resultado.

Capítulo 5

Porcentajes

Muestra lo que sabes

Entrenador personal en matemáticas
Evaluación e intervención en línea

Comprueba si comprendes las destrezas importantes.

Nombre ______________________________

▶ Modelos decimales **Sombrea el modelo para mostrar el decimal.** (4.NF.C.6)

1. 0.31

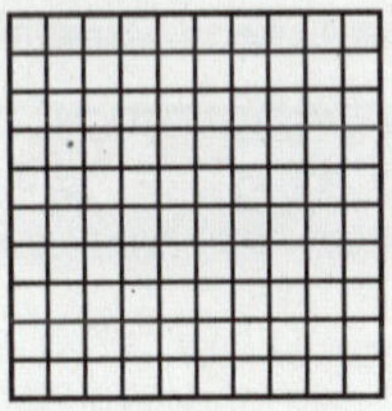

2. 0.7

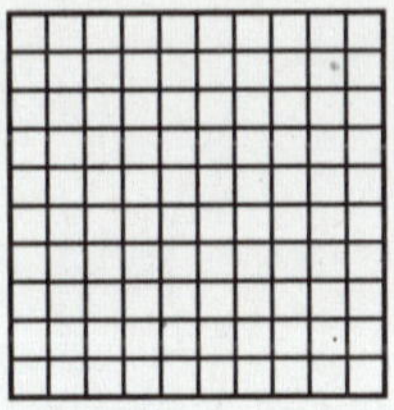

3. 1.7

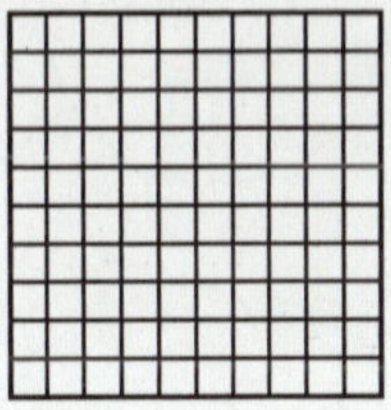

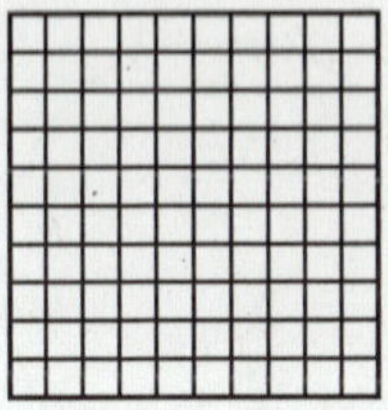

▶ División **Halla el cociente.** (5.NBT.B.6)

4. 2,002 ÷ 91 ______

5. $98\overline{)3{,}038}$ ______

6. 24,487 ÷ 47 ______

7. $22\overline{)2{,}332}$ ______

▶ Multiplicar números enteros por números decimales **Halla el producto.** (5.NBT.B.7)

8. $\begin{array}{r} 2.38 \\ \times \quad 4 \\ \hline \end{array}$ ______

9. $\begin{array}{r} 32.06 \\ \times \quad 7 \\ \hline \end{array}$ ______

10. $\begin{array}{r} 4.60 \\ \times \quad 18 \\ \hline \end{array}$ ______

11. $\begin{array}{r} 7.04 \\ \times \quad 32 \\ \hline \end{array}$ ______

Matemáticas En el mundo

A Esmeralda le gusta escuchar música mientras hace ejercicio. En su reproductor de MP3, tenía una lista de reproducción que duraba 40 minutos, pero, accidentalmente, borró el 25% de la música. ¿Tiene Esmeralda música suficiente en su lista de reproducción para hacer 30 minutos de ejercicio? Explica tu respuesta.

Desarrollo del vocabulario

▶ Visualízalo

Completa el mapa de burbujas con palabras de repaso y nuevas relacionadas con razones.

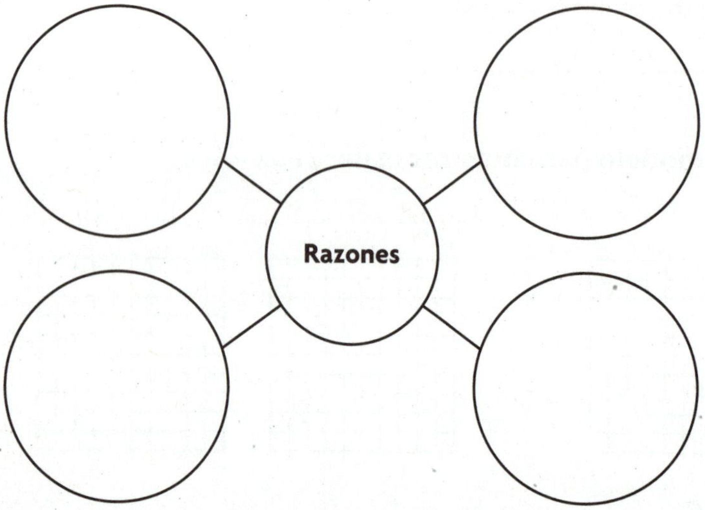

Palabras de repaso

- cociente
- factor
- número decimal
- razón
- razones equivalentes
- simplificar
- tasa

Palabra nueva

- porcentaje

▶ Comprende el vocabulario

Completa las oraciones con palabras de repaso y nuevas.

1. La comparación entre un número y otro mediante la división es una

   ____________________.

2. Las ____________________ indican la misma comparación.

3. Una razón que compara cantidades que tienen unidades diferentes es una ____________________.

4. Un ____________________ es una razón, o tasa, que compara un número con 100.

5. Para ____________________ una fracción o una razón, hay que dividir el numerador y el denominador entre un factor común.

- Libro interactivo del estudiante
- Glosario multimedia

El juego de emparejar

Recuadro de palabras
- cociente
- factor
- mínima expresión
- número decimal
- porcentaje
- razón
- razones equivalentes
- tasa

Para 2 a 3 jugadores

Materiales

- 1 juego de tarjetas de palabras

Instrucciones

1. Coloca las tarjetas boca abajo en hileras. Túrnense para jugar.
2. Elige dos tarjetas y ponlas boca arriba.
   - Si las tarjetas muestran una palabra y su significado, coinciden. Conserva el par y vuelve a jugar.
   - Si las tarjetas no coinciden, vuelve a ponerlas boca abajo.
3. El juego terminará cuando todas las tarjetas coincidan. Los jugadores cuentan sus pares. Ganará la partida el jugador con más pares.

Diario

Escríbelo

Reflexiona

Elige una idea. Escribe sobre ella.

- ¿Cuál es mayor: $\frac{3}{5}$, .70 o 65%? Indica cómo lo sabes.
- Explica cómo se escribe $\frac{4}{80}$ como número decimal y como porcentaje.
- Un equipo de fútbol necesita vender 200 camisetas para recaudar dinero suficiente para un viaje. Hasta ahora han vendido el 55% de las camisetas. Explica cómo hallar cuántas camisetas más necesitan vender.
- Indica cómo resolver este problema: 15 es el 20% de _____.

Nombre ____________________

Representar porcentajes

Pregunta esencial ¿Cómo puedes mostrar un porcentaje con un modelo?

Estándares comunes — Razones y relaciones proporcionales—6.RP.A.3c
PRÁCTICAS MATEMÁTICAS MP2, MP5, MP6

Investigar

Manos a la obra

Materiales ■ cuadrículas de 10 por 10

Hoy en día, pocas personas conducen carros eléctricos. Sin embargo, un experto estimó que para el año 2025, el 35 por ciento de todos los carros funcionará con electricidad.

Un **porcentaje** es una razón, o tasa, que compara un número con 100. Porcentaje significa "por cien". El símbolo de porcentaje es %.

A. Representa el 35% en la cuadrícula de 10 por 10. Luego indica lo que representa el porcentaje.

El cuadrado grande representa el total, o 100%. Cada cuadrado pequeño representa el 1%.

- Sombrea la cuadrícula para mostrar el 35%.

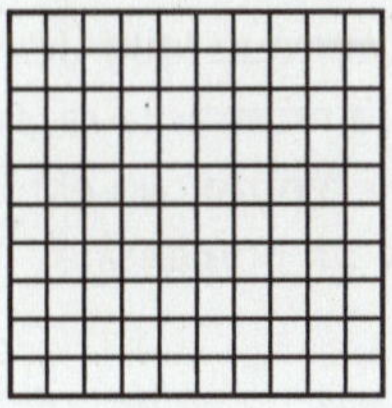

Piensa: El 35% es ______ de 100.

- Escribe 35% como una razón que compare 35 con 100.

Piensa: 35 de 100 cuadrados es $\frac{\square}{100}$.

- 35% = $\frac{\square}{\square}$

Entonces, para el año 2025, es posible que ______ de cada ______ carros funcionen con electricidad.

B. Representa el 52% en una cuadrícula de 10 por 10.

- ______ de cada ______ cuadrados es $\frac{\square}{100}$.
- 52% = $\frac{\square}{100}$

C. Representa el 18% en una cuadrícula de 10 por 10.

- ______ de cada ______ cuadrados es $\frac{\square}{100}$.
- 18% = $\frac{\square}{100}$

Sacar conclusiones

1. Explica cómo usarías una cuadrícula de 10 por 10 para representar el 7%.

____

2. Representa $\frac{1}{4}$ en una cuadrícula de 10 por 10. ¿Qué porcentaje está sombreado? Explica.

____

3. PRÁCTICA MATEMÁTICA 5 **Usa un modelo concreto** Explica cómo podrías representar el 0.5% en una cuadrícula de 10 por 10.

____

____

4. PIENSA MÁS ¿Cómo representarías el 181% usando cuadrículas de 10 por 10?

____

Hacer conexiones

En la tabla se muestran las clases de meteoritos que Meg tiene en su colección. Sombrea una cuadrícula para mostrar la razón que compara la cantidad de cada clase de meteorito con el total de la colección. Luego escribe la razón como un porcentaje.

Colección de meteoritos de Meg

Clase	Cantidad
Ferrosos	21
Rocosos	76
Ferrosos rocosos	3

Piensa: Un porcentaje es una razón que compara un número con _______.

Ferrosos

_____ de los _______ meteoritos son ferrosos.

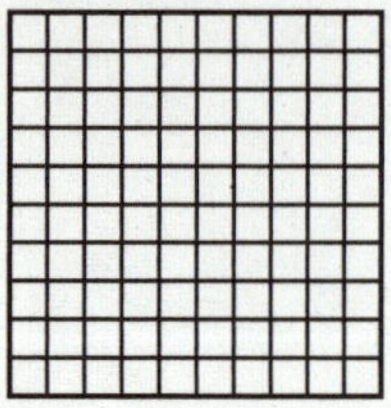

$\frac{\square}{100}$ = _____%

Rocosos

_____ de los _______ meteoritos son rocosos.

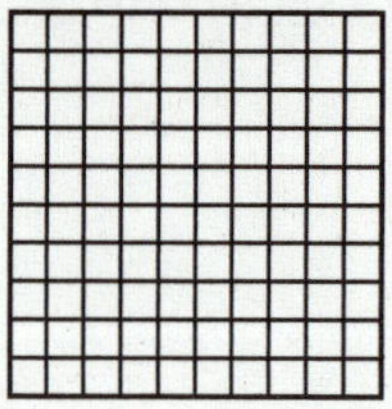

$\frac{\square}{\square}$ = _____%

Ferrosos rocosos

_____ de los _______ meteoritos son ferrosos rocosos.

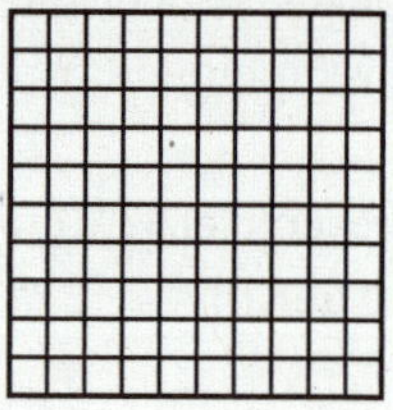

$\frac{\square}{\square}$ = _____%

Charla matemática

PRÁCTICAS MATEMÁTICAS 2

Relaciona símbolos y palabras
Explica lo que quiere decir este enunciado: El 13% de los estudiantes de la Escuela Secundaria Harding son zurdos.

Nombre ____________________

Comparte y muestra (MATH BOARD)

Escribe una razón y un porcentaje para representar la parte sombreada.

1.

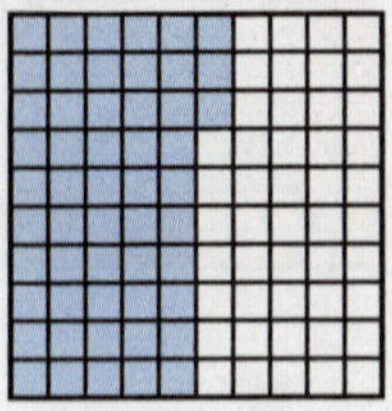

razón: ______ porcentaje: ______

2.

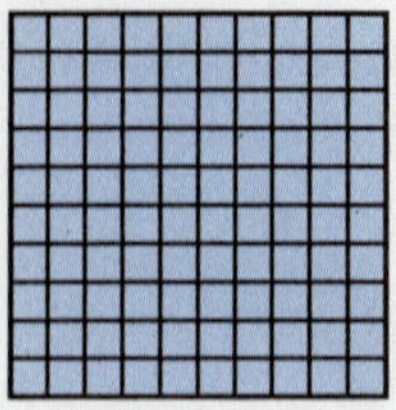

razón: ______ porcentaje: ______

3.

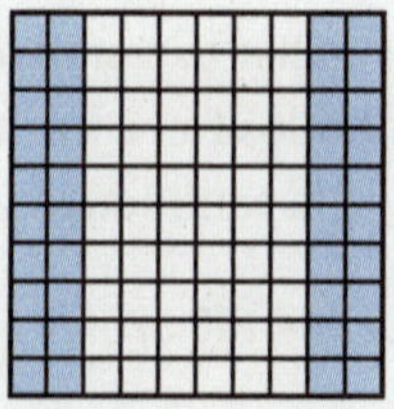

razón: ______ porcentaje: ______

Representa el porcentaje y escríbelo como una razón.

4. 30%

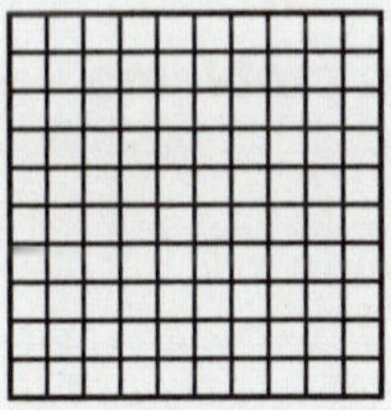

razón: ______

5. 5%

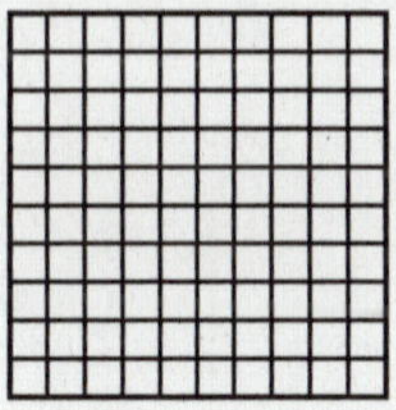

razón: ______

6. 75%

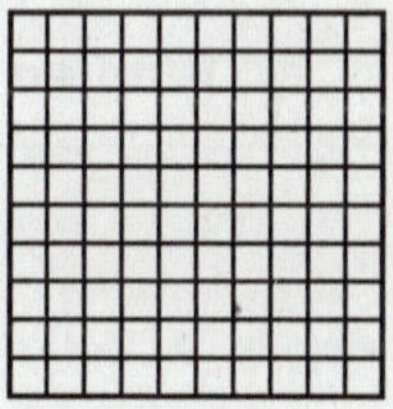

razón: ______

Resolución de problemas • Aplicaciones (En el mundo)

7. PRÁCTICA MATEMÁTICA 5 **Usa un modelo concreto** Explica cómo representar el 32% en una cuadrícula de 10 por 10. ¿De qué forma representa el modelo la razón de 32 a 100?

____

____

____

8. MÁS AL DETALLE Un piso está cubierto por 100 losetas. Hay 24 losetas negras y 35 losetas color café. El resto de las losetas son blancas. ¿Qué porcentaje de las losetas son blancas?

____

Plantea un problema

9. PIENSA MÁS Javier diseñó un mural de mosaico con 100 azulejos de 3 colores diferentes: amarillo, azul y rojo. Si 64 de los azulejos son amarillos, ¿qué porcentaje de los azulejos son rojos o azules?

Para hallar la cantidad de azulejos que son o rojos o azules, cuenta los cuadrados rojos y azules o resta la cantidad de cuadrados amarillos, 64, de la cantidad total de cuadrados, 100.

36 de los 100 azulejos son rojos o azules.

La razón de azulejos rojos o azules al total de azulejos es $\frac{36}{100}$.

Entonces, el porcentaje de los azulejos que son rojos o azules es el 36%.

Escribe otro problema relacionado con un porcentaje que pueda resolverse con el mural de mosaico.

Plantea un problema

Resuelve tu problema

10. PIENSA MÁS Elige las cuadrículas de 10 por 10 que representen el 45%. Marca todas las que correspondan.

○ 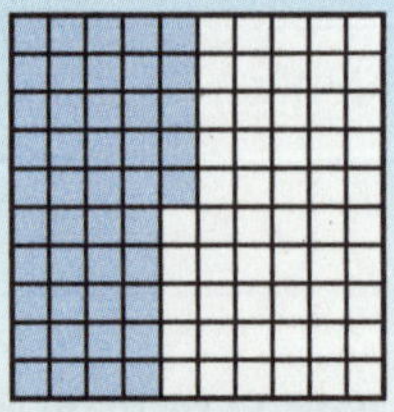

○ 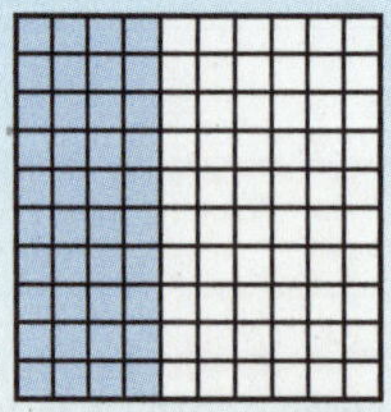

○ 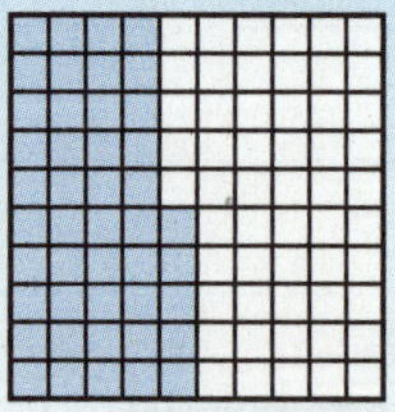

○ 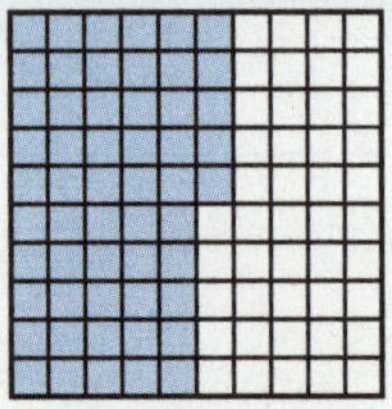

○ 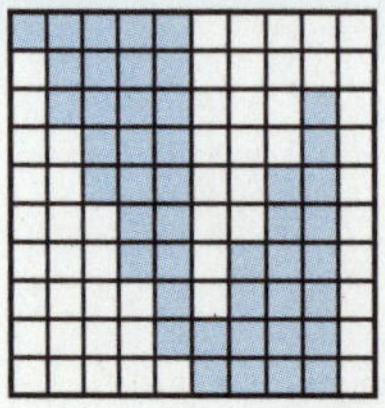

Nombre ______________________

Escribir porcentajes como fracciones y números decimales

Estándares comunes **Razones y relaciones proporcionales—6.RP.A.3c**

PRÁCTICAS MATEMÁTICAS MP2, MP6, MP7

Pregunta esencial ¿Cómo puedes escribir porcentajes como fracciones y números decimales?

Para escribir un porcentaje como una fracción o un número decimal, primero escríbelo como una razón que compare un número con 100. Por ejemplo, $37\% = \frac{37}{100}$.

Soluciona el problema En el mundo

En el desayuno, Carlos come un plátano, una naranja y un panecillo de arándano. ¿Qué fracción del valor diario de vitamina C contiene cada alimento?

Contenido de vitamina C	
Alimento	**Porcentaje de valor diario**
Plátano	15%
Naranja	113%
Panecillo de arándano	0.5%

Escribe cada porcentaje como una fracción.

A Escribe 15% como una fracción.

$15\% = \frac{\square}{100} = \frac{\square}{\square}$

El 15% es 15 de 100.

Escribe la fracción en su mínima expresión.

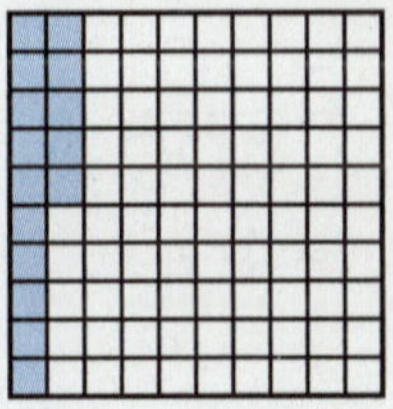

Entonces, 15% = ______.

B Escribe 113% como una fracción.

$113\% = \frac{\square}{100} + \frac{13}{100}$

$= \underline{\qquad} + \frac{13}{100}$

El 113% es 100 de 100 más 13 de 100.

$\frac{100}{100} = 1$

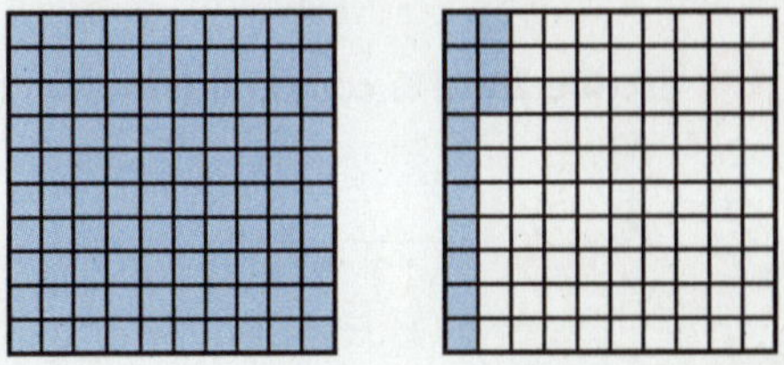

Entonces, 113% = ______.

Escribe la suma como un número mixto.

C Escribe 0.5% como una fracción.

$0.5\% = \frac{\square}{100}$

$= \frac{0.5 \cdot 10}{100 \cdot 10} = \frac{\square}{1,000}$

$= \frac{1}{\square}$

El 0.5% es 0.5 de 100.

Multiplica el numerador y el denominador por 10 para obtener un número entero en el numerador.

Escribe la fracción en su mínima expresión.

Entonces, 0.5% = ______.

PRÁCTICA MATEMÁTICA 2 **Razona de forma cuantitativa** Explica por qué se utilizaron dos cuadrículas de 10 por 10 para mostrar 113%.

____

____

Ejemplo

A **Escribe 72% como un número decimal.**

$72\% = \frac{\square}{100}$ El 72% es 72 de 100.

$= \_\_\_\_\_\_\_\_$ Usa el valor posicional para escribir 72 centésimos como un número decimal.

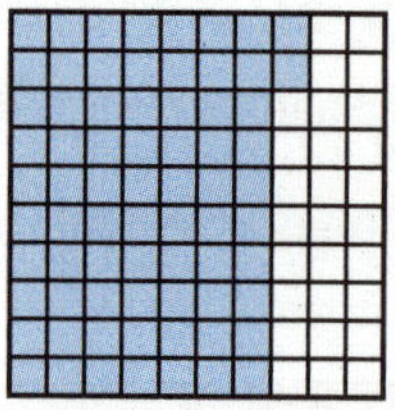

Entonces, 72% = ________.

B **Escribe 4% como un número decimal.**

$4\% = \frac{\square}{100}$ El 4% es 4 de 100.

$$\begin{array}{r} \square \\ 100\overline{)4.00} \\ -0 \\ \hline 40 \\ -\ \ 0 \\ \hline 400 \\ -400 \\ \hline 0 \end{array}$$

Usa la división para escribir 4% como un número decimal.

Divide las unidades. Como 4 unidades no se pueden repartir entre 100 grupos, escribe un cero en el cociente.

Coloca un punto decimal después del lugar de las unidades en el cociente.

Entonces, 4% = ________.

C **Escribe 25.81% como un número decimal.**

$25.81\% = \frac{\square}{100}$ El 25.81% es 25.81 de 100.

$= \_\_\_\_\_\_\_\_$ Para dividir entre 100, corre el punto decimal 2 lugares hacia la izquierda: 0.2581

Entonces, 25.81% = ________.

> **Recuerda**
>
> Cuando divides números decimales entre potencias de 10, corres el punto decimal un lugar hacia la izquierda por cada factor de 10.

Comparte y muestra MATH BOARD

Escribe el porcentaje como una fracción.

1. 80%

$80\% = \frac{\square}{100} = \frac{\square}{\square}$

2. 150%

____

3. 0.2%

____

Escribe el porcentaje como un número decimal.

4. 58%

____

5. 9%

____

Charla matemática PRÁCTICAS MATEMÁTICAS 6

Explica ¿Cómo usarías la estimación para comprobar que tu resultado es razonable cuando escribes un porcentaje como una fracción o un número decimal?

Nombre ______________________

Por tu cuenta

Escribe el porcentaje como una fracción o un número mixto.

6. 17%

7. 20%

8. 125%

9. 355%

10. 0.1%

11. 2.5%

Escribe el porcentaje como un número decimal.

12. 89%

13. 30%

14. 2%

15. 122%

16. 3.5%

17. 6.33%

18. PRÁCTICA MATEMÁTICA 2 **Usa el razonamiento** Escribe <, > o =.

21.6% ◯ $\frac{1}{5}$

19. MÁS AL DETALLE Georgianne completó el 60% de su tarea. Escribe como una fracción la parte de la tarea que todavía debe completar.

Estándares comunes PRÁCTICAS MATEMÁTICAS ANALIZAR • BUSCAR ESTRUCTURAS • PRECISIÓN

Resolución de problemas • Aplicaciones En el mundo

Usa la tabla para resolver los ejercicios 20 y 21.

Edad de los jugadores de videojuegos y juegos de computadoras

Edad (en años)	Porcentaje
menos de 18	25%
18 a 49	49%
50 o más	26%

20. ¿Qué fracción de los jugadores de videojuegos y juegos de computadoras tienen 50 años o más?

____

21. ¿Qué fracción de los jugadores de videojuegos y juegos de computadoras tienen 18 años o más?

____

22. PIENSA MÁS La caja A y la caja B contienen fichas cuadradas negras y fichas cuadradas blancas. Tienen la misma cantidad total de fichas. En la caja A, el 45% de las fichas son negras. En la caja B, $\frac{11}{20}$ de las fichas son blancas. Compara la cantidad de fichas negras que hay en las cajas. Explica tu razonamiento.

____

____

____

____

23. PIENSA MÁS El maestro Truong está organizando un programa de verano para sus estudiantes de 6.º grado. Hizo una encuesta para conocer el porcentaje de estudiantes interesados en cada actividad. Escribe el porcentaje como fracción o como número decimal para completar la tabla.

Actividad	Porcentaje	Fracción	Número decimal
Deportes	48%	$\frac{12}{25}$	
Cocina	23%		0.23
Música	20%		0.2
Arte	9%	$\frac{9}{100}$	

Nombre ______________________

Escribir porcentajes como fracciones y números decimales

Estándares comunes **ESTÁNDAR COMÚN—6.RP.A.3c**
Entienden los conceptos de razón y utilizan el razonamiento proporcional para resolver problemas.

Escribe el porcentaje como una fracción o un número mixto.

1. 44%

$44\% = \frac{44}{100}$

$= \frac{11}{25}$

2. 32% ______

3. 116% ______

4. 250% ______

5. 0.3% ______

6. 0.4% ______

7. 1.5% ______

8. 12.5% ______

Escribe el porcentaje como un número decimal.

9. 63% ______

10. 110% ______

11. 42.15% ______

12. 0.1% ______

Resolución de problemas En el mundo

13. Una librería en línea vende el 0.8% de sus libros a clientes de otros países. ¿Qué fracción de los libros se vende a clientes de otros países?

______

14. El 40% de los estudiantes en la clase del maestro Klein son niños. ¿Qué número decimal representa la parte de los estudiantes que son niñas?

______

15. ESCRIBE *Matemáticas* Explica cómo se relacionan los porcentajes, las fracciones y los números decimales. Usa una cuadrícula de 10 por 10 para hacer un modelo que justifique tu respuesta.

______

______

Repaso de la lección (6.RP.A.3c)

1. La cantidad de estudiantes inscritos este año en la escuela de Sonya es el 109% de la cantidad del año pasado. ¿Qué número decimal representa la cantidad de estudiantes inscritos este año comparada con la cantidad del año pasado?

2. Del total de pinturas que usa un artista, el 30% son acuarelas y el 25% son acrílicos. ¿Qué fracción representa la parte de las pinturas que son acuarelas o acrílicos? Escribe la fracción en su mínima expresión.

Repaso en espiral (6.RP.A.3a, 6.RP.A.3c, 6.NS.C.7a, 6.NS.C.7b, 6.NS.C.8)

3. Ordena los números de menor a mayor.

   -5.25 1.002 -5.09

4. En un plano de coordenadas, los vértices de un rectángulo son $(2, 4)$, $(2, -1)$, $(-5, -1)$ y $(-5, 4)$. ¿Cuál es el perímetro del rectángulo?

5. En la siguiente tabla se muestran anchos y longitudes, en pies, de diferentes patios de juegos. ¿Qué patios tienen razones equivalentes entre el ancho y la longitud?

	A	B	C	D
Ancho	12	15	20	16.5
Longitud	20	22.5	25	27.5

6. ¿Qué porcentaje representa la parte sombreada?

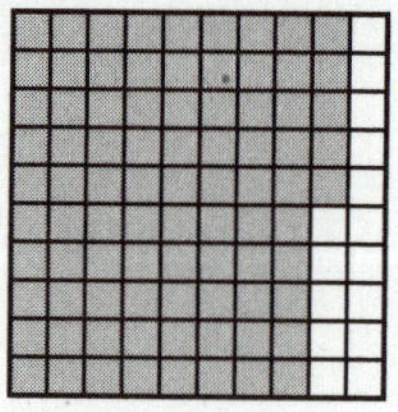

PRACTICA MÁS CON EL
Entrenador personal en matemáticas

Nombre ____________________

Escribir fracciones y números decimales como porcentajes

Pregunta esencial ¿Cómo puedes escribir fracciones y números decimales como porcentajes?

Estándares comunes **Razones y relaciones proporcionales—6.RP.A.3c**

PRÁCTICAS MATEMÁTICAS MP2, MP6, MP7

Soluciona el problema En el mundo

Durante la temporada 2008–2009 de la Asociación Nacional de Básquetbol (NBA), los Phoenix Suns ganaron aproximadamente $\frac{11}{20}$ de sus partidos. Los Miami Heat ganaron aproximadamente 0.524 de sus partidos. ¿Qué equipo tuvo más éxito en la temporada?

- Subraya la oración que indica lo que debes hallar.
- Encierra en un círculo los números que debes usar.

Para comparar el rendimiento de los equipos, es útil escribir la fracción y el número decimal como porcentajes.

Escribe la fracción o el número decimal como un porcentaje.

A $\frac{11}{20}$

Multiplica el ____________ y el ____________ por el mismo valor para escribir una fracción equivalente que tenga 100 como denominador.

$$\frac{11}{20} = \frac{11 \times \square}{20 \times \square}$$

$$= \frac{\square}{100}$$

Un porcentaje es una razón que compara un número con ____________. Escribe la razón como un ____________.

$$= \_\_\_\_\_\_$$

Entonces, el porcentaje de partidos ganados por los Phoenix Suns es el ________.

B 0.524

Para escribir un porcentaje como un número decimal, divide entre ________.

Para escribir un número decimal como un porcentaje, ____________ por 100.

$0.524 \times 100 = 52.4$

Para multiplicar por 100, corre el punto decimal 2 lugares hacia la ____________.

$0.524 = \_\_\_\_\_\_ \%$

Entonces, el porcentaje de partidos ganados por los Miami Heat es el ________.

Como ganaron un porcentaje mayor de partidos, los ____________ tuvieron más éxito en la temporada 2008–2009.

RELACIONA Puedes usar lo que sabes sobre fracciones, números decimales y porcentajes para escribir números de formas diferentes.

Ejemplo

A **Escribe 0.7 como una fracción y un porcentaje.**

0.7 quiere decir 7 ________________.
Escribe 0.7 como una fracción.

$0.7 = \frac{7}{\square}$

Para escribirlo como un porcentaje, primero escribe una fracción equivalente que tenga ________________ como denominador.

$= \frac{7 \times \square}{10 \times \square}$

Escribe la razón de ________ a ________________ como un porcentaje.

$= \frac{\square}{100}$

$=$ ______

Entonces, 0.7 escrito como una fracción es ________________ y 0.7 escrito como un porcentaje es ________________.

Para evitar errores

Si quieres escribir 0.7 como un porcentaje sin escribirlo antes como una fracción, asegúrate de colocar un cero en el lugar de los centésimos cuando corras el punto decimal 2 lugares hacia la derecha.

0.7 = 0.70 = 70%

B **Escribe $\frac{3}{40}$ como un número decimal y como un porcentaje.**

Como 40 no es un factor de 100, es más difícil hallar una fracción equivalente cuyo denominador sea 100.

Usa la división para escribir $\frac{3}{40}$ como un número decimal.

Divide 3 entre 40.

$$
\begin{array}{r}
\square \\
40\overline{)3.000} \\
-0 \\
\hline
30 \\
-\ 0 \\
\hline
300 \\
-280 \\
\hline
200 \\
-200 \\
\hline
0
\end{array}
$$

Para escribir un número decimal como un porcentaje, ________________ por 100.

$\frac{3}{40} = 0.075$

Corre el punto decimal 2 lugares hacia la ________________.

0.075 = ________________

Entonces, $\frac{3}{40}$ como un número decimal es ________________ y $\frac{3}{40}$ escrito como un porcentaje es ________________.

Charla matemática PRÁCTICAS MATEMÁTICAS 6

Explica ¿Por qué tiene sentido que $\frac{3}{40}$ sea menor que 10%?

Nombre ______________________

Comparte y muestra

MATH BOARD

Escribe la fracción o el número decimal como un porcentaje.

1. $\frac{3}{25}$

$$\frac{3 \times \square}{25 \times \square} = \frac{\square}{100}$$

2. $\frac{3}{10}$

3. 0.717

4. 0.02

Por tu cuenta

Escribe el número de otras dos formas (fracción, número decimal o porcentaje). Escribe la fracción en su mínima expresión.

5. 0.01

6. $\frac{13}{40}$

7. $\frac{6}{5}$

8. 0.008

En la tabla se muestra la porción de la clase de Kim que practica cada deporte. Usa la tabla para resolver los problemas 9 y 10.

Deportes que se practican	
Deporte	**Porción de la clase**
Béisbol	23%
Fútbol	$\frac{1}{5}$
Natación	0.09

9. MÁS AL DETALLE ¿Hay más estudiantes que practican fútbol o natación? Explica tu razonamiento.

10. PRÁCTICA MATEMÁTICA 6 **Explica** ¿Qué porcentaje de la clase de Kim practica uno de los deportes de la tabla? Explica cómo hallaste tu respuesta.

11. PIENSA MÁS Para un proyecto de lectura, los estudiantes tuvieron que elegir entre hacer un análisis de un personaje o escribir una reseña literaria. $\frac{1}{5}$ de los estudiantes prefirieron hacer un análisis de un personaje y 0.8 de los estudiantes escribieron una reseña. Julia dijo que hubo más estudiantes que escribieron una reseña que estudiantes que hicieron un análisis de un personaje. ¿Estás de acuerdo con Julia? Usa números y palabras para justificar tu respuesta.

Conectar con el Arte

Esculturas de arena

Cada año, decenas de equipos participan en la competencia abierta de castillos de arena de los Estados Unidos. Entre los ganadores recientes hubo esculturas complejas en forma de flores, elefantes y carros de carrera.

Los equipos que compiten en el torneo construyen sus esculturas con una mezcla de arena y agua. Para crear una escultura estable, es fundamental hallar las razones correctas de estos ingredientes.

En la tabla se muestran las recetas que usaron tres equipos. ¿Qué equipo usó el mayor porcentaje de arena en la receta?

Recetas para esculturas de arena		
Equipo	**Arena**	**Agua**
A	30 tazas	10 tazas
B	$\frac{19}{20}$ de taza	$\frac{1}{20}$ de taza
C	0.84 tazas	0.16 tazas

Convierte en porcentajes. Luego ordénalos de menor a mayor.

Equipo A	$\frac{30}{30 + 10} = \frac{30}{40} = 0.75 =$ ____ %
Equipo B	$\frac{19}{20} = \frac{19 \times \square}{20 \times \square} = \frac{\square}{100} =$ ____ %
Equipo C	$0.84 =$ ____ %

De menor a mayor, los porcentajes son ____________.

Entonces, el Equipo __________ usó el mayor porcentaje de arena.

Resuelve.

12. ¿Qué equipo usó el mayor porcentaje de agua en la receta?

____

13. Algunas personas dicen que la receta ideal para hacer esculturas de arena contiene el 88.9% de arena. ¿La receta de qué equipo se acerca más a la receta ideal?

____

14. PIENSA MÁS El Equipo D usó una receta que contiene 20 tazas de arena, 2 tazas de harina y 3 tazas de agua. ¿Qué diferencia hay entre el porcentaje de arena que tiene la receta del Equipo D y el porcentaje que tienen las recetas de los otros equipos?

____

____

____

Matemáticas al instante

Nombre ______________________________

Escribir fracciones y números decimales como porcentajes

Estándares comunes

ESTÁNDAR COMÚN—6.RP.A.3c
Entienden los conceptos de razón y utilizan el razonamiento proporcional para resolver problemas.

Escribe la fracción o el número decimal como un porcentaje.

1. $\frac{7}{20}$

$\frac{7}{20} = \frac{7 \times 5}{20 \times 5}$

$= \frac{35}{100} = 35\%$

2. $\frac{3}{50}$ ______

3. $\frac{1}{25}$ ______

4. $\frac{5}{5}$ ______

5. 0.622 ______

6. 0.303 ______

7. 0.06 ______

8. 2.45 ______

Escribe el número de otras dos formas (fracción, número decimal o porcentaje). Escribe la fracción en su mínima expresión.

9. $\frac{19}{20}$ ______

10. $\frac{9}{16}$ ______

11. 0.4 ______

12. 0.22 ______

Resolución de problemas En el mundo

13. Según la Oficina del Censo de los Estados Unidos, $\frac{3}{25}$ de todos los adultos del país visitaron un zoológico en 2007. ¿Qué porcentaje de todos los adultos de los Estados Unidos visitaron un zoológico en 2007?

____

14. En una bolsa hay canicas rojas y azules. Dado que $\frac{17}{20}$ de las canicas son rojas, ¿qué porcentaje de las canicas son azules?

____

15. ESCRIBE ▸ *Matemáticas* Explica dos formas de escribir $\frac{4}{5}$ como un porcentaje.

____

____

Repaso de la lección (6.RP.A.3c)

1. La parte de los clientes de un supermercado que paga con tarjeta de crédito es 0.36. ¿Qué porcentaje de los clientes del supermercado NO paga con tarjeta de crédito?

2. Aproximadamente $\frac{23}{40}$ de un jardín es pasto azul de Kentucky. ¿Qué porcentaje del jardín es pasto azul de Kentucky?

Repaso en espiral (6.RP.A.1, 6.RP.A.2, 6.RP.A.3a, 6.RP.A.3c)

3. En una canasta hay 6 duraznos y 8 ciruelas. ¿Cuál es la razón de los duraznos a la cantidad total de frutas?

4. 3 carros tardan 8 minutos en pasar por un túnel de lavado. A la misma tasa, ¿cuántos carros pueden pasar por el túnel de lavado en 24 minutos?

5. Una caja de cereales de 14 onzas cuesta $2.10. ¿Cuál es la tasa por unidad?

6. Un juego de trenes contiene vías curvas y vías rectas. Dado que el 35% de las vías son curvas, ¿qué fracción de las vías son rectas? Escribe la fracción en su mínima expresión.

Nombre ______________________________

Revisión de la mitad del capítulo

Entrenador personal en matemáticas
Evaluación e intervención en línea

Vocabulario

Vocabulario
porcentaje
tasa

Elige el término del recuadro que mejor corresponda para completar la oración.

1. Un __________ es una razón que compara una cantidad con 100. (pág. 269)

Conceptos y destrezas

Escribe una razón y un porcentaje para representar la parte sombreada. (6.RP.A.3c)

2.

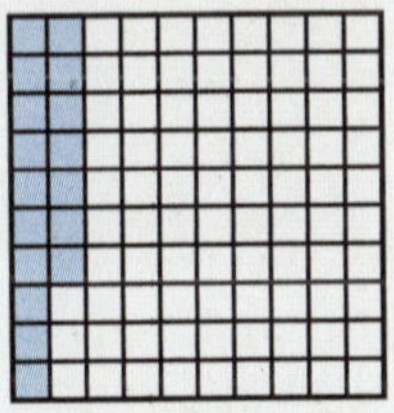

____

3.

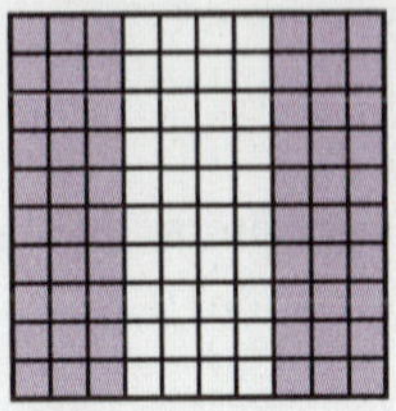

____

4.

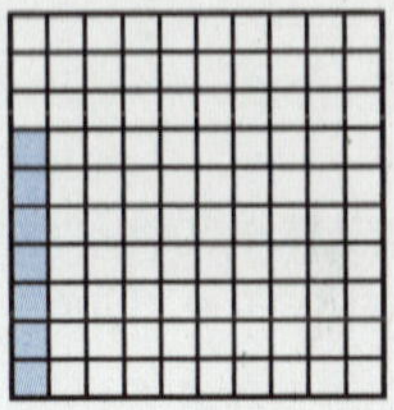

____

5.

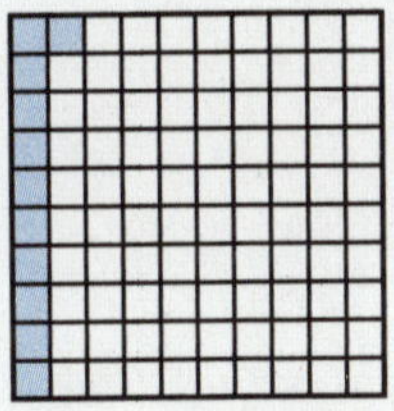

____

6.

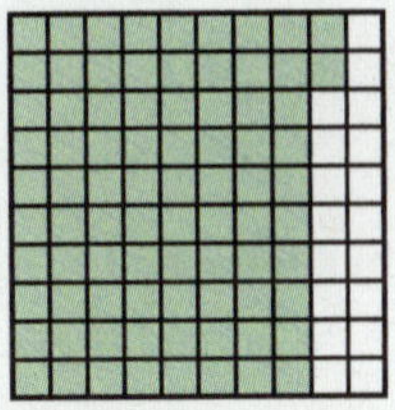

____

7.

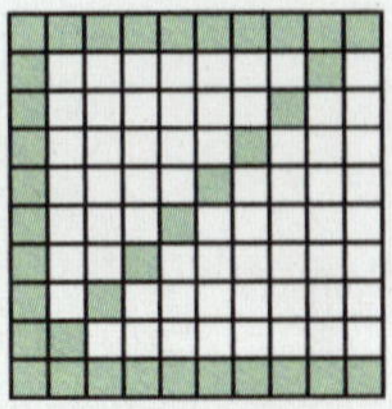

____

Escribe el número de otras dos formas (fracción, número decimal o porcentaje). (6.RP.A.3c)

Escribe la fracción en su mínima expresión.

8. 0.04 ______________

9. $\frac{3}{10}$ ______________

10. 1% ______________

11. $1\frac{1}{5}$ ______________

12. 0.9 ______________

13. 0.5% ______________

14. $\frac{7}{8}$ ______________

15. 355% ______________

16. Aproximadamente $\frac{9}{10}$ de los aguacates que se cultivan en los Estados Unidos son de California. ¿Aproximadamente qué porcentaje de los aguacates que se cultivan en los Estados Unidos son de California? (6.RP.A.3c)

17. Morton encestó 36 de 48 tiros libres la última temporada. ¿Qué porcentaje de tiros libres encestó? (6.RP.A.3c)

18. Sarah respondió correctamente el 85% de las preguntas del cuestionario. ¿Qué fracción describe este porcentaje? (6.RP.A.3c)

19. Aproximadamente $\frac{4}{5}$ de todo el jugo de naranja del mundo se produce en Brasil. ¿Aproximadamente qué porcentaje de todo el jugo de naranja del mundo se produce en Brasil? (6.RP.A.3c)

20. MÁS AL DETALLE Si comes 4 fresas medianas, consumes el 48% de la cantidad diaria recomendada de vitamina C. ¿Qué fracción de tu cantidad diaria de vitamina C te falta por consumir? (6.RP.A.3c)

Nombre ____________________

El porcentaje de una cantidad

Pregunta esencial ¿Cómo hallas el porcentaje de una cantidad?

Estándares comunes **Razones y relaciones proporcionales—6.RP.A.3c**
PRÁCTICAS MATEMÁTICAS **MP1, MP2, MP3, MP5**

Soluciona el problema En el mundo

Una familia típica de cuatro integrantes usa aproximadamente 400 galones de agua por día y el 30% de esta agua se usa en actividades al aire libre, como la jardinería. ¿Cuántos galones de agua por día usa una familia típica de cuatro integrantes en actividades al aire libre?

- ¿La cantidad de galones de agua usados en actividades al aire libre será mayor o menor que 200 galones? Explica.

____

____

De una manera Usa el razonamiento proporcional.

Dibuja un modelo de barras.

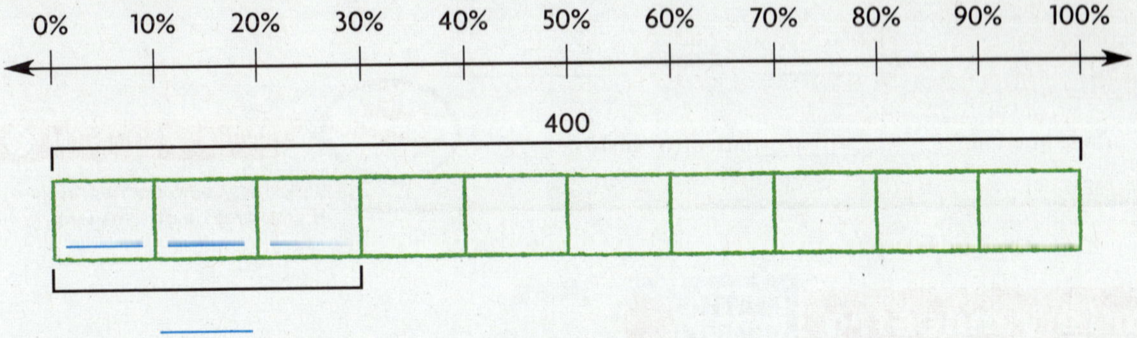

En el modelo se muestra que el 100% representa 400 galones.

Piensa: El 30% son 3 grupos de 10%, entonces divide el modelo en 10 grupos iguales.

Halla el valor del 10% de 400. $10\% \text{ de } 400 = \frac{1}{10} \times 400 = \frac{400}{\square} =$ ______

Halla el valor del 30% de 400. $30\% \text{ de } 400 = 3 \times$ ______ $=$ ______

De otra manera Multiplica.

Puedes multiplicar para hallar el 30% de 400.

Escribe el porcentaje como una tasa por 100. $30\% = \frac{30}{100}$

Multiplica para hallar $\frac{30}{100}$ de 400. $\frac{30}{100} \times 400 =$ ______

Entonces, el 30% de 400 galones es ______ galones.

Charla matemática PRÁCTICAS MATEMÁTICAS 2

Razona de forma cuantitativa ¿Cómo puedes hallar la cantidad de galones de agua que se usa en actividades dentro del hogar?

¡Inténtalo! **Halla el 65% de 300.**

65% = ______

______ × 300 = ______

Ejemplo

Carla gana $4,000 por mes. Gasta el 40% de su sueldo en el alquiler y el 15% en provisiones. ¿Cuánto dinero le queda a Carla para otros gastos?

PASO 1 Suma para hallar el porcentaje total del sueldo de Carla que se usa para el alquiler y las provisiones.

40% + ______% = ______%

PASO 2 Resta el porcentaje total del 100% para hallar el porcentaje de dinero que le queda para otros gastos.

100% − ______% = 45%

PASO 3 Escribe el porcentaje del paso 2 como una tasa por 100 y multiplica.

45% = ______

______ × 4,000 = ______

Entonces, a Carla le quedan $ ______ para otros gastos.

Charla matemática PRÁCTICAS MATEMÁTICAS 1

Describe ¿Cómo podrías resolver el problema de otra manera?

Comparte y muestra

MATH BOARD

Halla el porcentaje de la cantidad.

1. 25% de 320

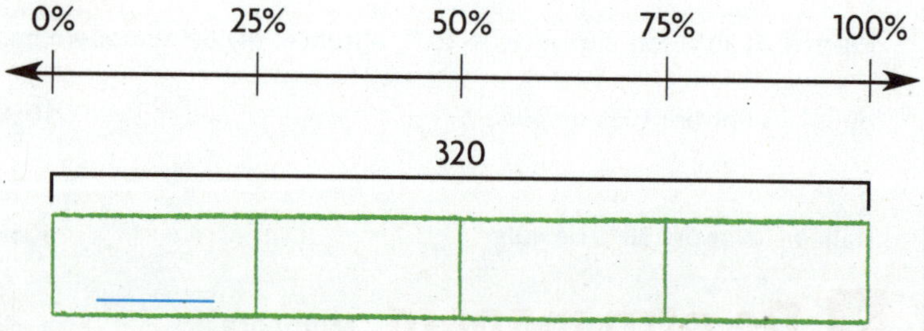

$25\% = \frac{1}{4}$, entonces usa ______ grupos iguales.

$\frac{1}{4} \times 320 = \frac{320}{\square} =$ ______

2. 80% de 50 ______

3. 175% de 24 ______

4. 60% de 210 ______

5. Un frasco contiene 125 canicas. Dado que el 4% de las canicas son verdes, el 60% son azules y el resto son rojas, ¿cuántas canicas rojas hay en el frasco?

______

6. En la clase del maestro Moreno hay 32 estudiantes y el 62.5% de los estudiantes son niñas. ¿Cuántos niños hay en la clase?

______

Charla matemática PRÁCTICAS MATEMÁTICAS 5

Usa herramientas ¿Qué estrategia podrías usar para estimar el 49.3% de 3,000?

Nombre ____________________

Por tu cuenta

Halla el porcentaje de la cantidad.

7. 60% de 90

8. 25% de 32.4

9. 110% de 300

10. 0.2% de 6,500

11. Un panadero preparó 60 panecillos para una cafetería. Al mediodía, el 45% de los panecillos ya se había vendido. ¿Cuántos panecillos se vendieron durante la mañana?

12. En un videojuego hay 30 tesoros escondidos en un castillo. LaToya encontró el 80% de los tesoros. ¿Cuántos tesoros encontró LaToya?

13. La biblioteca de una escuela tiene una colección de 260 DVD. Dado que el 45% de los DVD son de ciencias y el 40% son de historia, ¿cuántos DVD tratan sobre otros temas?

14. MÁS AL DETALLE Mitch sembró coles, calabazas y zanahorias en su granja de 150 acres. Sembró calabazas en media granja y zanahorias en el 22% de la granja. ¿En cuántos acres sembró coles?

Compara. Escribe <, > o =.

15. 45% de 60 ◯ 60% de 45

16. 10% de 90 ◯ 90% de 100

17. 75% de 8 ◯ 8% de 7.5

18. PIENSA MÁS Sarah tuvo 12 intentos de tiros libres durante un partido y encestó al menos el 75% de los tiros libres. ¿Cuál es el mayor número de tiros libres que Sarah pudo haber fallado en el partido?

Matemáticas al instante

19. PRÁCTICA MATEMÁTICA 3 A Chrissie le gusta dejar una propina de por lo menos el 20% en los restaurantes. Almorzó con una amiga en un restaurante y la cuenta fue de $18.34. Chrissie dice que la propina debe ser de $3.30. Su amiga dice que esa cantidad no es por lo menos el 20%. ¿Quién tiene razón? Explica.

Soluciona el problema En el mundo

20. Un tercio de los estudiantes de tercer año que están en la banda de música de la Escuela Secundaria Linwood tocan la trompeta. La banda tiene 50 miembros. En la tabla se muestra el porcentaje de miembros de la banda que son estudiantes de primer año, de segundo año, de tercer año y del último año. ¿Cuántos estudiantes de tercer año tocan la trompeta?

Banda de música de la Escuela Secundaria Linwood

Estudiantes de primer año	26%
Estudiantes de segundo año	30%
Estudiantes de tercer año	24%
Estudiantes del último año	20%

a. ¿Qué debes hallar?

____

____

b. ¿Cómo puedes usar la tabla para resolver el problema?

____

____

____

____

c. ¿Qué operación puedes usar para hallar la cantidad de estudiantes de tercer año que hay en la banda?

____

d. Muestra los pasos que sigues para resolver el problema.

e. Completa las oraciones.

La banda tiene _______ miembros. Hay _______ estudiantes de tercer año en la banda. La cantidad de estudiantes de tercer año que tocan la trompeta es _______.

21. PIENSA MÁS Compara. Encierra en un círculo <, > o =.

21a. 25% de 44 [< > =] 20% de 50

21b. 10% de 30 [< > =] 30% de 100

21c. 35% de 60 [< > =] 60% de 35

Nombre ______

El porcentaje de una cantidad

Estándares comunes

ESTÁNDAR COMÚN—6.RP.A.3c
Entienden los conceptos de razón y utilizan el razonamiento proporcional para resolver problemas.

Halla el porcentaje de la cantidad.

1. 60% de 140

$60\% = \frac{60}{100}$

$\frac{60}{100} \times 140$

$= 84$

2. 55% de 600

______

3. 4% de 50

______

4. 10% de 2,350

______

5. 160% de 30

______

6. 105% de 260

______

7. 0.5% de 12

______

8. 40% de 16.5

______

Resolución de problemas En el mundo

9. La cantidad diaria recomendada de vitamina C para niños de 9 a 13 años es 45 mg. Un vaso de jugo tiene el 60% de la cantidad recomendada. ¿Cuánta vitamina C contiene el vaso de jugo?

______

10. En un programa de televisión de 60 minutos, el 25% del tiempo se usa para avisos publicitarios y el 5% del tiempo se usa para los créditos de apertura y de cierre. ¿Cuántos minutos quedan para el programa en sí?

______

11. ESCRIBE *Matemáticas* Explica dos formas para hallar el 35% de 700.

______

______

______

______

Repaso de la lección (6.RP.A.3c)

1. En una tienda hay una vitrina con dulces de cereza, durazno y uva. Hay 160 dulces en la vitrina. Dado que el 25% de los dulces son de cereza y el 40% son de durazno, ¿cuántos dulces de uva hay en la vitrina?

2. Kelly tiene una cinta que mide 60 pulgadas de largo. Corta el 40% de la cinta para un proyecto de arte. Mientras trabaja en el proyecto, decide que solo necesita el 75% de la cinta que cortó. ¿Cuántas pulgadas de la cinta usa finalmente Kelly para su proyecto?

Repaso en espiral (6.NS.C.7d, 6.RP.A.3b, 6.RP.A.3c)

3. Tres de los siguientes enunciados son verdaderos. ¿Cuál de ellos NO es verdadero?

$|-12| > 1$ $\quad$ $|0| > -4$

$|20| > |-10|$ $\quad$ $6 < |-3|$

4. Miyuki puede escribir en la computadora 135 palabras en 3 minutos. ¿Cuántas palabras puede escribir en 8 minutos?

5. ¿Qué porcentaje representa el modelo?

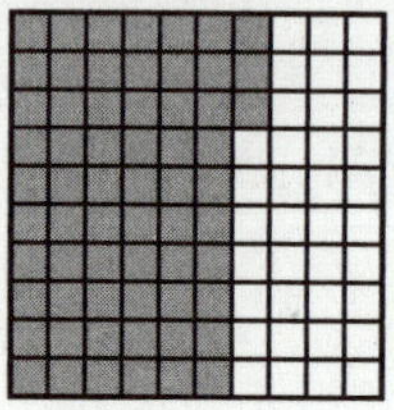

6. Aproximadamente $\frac{2}{3}$ de los estudiantes de la Escuela Primaria Roosevelt viven a una milla de distancia o menos de la escuela. ¿Qué porcentaje de estudiantes vive a una milla de distancia o menos de la escuela?

Nombre ______________________

Resolución de problemas • Porcentajes

Pregunta esencial ¿Cómo puedes usar la estrategia *usar un modelo* como ayuda para resolver un problema de porcentaje?

Estándares comunes **Razones y relaciones proporcionales—6.RP.A.3c**

PRÁCTICAS MATEMÁTICAS
MP1, MP2, MP6

Soluciona el problema En el mundo

La cantidad diaria recomendada de proteínas es aproximadamente 50 gramos. Una barra de cereal Súper Proteína contiene el 16% de esa cantidad de proteínas. Si Stefon come una barra de cereal Súper Proteína por día, ¿cuánta proteína deberá obtener de otro alimento para cumplir con la cantidad diaria recomendada?

Usa el organizador gráfico como ayuda para resolver el problema.

Lee el problema

¿Qué debo hallar?

Escribe lo que debes hallar.

____
____
____
____

¿Qué información debo usar?

Escribe la información importante.

____
____
____
____

¿Cómo usaré la información?

¿Qué estrategia puedes usar?

____
____
____
____
____

Resuelve el problema

Dibuja un modelo de barras.

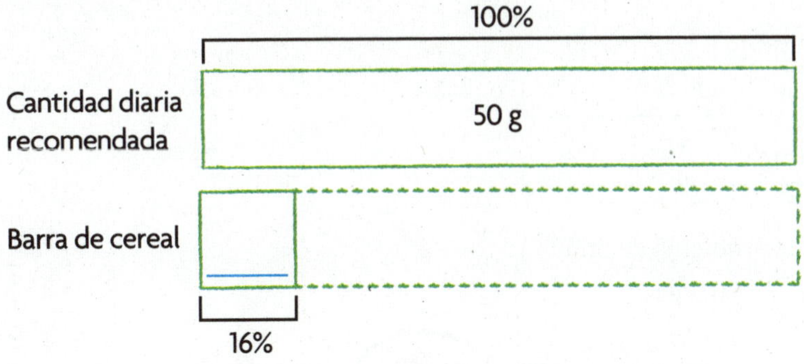

En el modelo de barras se muestra que 100% = 50 gramos,

entonces, 1% de 50 = $\frac{50}{100}$ = ________.

16% de 50 = 16 × ________ = ________

Entonces, la barra de cereal contiene ____________ de proteínas.

50 − ________ = ________

Entonces, ____________ de proteínas deberán provenir de otro alimento.

Charla matemática

PRÁCTICAS MATEMÁTICAS 1

Describe ¿Cómo puedes usar la estimación para mostrar que tu resultado es razonable?

Haz otro problema

Luis ahorró el 65% del dinero que necesita para comprar un par de pantalones que cuestan $24. ¿Cuánto dinero tiene Luis y cuánto dinero más necesita para comprar los pantalones?

Lee el problema

¿Qué debo hallar?	¿Qué información debo usar?	¿Cómo usaré la información?

Resuelve el problema

1. ¿Tiene sentido tu resultado? Explica cómo lo sabes

2. PRÁCTICA MATEMÁTICA 6 **Explica** cómo podrías resolver este problema de otra manera.

Charla matemática

PRÁCTICAS MATEMÁTICAS 6

Compara ¿En qué se parecen y en qué se diferencian el modelo que usaste para resolver este problema y el modelo de la página 295?

Nombre ____________________

Comparte y muestra

MATH BOARD

1. Un geólogo visita 40 volcanes en Alaska y California. El 15% de los volcanes están en California. ¿Cuántos volcanes visita el geólogo en Alaska y cuántos en California?

Primero, dibuja un modelo de barras.

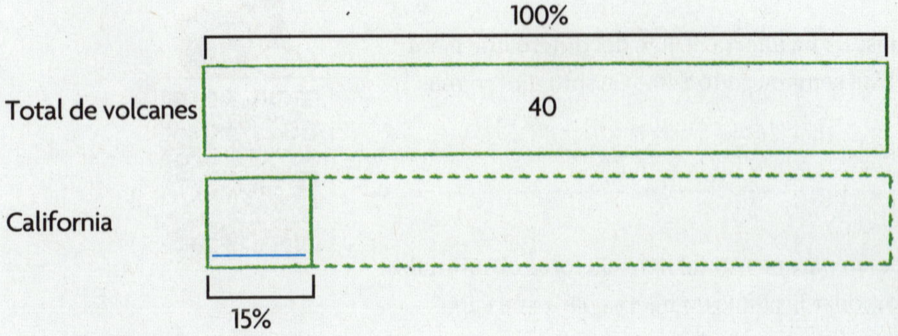

A continuación, halla el 1%.

100% = 40, entonces, 1% de 40 = $\frac{40}{100}$ = ____________

Luego, halla el 15%, el número de volcanes que hay en California.

15% de 40 = 15 × ____________ = ____________

Por último, resta para hallar el número de volcanes de Alaska.

Entonces, el geólogo visitó ____________ volcanes en California

y ____________ volcanes en Alaska.

2. PIENSA MÁS **¿Qué pasaría si** el 30% de los volcanes estuvieran en California? ¿Cuántos volcanes habría visitado el geólogo en California y cuántos en Alaska?

____

3. Ricardo tenía $25 para gastar en materiales para la escuela. Gastó el 72% del dinero en una mochila y el resto, en una carpeta grande. ¿Cuánto dinero gastó en la mochila? ¿Cuánto dinero gastó en la carpeta?

____

4. Kevin está caminando por un sendero de 4.2 millas de largo. Hasta ahora, recorrió el 80% de la distancia total. ¿Cuántas millas más debe caminar Kevin para completar el sendero?

____

ESCRIBE ▶ *Matemáticas*
Muestra tu trabajo

Por tu cuenta

5. MÁS AL DETALLE Jordan toma el 50% de las cerezas de un tazón. Luego Mei toma el 50% de las cerezas restantes. Por último, Greg toma el 50% de las cerezas restantes. Quedan 3 cerezas. ¿Cuántas cerezas había en el tazón antes de que llegara Jordan?

____

6. PIENSA MÁS Todas las semanas, Tasha ahorra el 65% del dinero que gana cuidando niños y gasta el resto. Esta semana ganó $40. ¿Cuánto dinero más ahorró que el que gastó?

____

7. PIENSA MÁS Una empleada de un parque estatal tiene 53 fotos de animales que hay en el parque. Quiere acomodar las fotos en hileras para que cada hilera, excepto la última, tenga la misma cantidad de fotos. También quiere que haya al menos 5 hileras. Describe dos maneras diferentes en las que puede acomodar las fotos.

____

____

8. PRÁCTICA MATEMÁTICA 6 **Explica el método** Maya quiere marcar una longitud de 7 pulgadas en una hoja de papel, pero no tiene regla. Tiene piezas de madera que miden 4 pulgadas, 5 pulgadas y 6 pulgadas de longitud. Explica cómo puede usar esas piezas para marcar la longitud de 7 pulgadas.

____

____

____

____

Entrenador personal en matemáticas

9. PIENSA MÁS + La familia de Pierre recorrió en carro 380 millas desde San Francisco hasta Los Ángeles. El primer día, recorrieron el 30% de la distancia. El segundo día, recorrieron el 50% de la distancia. El tercer día, recorrieron la distancia que quedaba para llegar a Los Ángeles. ¿Cuántas millas recorrió la familia de Pierre cada día? Escribe la cantidad de millas en el recuadro que corresponda.

76 millas | 190 millas | 114 millas

Primer día	Segundo día	Tercer día

Nombre ______________________

Resolución de problemas • Porcentajes

Estándares comunes

ESTÁNDAR COMÚN—6.RP.A.3c
Entienden los conceptos de razón y utilizan el razonamiento proporcional para resolver problemas.

Lee los problemas y resuélvelos.

1. El sábado, fueron 125 clientes a una tienda de recuerdos. El 64% de los clientes pagaron con tarjeta de crédito. El resto de los clientes pagó en efectivo. ¿Cuántos clientes pagaron en efectivo?

1% de $125 = \frac{125}{100} = 1.25$

64% de $125 = 64 \times 1.25 = 80$

$125 - 80 = 45$ clientes

2. Una carpintera tiene un palo de madera que mide 84 centímetros de largo. Corta el 25% de un extremo del palo. Luego corta el resto del palo en 6 piezas iguales. ¿Cuál es la longitud de cada trozo?

____

3. Un concesionario de carros tiene 240 carros en el estacionamiento. El 17.5% de los carros son rojos. De los otros 6 colores de carro que hay en el estacionamiento, hay la misma cantidad de carros de cada color. Si uno de los colores es el negro, ¿cuántos carros negros hay en el estacionamiento?

____

4. En abril, la cuenta de servicios de la familia Miller fue $132. El 42% de la cuenta fue del gas y el resto, de la electricidad. ¿Cuánto pagó la familia Miller por el gas y cuánto pagó por la electricidad?

____

5. El total de la cuenta del almuerzo de Andy es $20. El precio de la bebida es el 15% del total de la cuenta y el resto es el precio de la comida. ¿Qué porcentaje del total de la cuenta costó la comida de Andy? ¿Cuánto costó la comida?

____

6. ESCRIBE *Matemáticas* Escribe un problema para el que debas hallar la cantidad adicional de dinero necesaria para comprar un objeto, indicando el costo y el porcentaje del costo ya ahorrado.

____

____

____

Repaso de la lección (6.RP.A.3c)

1. Milo tiene una colección de DVD. De los 45 DVD, el 40% son comedias y el resto son películas de acción y aventuras. ¿Cuántos DVD de acción y aventuras tiene Milo?

2. Andrea y su compañera escriben un informe de ciencias de 12 páginas. Completaron el 25% del informe en clase y el 50% de las páginas restantes después de la escuela. ¿Cuántas páginas les faltan por escribir a Andrea y su compañera?

Repaso en espiral (6.RP.A.3a, 6.RP.A.3c, 6.NS.C.6c, 6.NS.C.7c)

3. ¿Cuál es el valor absoluto de $-\frac{4}{25}$?

4. Ricardo representó gráficamente un punto. Comenzó en el origen y se desplazó 5 unidades a la izquierda. Luego se desplazó 2 unidades hacia arriba. ¿Cuál es el par ordenado del punto que marcó?

5. La población de aves de una reserva aumenta a una tasa constante. En la gráfica de la población a lo largo del tiempo están los puntos (1, 105) y (3, 315). Escribe otro punto de la gráfica.

6. El reproductor de MP3 de Alicia contiene 1,260 canciones. Dado que el 35% de las canciones son de rock y el 20% de las canciones son de rap, ¿cuántas canciones son de otro tipo?

PRACTICA MÁS CON EL Entrenador personal en matemáticas

Nombre ______________________________

Hallar el entero a partir de un porcentaje

Pregunta esencial ¿Cómo puedes hallar el entero dados una parte y el porcentaje?

Estándares comunes **Razones y relaciones proporcionales—6.RP.A.3c**

PRÁCTICAS MATEMÁTICAS
MP1, MP2, MP8

Un porcentaje es equivalente a la razón de una parte al entero. Imagina que hay 20 canicas en una bolsa y que 5 son azules. El *entero* es el número total de canicas, 20. La *parte* es el número de canicas azules, 5.
La razón de la parte al entero, $\frac{5}{20}$, es igual al *porcentaje* de canicas que son azules, 25%.

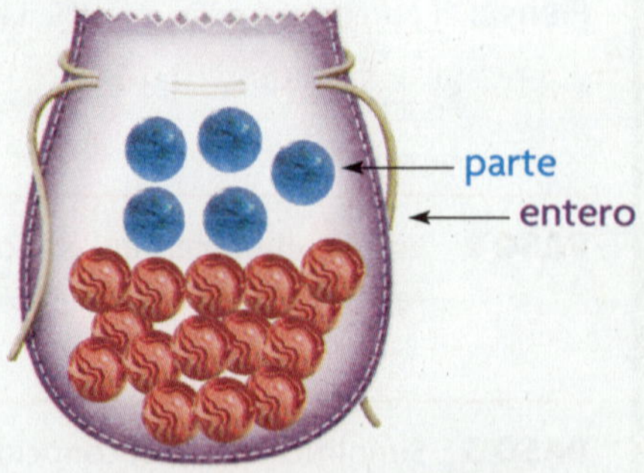

$$\frac{\text{parte} \rightarrow}{\text{entero} \rightarrow} \frac{5}{20} = \frac{5 \times 5}{20 \times 5} = \frac{25}{100} = 25\% \leftarrow \text{porcentaje}$$

Puedes usar la relación entre la parte, el entero y el porcentaje para resolver problemas.

Soluciona el problema (En el mundo)

Emily envió 28 mensajes de texto en lo que va de la semana. Eso es el 20% del número total de mensajes permitidos en una semana. ¿Cuál es el número total de mensajes de texto que Emily puede enviar en una semana?

De una manera Usa una recta numérica doble.

Piensa: El *entero* es el número total de mensajes que puede enviar Emily.
La *parte* es el número de mensajes que Emily ya envió.

En la recta numérica doble se muestra que el 20% representa 28 mensajes.

Halla el número de mensajes que representa el 100%.

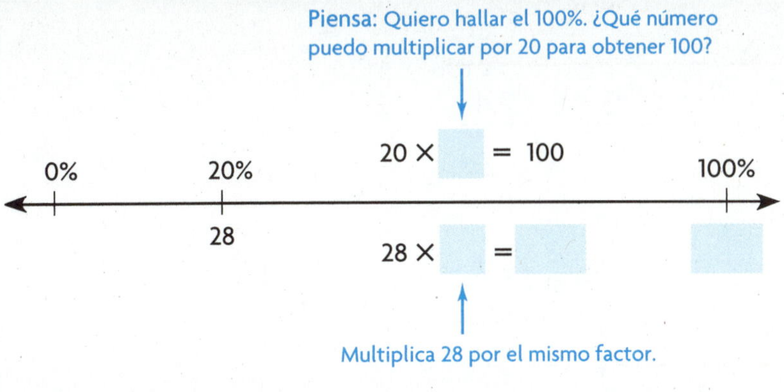

Entonces, 28 es el 20% de ______________. Emily puede enviar ______________ mensajes en una semana.

Charla matemática PRÁCTICAS MATEMÁTICAS 1

Analiza relaciones Explica la relación entre la parte, el entero y el porcentaje usando la información de este problema.

De otra manera Usa razones equivalentes.

PASO 1 Escribe la relación entre el porcentaje, la parte y el entero.

$$\text{porcentaje} = \frac{\text{parte}}{\text{entero}}$$

Piensa: El porcentaje es _______%. La parte es _______ mensajes. El _______ es desconocido.

$$20\% = \frac{\square}{\square}$$

PASO 2 Escribe el porcentaje como una razón.

$$\frac{20}{\square} = \frac{28}{\square}$$

PASO 3 Simplifica la razón conocida.

$$\frac{20 \div 20}{100 \div \square} = \frac{1}{\square} = \frac{28}{\square}$$

PASO 4 Escribe una razón equivalente.

Piensa: El numerador debería ser _______.

$$\frac{1 \times 28}{5 \times \square} = \frac{28}{\square}$$

$$\frac{28}{\square} = \frac{28}{\square}$$

Entonces, 28 es el 20% de _______. Emily puede enviar _______ mensajes en una semana.

Idea matemática

El denominador de la razón de porcentaje siempre será 100 porque el 100% representa el entero.

Ejemplo ¿24 es el 5% de qué número?

PASO 1 Escribe la relación entre el porcentaje, la parte y el entero.

$$\text{porcentaje} = \frac{\text{parte}}{\text{entero}}$$

Piensa: El porcentaje es _______%. La parte es _______. El _______ es desconocido.

$$5\% = \frac{\square}{\square}$$

PASO 2 Escribe el porcentaje como una razón.

$$\frac{5}{\square} = \frac{24}{\square}$$

PASO 3 Simplifica la razón conocida.

$$\frac{5 \div \square}{100 \div \square} = \frac{1}{\square} = \frac{24}{\square}$$

PASO 4 Escribe una razón equivalente.

Piensa: El numerador debería ser _______.

$$\frac{1 \times \square}{20 \times \square} = \frac{24}{\square}$$

$$\frac{24}{\square} = \frac{24}{\square}$$

Entonces, 24 es el 5% de _______.

Charla matemática PRÁCTICAS MATEMÁTICAS 1

Evalúa ¿Qué método podrías usar para comprobar tu resultado del Ejemplo?

Nombre ______________________

Comparte y muestra

MATH BOARD

Halla el valor desconocido.

1. 9 es el 25% de ______

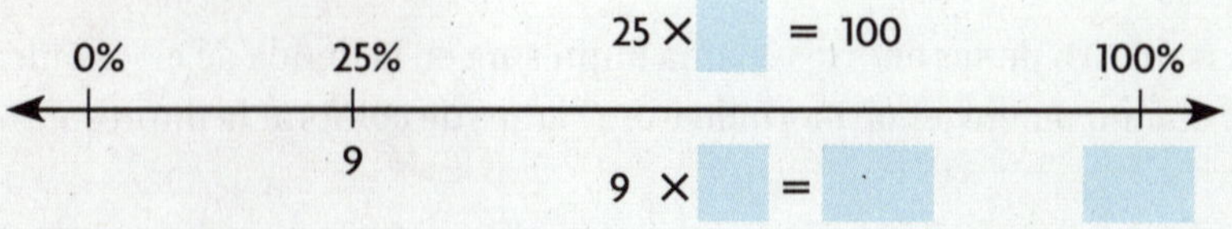

2. 14 es el 10% de ______

3. 3 es el 5% de ______

4. 12 es el 60% de ______

Charla matemática

PRÁCTICAS MATEMÁTICAS 8

Usa el razonamiento repetitivo Explica cómo resolver un problema que incluye una parte, un entero y un porcentaje.

Por tu cuenta

Halla el valor desconocido.

5. 16 es el 20% de ______

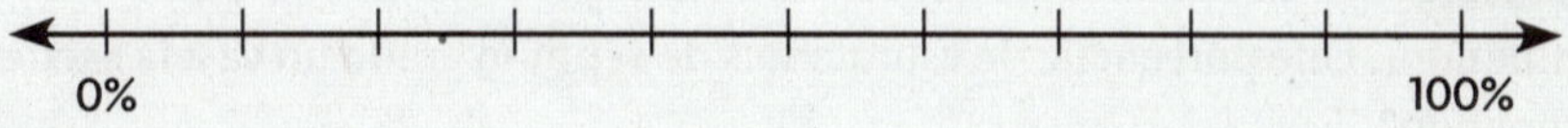

6. 42 es el 50% de ______

7. 28 es el 40% de ______

8. 60 es el 75% de ______

9. 27 es el 30% de ______

10. 21 es el 60% de ______

11. 12 es el 15% de ______

Resuelve.

12. El 40% de los estudiantes de sexto grado de la escuela de Andrew practican deporte. Si 52 estudiantes practican deporte, ¿cuántos estudiantes de sexto grado hay en la escuela de Andrew?

____

13. MÁS AL DETALLE Había 136 estudiantes y 34 adultos en el concierto. Si el 85% de las butacas estaban ocupadas, ¿cuántas butacas hay en el auditorio?

____

PRÁCTICA MATEMÁTICA 2 Usa el razonamiento **Álgebra** **Halla el valor desconocido.**

14. $40\% = \frac{32}{\square}$

______

15. $65\% = \frac{91}{\square}$

______

16. $45\% = \frac{54}{\square}$

______

Resolución de problemas • Aplicaciones En el mundo

Usa el aviso para resolver los ejercicios 17 y 18.

17. Corey gastó el 20% de sus ahorros en una impresora en la tienda de electrónica Louie's. ¿Cuánto dinero tenía ahorrado Corey antes de comprar la impresora?

18. PIENSA MÁS Kai gastó el 90% de su dinero en una computadora portátil que cuesta \$423. ¿Le queda suficiente dinero para comprar un escáner? Explica.

19. Maurice completó 17 páginas de un informe de investigación que está escribiendo. Eso es el 85% de la longitud requerida del informe. ¿Cuál es la longitud requerida del informe?

20. MÁS AL DETALLE De 250 estudiantes de séptimo grado, 175 van a la escuela caminando. ¿Qué porcentaje de estudiantes de séptimo grado no va a la escuela caminando?

21. **¿Cuál es el error?** Kate encestó 20 tiros libres en partidos de básquetbol este año. Eso es el 80% de los tiros libres que lanzó. Para hallar el número total de tiros libres que lanzó, Kate escribió la ecuación $\frac{80}{100} = \frac{\square}{20}$. ¿Qué error cometió Kate?

Entrenador personal en matemáticas

22. PIENSA MÁS + María gastó el 36% de sus ahorros para comprar un teléfono celular. El teléfono costó \$90. ¿Cuánto dinero había en la cuenta de ahorros de María antes de comprar el teléfono? Halla el valor desconocido.

$36\% = \frac{90}{\square}$

Nombre ______________________

Hallar el entero a partir de un porcentaje

Estándares comunes

ESTÁNDAR COMÚN—6.RP.A.3c
Entienden los conceptos de razón y utilizan el razonamiento proporcional para resolver problemas.

Halla el valor desconocido.

1. 9 es el 15% de 60

$$\frac{15}{100} = \frac{9}{\square}$$

$$\frac{15 \div 5}{100 \div 5} = \frac{3 \times 3}{20 \times 3} = \frac{9}{60}$$

2. 54 es el 75% de ________

3. 12 es el 2% de ________

4. 18 es el 50% de ________

5. 16 es el 40% de ________

6. 56 es el 28% de ________

7. 5 es el 10% de ________

8. 24 es el 16% de ________

9. 15 es el 25% de ________

Resolución de problemas En el mundo

10. Michaela hace una caminata durante un campamento de fin de semana. Hasta ahora ha caminado 6 millas. Esto representa el 30% de la distancia total. ¿Qué cantidad de millas caminará Michaela en total?

____

11. Un cliente hizo un pedido de magdalenas en una panadería. El panadero ha completado el 37.5% del pedido después de hornear 81 magdalenas. ¿Cuántas magdalenas pidió el cliente?

____

12. ESCRIBE *Matemáticas* Escribe una pregunta para la que debas hallar qué número es el 25% de otro número. Resuelve con una recta numérica doble y comprueba tu resultado con razones equivalentes. Compara los métodos.

____

____

Repaso de la lección (6.RP.3c)

1. Kareem ahorra monedas en un frasco. El 30% de las monedas son monedas de 1¢. Si hay 24 monedas de 1¢ en el frasco, ¿cuántas monedas tiene Kareem?

2. En una tienda de guitarras hay 19 guitarras acústicas en exhibición. Esto representa el 19% de la cantidad total de guitarras. ¿Qué cantidad total de guitarras tiene la tienda en venta?

Repaso en espiral (6.RP.A.3a, 6.RP.A.3c, 6.NS.C.6b)

3. En una cuadrícula de coordenadas, ¿en qué cuadrante se encuentra el punto (−5, 4)?

4. En una caja hay 16 dulces de cereza, 15 dulces de durazno y 12 dulces de ciruela. ¿Entre qué dos sabores la razón es 5 a 4?

5. Durante la temporada de básquetbol, Marisol encestó $\frac{19}{25}$ de sus tiros libres. ¿Qué porcentaje de sus tiros libres encestó Marisol?

6. Landon participará en la feria de ciencias. Tiene un presupuesto de $115. Ha gastado el 20% del dinero en materiales nuevos. ¿Cuánto dinero le queda para gastar?

PRACTICA MÁS CON EL Entrenador personal en matemáticas

Nombre ______________________________

Repaso y prueba del Capítulo 5

Entrenador personal en matemáticas
Evaluación e intervención en línea

1. ¿Qué porcentaje representa la parte sombreada?

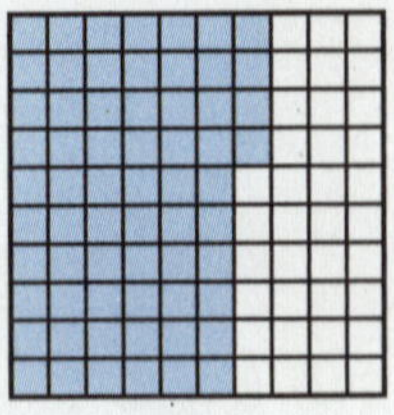

(A) 46%

(B) 60%

(C) 64%

(D) 640%

2. Escribe un porcentaje para representar la parte sombreada.

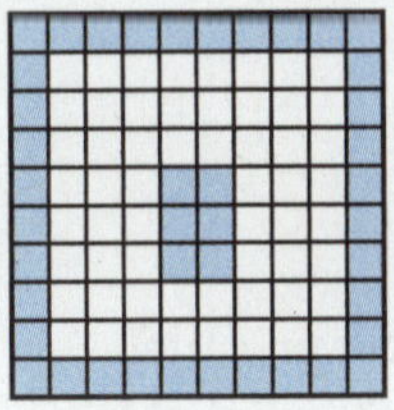

____

3. Rosa hizo un mural de mosaico con 42 azulejos negros, 35 azulejos azules y 23 azulejos rojos. Escribe un porcentaje para representar la cantidad de azulejos rojos del mural.

____

4. Representa el 39%.

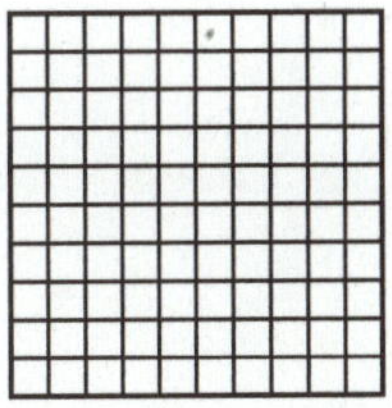

5. En los problemas 5a a 5d, elige Sí o No para indicar si el porcentaje y la fracción representan la misma cantidad.

5a. 50% y $\frac{1}{2}$ ○ Sí ○ No

5b. 45% y $\frac{4}{5}$ ○ Sí ○ No

5c. $\frac{3}{8}$ y 37.5% ○ Sí ○ No

5d. $\frac{2}{10}$ y 210% ○ Sí ○ No

6. La orquesta de la escuela tiene 25 instrumentos de viento, 15 instrumentos de percusión, 31 instrumentos de cuerdas y 30 instrumentos de metal. Elige la porción de los instrumentos que son de percusión. Marca todas las opciones que correspondan.

○ 15%

○ 1.5

○ $\frac{3}{20}$

○ 0.15

7. Para un proyecto de ciencias, $\frac{3}{4}$ de los estudiantes eligieron hacer un cartel y 0.25 de los estudiantes prefirieron escribir un informe. Rosa dijo que hubo más estudiantes que hicieron un cartel que estudiantes que escribieron un informe. ¿Estás de acuerdo con Rosa? Usa números y palabras para justificar tu respuesta.

8. Elige otras maneras de escribir 0.875. Marca todas las opciones que correspondan.

○ 875%

○ 87.5%

○ $\frac{7}{8}$

○ $\frac{875}{100}$

Nombre ___

9. Hay 88 canicas en un frasco y el 25% de las canicas son rojas.

Hay [22 / 25 / 62 / 66] canicas rojas en el frasco.

10. Harrison tiene 30 CD en su colección de música. Si el 40% de los CD son de música *country* y el 30% son de música pop, ¿cuántos CD son de otro tipo de música?

___ CD

11. Para los ejercicios 11a y 11b, elige <, > o =.

11a. 30% de 90 [< / > / =] 35% de 80

11b. 25% de 16 [< / > / =] 20% de 25

12. MÁS AL DETALLE Hubo 200 personas que votaron en la asamblea municipal. De esas personas, el 40% votó por la construcción de una nueva cancha de básquetbol en el parque. ¿Cuántas personas votaron en contra de la construcción de una nueva cancha de básquetbol? Usa números y palabras para explicar tu respuesta.

13. James y Sarah almorzaron en un restaurante. El precio de lo que consumieron los dos fue $20. Dejaron una propina del 20% de esa cantidad. ¿Cuánto pagó cada uno si dividieron el precio del almuerzo y la propina en partes iguales?

____

14. Una tienda de sándwiches tiene 30 sucursales y el 60% de esas sucursales está en California. El resto de las sucursales están en Nevada.

Parte A

¿Cuántas sucursales hay en California y cuántas hay en Nevada?

____

Parte B

La tienda de sándwiches abrirá 10 sucursales nuevas. Algunas están en California y otras en Nevada. Completa la tabla.

Ubicación de las sucursales		
	Porcentaje de sucursales	Cantidad de sucursales
California		
Nevada	45%	

Entrenador personal en matemáticas

15. PIENSA MÁS + Juanita ahorró el 35% del dinero que necesita para comprar una bicicleta nueva. Si ahorró $63, ¿cuánto cuesta la bicicleta? Usa números y palabras para explicar tu respuesta.

Nombre ______________________________

16. Para los ejercicios 16a a 16d, elige Sí o No para indicar si el enunciado es correcto.

16a. 12 es el 20% de 60. ○ Sí ○ No

16b. 24 es el 50% de 48. ○ Sí ○ No

16c. 14 es el 75% de 20. ○ Sí ○ No

16d. 9 es el 30% de 30. ○ Sí ○ No

17. Heather y su familia asistirán a la gran inauguración de un nuevo parque de diversiones. Hay boletos con precio especial para este fin de semana. Los boletos cuestan $56 cada uno. Esto es el 70% del precio normal del boleto.

Parte A

¿Cuál es el precio normal del boleto? Muestra tu trabajo.

Parte B

La mamá de Heather dice que van a ahorrar más de $100 si compran 4 boletos para la familia para el fin de semana de la inauguración. ¿Estás de acuerdo o no con la mamá de Heather? Usa números y palabras para justificar tu respuesta. Si el enunciado es incorrecto, explica cuál es la forma correcta de resolver el problema.

18. Elise dijo que 0.2 es igual al 2%. Usa palabras y números para explicar su error.

19. Escribe 18% como una fracción.

20. Noah quiere poner varios peces en su pecera nueva. Su pecera tiene una capacidad máxima de 70 peces.

Parte A

Completa la tabla.

Tipo de pez	Porcentaje de la cantidad máxima	Cantidad de peces en la pecera
Pez arco iris	20%	
Pez espada	40%	
Pez molly	30%	

Parte B

¿Puso Noah la cantidad máxima de peces que cabe en la pecera? Usa números y palabras para explicar cómo lo sabes. Si no puso la cantidad máxima de peces, ¿cuántos peces más podría poner?

Capítulo 6

Unidades de medida

Muestra lo que sabes

Entrenador personal en matemáticas
Evaluación e intervención en línea

Comprueba si comprendes las destrezas importantes.

Nombre ____________________________

▶ **Elegir la unidad apropiada** **Encierra en un círculo la unidad más razonable para medir el objeto.** (4.MD.A.1)

1. la longitud de un carro
   pulgadas o pies

2. la longitud de una cancha de fútbol
   metros o kilómetros

▶ **Multiplicar y dividir con 10, 100 y 1,000** **Usa el cálculo mental.** (5.NBT.A.2)

3. 2.51×10 ________

4. 5.3×100 ________

5. $0.71 \times 1{,}000$ ________

6. $3.25 \div 10$ ________

7. $8.65 \div 100$ ________

8. $56.2 \div 1{,}000$ ________

▶ **Convertir unidades** **Completa.** (5.MD.A.1)

9. 12 lb = ■ oz
   Piensa: 1 lb = 16 oz
   ____

10. 8 tz = ■ pt
    Piensa: 2 tz = 1 pt
    ____

11. 84 in = ■ pies
    Piensa: 12 in = 1 pie
    ____

Matemáticas En el mundo

Un guepardo puede correr a una tasa de 105,600 yardas por hora. Halla el número de millas que el guepardo puede correr en 5 minutos a esa tasa.

Desarrollo del vocabulario

▶ Visualízalo

Clasifica las palabras de repaso en el diagrama de Venn.

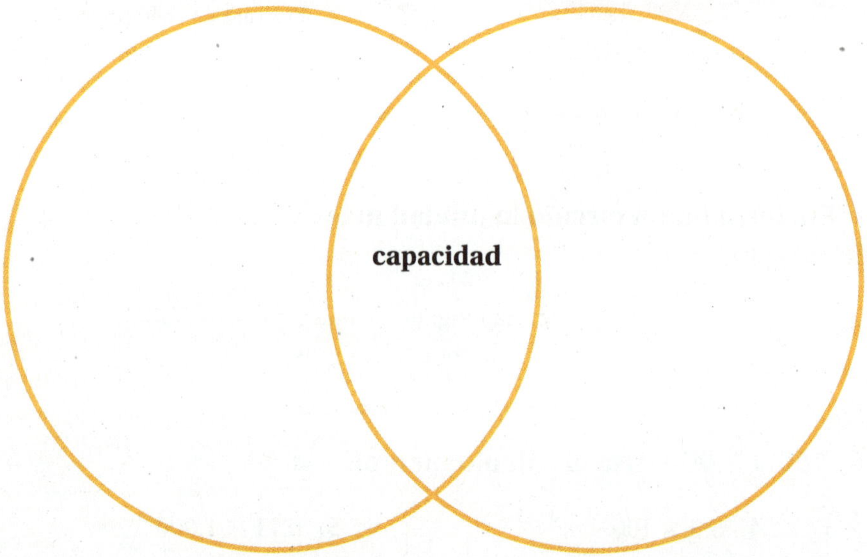

Palabras de repaso

- ✓ cuarto
- ✓ galón
- gramo
- libra
- litro
- ✓ longitud
- ✓ masa
- metro
- onza
- ✓ peso
- pinta
- tonelada

Palabras nuevas

- ✓ capacidad
- ✓ factor de conversión

▶ Comprende el vocabulario

Completa las oraciones con las palabras marcadas.

1. Se llama ____________________ a una tasa en la que dos cantidades son iguales, pero están expresadas en unidades diferentes.
2. La ____________________ es la cantidad de materia de un objeto.
3. La ____________________ es la cantidad que puede contener un recipiente.
4. El ____________________ de un objeto indica cuán pesado es ese objeto.
5. Las pulgadas, los pies y las yardas son unidades del sistema usual que se usan para medir la ____________________.
6. Un ____________________ es una unidad de capacidad más grande que un cuarto.

APRENDE EN LÍNEA
- Libro interactivo del estudiante
- Glosario multimedia

Vocabulario del Capítulo 6

capacidad

capacity

6

factor común

common factor

37

factor de conversión

conversion factor

38

denominador

denominator

16

fórmula

formula

40

numerador

numerator

56

unidad cuadrada

square unit

105

peso

weight

71

Un número que es factor de dos o más números

Ejemplo:

Factores de 16: 1, 2, 4, 8, 16

Factores de 20: 1, 2, 4, 5, 10, 20

La cantidad que puede contener un recipiente

Ejemplos: $\frac{1}{2}$ galón, 2 cuartos

El número que está debajo de la barra en una fracción y que indica cuántas partes iguales hay en el entero o en el grupo

$\frac{3}{4}$ ← denominador

Una tasa en la que dos cantidades son iguales, pero se expresan en unidades diferentes

Ejemplo: 1 yarda = 3 pies, entonces usa la tasa $\frac{1 \text{ yd}}{3 \text{ ft}}$ para convertir pies a yardas.

El número que está arriba de la barra en una fracción y que indica cuántas partes del entero se consideran

$\frac{3}{4}$ ← numerador

Un conjunto de símbolos que expresa una regla matemática

Ejemplo: Usa $d = t \times T$ para hallar la distancia.

Cuán pesado es un objeto

Ejemplo:

balón de fútbol
14 a 16 onzas

Una unidad con la que se mide el área, como pie cuadrado (ft^2), metro cuadrado (m^2), etc.

¡Bingo!

Para 3 a 6 jugadores

Materiales

- 1 juego de tarjetas de palabras
- 1 tablero de bingo para cada jugador
- fichas de juego

Instrucciones

1. El árbitro elige una tarjeta y lee la definición. Luego coloca la tarjeta en una segunda pila.
2. Los jugadores colocan una ficha de juego sobre la palabra que coincide con la definición cada vez que aparece en sus tableros de bingo.
3. Repitan el Paso 1 y el Paso 2 hasta que un jugador marque 5 casillas en línea vertical, horizontal o diagonal y diga: "¡Bingo!".
4. Para comprobar las respuestas, el jugador que dijo "¡Bingo!" lee las palabras en voz alta mientras el árbitro comprueba las definiciones.

Recuadro de palabras

- capacidad
- denominador
- factor común
- factor de conversión
- fórmula
- numerador
- peso
- unidad cuadrada

Diario

Escríbelo

Reflexiona

Elige una idea. Escribe sobre ella.

- Describe una situación en la que podrías usar un factor de conversión.
- Sumeer tiene una jarra que contiene 4 tazas de agua. Eliza tiene una botella que contiene 3 pintas de agua. Explica quién tiene el recipiente de mayor capacidad.
- Si el área de una habitación es de 20 pies por 6 yardas, indica cómo se puede saber el área de la habitación en pies cuadrados.
- Escribe y resuelve un problema que use la fórmula $d = t \times T$.

Nombre ______________________

Convertir unidades de longitud

Pregunta esencial ¿Cómo puedes usar razones para convertir de una unidad de longitud a otra?

Estándares comunes: **Razones y relaciones proporcionales—6.RP.A.3d**

PRÁCTICAS MATEMÁTICAS
MP2, MP6, MP8

En el sistema de medición usual, algunas de las unidades de longitud comunes son las pulgadas, los pies, las yardas y las millas. Para convertir entre unidades, puedes multiplicar por un factor de conversión apropiado. Un **factor de conversión** es una tasa en la que dos cantidades son iguales, pero están expresadas en unidades diferentes.

Unidades de longitud del sistema usual

1 pie (pie) = 12 pulgadas (in)
1 yarda (yd) = 36 pulgadas
1 yarda = 3 pies
1 milla (mi) = 5,280 pies
1 milla = 1,760 yardas

Soluciona el problema — En el mundo

En un partido de fútbol, Kyle hizo un gol. Kyle estaba a 33 pies de la portería. ¿A cuántas yardas de la portería estaba Kyle?

Idea matemática

Cuando la misma unidad está en un numerador y un denominador, puedes cancelar la unidad común antes de multiplicar, de la misma forma que lo harías con un factor común.

Convierte 33 pies a yardas.

Elige un factor de conversión. Piensa: Estoy convirtiendo *de* pies *a* yardas.

1 yarda = 3 pies, entonces usa la tasa $\frac{1 \text{ yd}}{3 \text{ pies}}$.

Multiplica 33 pies por el factor de conversión. Como *pies* está en un numerador y un denominador, puedes cancelar esas unidades antes de multiplicar.

$33 \text{ pies} \times \frac{1 \text{ yd}}{3 \text{ pies}} = \frac{33 \cancel{\text{pies}}}{1} \times \frac{1 \text{ yd}}{3 \cancel{\text{pies}}} = \_\_\_\_\_\_ \text{ yd}$

Entonces, Kyle estaba a ______ yardas de la portería.

¿A cuántas pulgadas de la portería estaba Kyle?

Elige un factor de conversión. **Piensa:** Estoy convirtiendo *de* pies *a* pulgadas.

12 pulgadas = 1 pie, entonces usa la tasa $\frac{12 \text{ in}}{1 \text{ pie}}$.

Multiplica 33 pies por el factor de conversión.

$33 \text{ pies} \times \frac{12 \text{ in}}{1 \text{ pie}} = \frac{33 \cancel{\text{pies}}}{1} \times \frac{12 \text{ in}}{1 \cancel{\text{pie}}} = \_\_\_\_\_\_ \text{ in}$

Entonces, Kyle estaba a ____________ pulgadas de la portería.

Charla matemática — PRÁCTICAS MATEMÁTICAS 6

Explica ¿Cómo sabes qué unidad usar en el numerador y qué unidad usar en el denominador de un factor de conversión?

Unidades del sistema métrico Puedes usar un proceso similar para convertir entre unidades del sistema métrico. Las unidades del sistema métrico se usan en la mayor parte del mundo. Una ventaja de usar el sistema métrico es que las unidades se relacionan con potencias de 10.

Unidades de longitud del sistema métrico
1,000 milímetros (mm) = 1 metro (m)
100 centímetros (cm) = 1 metro
10 decímetros (dm) = 1 metro
1 decámetro (dam) = 10 metros
1 hectómetro (hm) = 100 metros
1 kilómetro (km) = 1,000 metros

Ejemplo

Un avión de pasajeros mide 73.9 metros de largo. ¿Cuánto mide el avión en centímetros? ¿Cuánto mide en kilómetros?

Para evitar errores

Asegúrate de usar el factor de conversión correcto. Las unidades de las que conviertes deben cancelarse y solo deben quedar las unidades a las que estás convirtiendo.

De una manera

Usa un factor de conversión.

73.9 metros = ▪ centímetros

Elige un factor de conversión.

100 cm = 1 m, entonces usa la tasa $\frac{\quad \text{cm}}{\quad \text{m}}$.

Multiplica 73.9 metros por el factor de conversión. Cancela las unidades comunes antes de multiplicar.

$$\frac{73.9\ \cancel{m}}{1} \times \frac{\quad \text{cm}}{\quad \cancel{m}} = \underline{\qquad\qquad} \text{ cm}$$

Entonces, 73.9 metros es igual a ________ centímetros.

De otra manera

Usa potencias de 10.

Las unidades del sistema métrico se relacionan unas con otras con factores de 10.

	× 10	× 10	× 10	× 10	× 10	× 10
kiló-	hectó-	decá-	metro	decí-	centí-	milí-
	÷ 10	÷ 10	÷ 10	÷ 10	÷ 10	÷ 10

73.9 metros = ▪ kilómetros

Usa la tabla.

En la tabla, los kilómetros están 3 lugares hacia la izquierda de los metros. Corre el punto decimal 3 lugares hacia la izquierda. Eso es lo mismo que dividir entre 1,000.

73.9 0.0739

Entonces, 73.9 metros es igual a ________ kilómetros.

Charla matemática

PRÁCTICAS MATEMÁTICAS 2

Razonamiento Si conviertes 285 centímetros a decímetros, ¿la cantidad de decímetros será mayor o menor que la cantidad de centímetros? Explica.

Nombre ______________________________

Comparte y muestra MATH BOARD

Convierte a la unidad dada.

1. 3 millas = ■ yardas

factor de conversión: $\frac{\square \text{ yd}}{\square \text{ mi}}$

3 millas = $\frac{3 \text{ mi}}{1} \times \frac{1{,}760 \text{ yd}}{1 \text{ mi}}$ = __________ yd

2. 43 dm = _______ hm

3. 9 yd = _______ in

4. 72 pies = _______ yd

5. 7,500 mm = _______ dm

Charla matemática

PRÁCTICAS MATEMÁTICAS 8

Generaliza ¿Cómo conviertes de pulgadas a yardas y de yardas a pulgadas?

Por tu cuenta

6. Rohan usó 9 yardas de cinta para envolver regalos ¿Cuántas pulgadas de cinta usó?

____

7. Una especie de rana puede alcanzar una longitud máxima de 12.4 milímetros. ¿Cuál es la longitud máxima de esta especie de rana en centímetros?

____

8. La altura del edificio Empire State, medida hasta la punta del pararrayos, es aproximadamente 443.1 metros. ¿Cuánto es esta altura en hectómetros?

____

9. MÁS AL DETALLE Un caracol avanza a una velocidad de 2.5 pies por minuto. ¿Cuántas yardas habrá avanzado el caracol en media hora?

____

Práctica: Copia y resuelve **Compara. Escribe <, > o =.**

10. 32 pies ◯ 11 yardas

11. 537 cm ◯ 5.37 m

12. 75 pulgadas ◯ 6 pies

Resolución de problemas • Aplicaciones

En el mundo

¿Cuál es el error?

13. PIENSA MÁS El Parque Nacional Redwood es el hogar de algunos de los árboles más grandes del mundo. Hiperión es el árbol más alto del parque, con una altura aproximada de 379 pies. Tom quiere hallar la altura del árbol en yardas.

Matemáticas al instante

Tom convirtió la altura de esta manera:

3 pies = 1 yarda

factor de conversión: $\frac{3 \text{ pies}}{1 \text{ yd}}$

$$\frac{379 \text{ pies}}{1} \times \frac{3 \text{ pies}}{1 \text{ yd}} = 1{,}137 \text{ yd}$$

Halla el error de Tom y descríbelo.

Muestra cómo convertir 379 pies a yardas correctamente.

Entonces, 379 pies = ___________ yardas.

- PRÁCTICA MATEMÁTICA 6 **Explica** cómo supiste que el resultado de Tom era incorrecto

____

____

____

14. PIENSA MÁS Elige <, > o =.

14a. 12 yardas [< | > | =] 432 pulgadas

14b. 321 cm [< | > | =] 32.1 m

Nombre ______________________________

Convertir unidades de longitud

ESTÁNDAR COMÚN—6.RP.A.3d
Entienden los conceptos de razón y utilizan el razonamiento proporcional para resolver problemas.

Convierte a la unidad dada.

1. 42 ft = ☐ yd

factor de conversión: $\frac{1 \text{ yd}}{3 \text{ ft}}$

$42 \text{ ft} \times \frac{1 \text{ yd}}{3 \text{ ft}}$

42 ft = 14 yd

2. 2,350 m = ☐ km

____

3. 18 ft = ☐ in

____

4. 289 m = ☐ dm

____

5. 5 mi = ☐ yd

____

6. 35 mm = ☐ cm

____

Compara. Escribe <, > o =.

7. 1.9 dm ◯ 1,900 mm

8. 12 ft ◯ 4 yd

9. 56 cm ◯ 56,000 km

10. 98 in ◯ 8 ft

11. 64 cm ◯ 630 mm

12. 2 mi ◯ 10,560 ft

Resolución de problemas En el mundo

13. La macaón gigante es la mariposa más grande de los Estados Unidos. Su envergadura puede alcanzar los 16 centímetros. ¿Cuál es la envergadura máxima en milímetros?

____

14. El piso 102 de la torre Sears de Chicago es el piso habitado más alto. Está a 1,431 pies por encima del suelo. ¿A cuántas yardas por encima del suelo está el piso 102?

____

15. ESCRIBE ▸ *Matemáticas* Explica por qué las unidades se pueden simplificar primero al multiplicar medidas.

____

____

____

Repaso de la lección (6.RP.A.3d)

1. Justin recorre 2.5 kilómetros en su bicicleta para llegar a la escuela. Luke camina 1,950 metros para llegar a la escuela. ¿Cuánto más que Luke recorre Justin en su bicicleta para llegar a la escuela?

2. La longitud de una habitación es $10\frac{1}{2}$ pies. ¿Cuál es la longitud de la habitación en pulgadas?

Repaso en espiral (6.NS.C.8, 6.RP.A.3a, 6.RP.A.3c)

3. Cada unidad del mapa representa 1 milla. ¿Cuál es la distancia entre el campamento y la cascada?

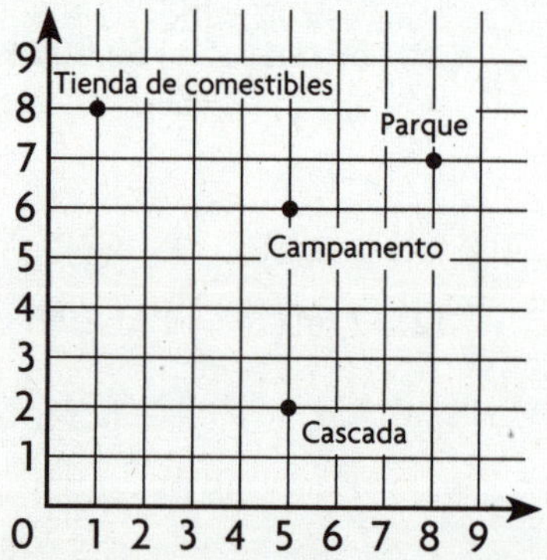

4. En una excursión, 2 camionetas pueden transportar a 32 estudiantes. ¿Cuántos estudiantes pueden ir a una excursión cuando hay 6 camionetas?

5. Según una encuesta del año 2008, $\frac{29}{50}$ de los adolescentes han enviado al menos un mensaje de texto en su vida. ¿Qué porcentaje de los adolescentes ha enviado un mensaje de texto?

6. De los estudiantes de la clase de la maestra Danver, 6 van a la escuela caminando. Esto representa el 30% de sus estudiantes. ¿Cuántos estudiantes hay en la clase de la maestra Danver?

Nombre ________________________________

Convertir unidades de capacidad

Pregunta esencial ¿Cómo puedes usar el razonamiento proporcional para convertir de una unidad de capacidad a otra?

Estándares comunes **Razones y relaciones proporcionales—6.RP.A.3d**

PRÁCTICAS MATEMÁTICAS
MP2, MP6

La **capacidad** mide la cantidad que puede contener un recipiente cuando está lleno. En el sistema de medición usual, algunas unidades comunes de capacidad son las onzas fluidas, las tazas, las pintas, los cuartos y los galones. Puedes convertir de una unidad a otra al multiplicar las unidades dadas por un factor de conversión apropiado.

Unidades de capacidad del sistema usual

8 onzas fluidas (oz fl)	=	1 taza (tz)
2 tazas	=	1 pinta (pt)
2 pintas	=	1 cuarto (ct)
4 tazas	=	1 cuarto
4 cuartos	=	1 galón (gal)

Soluciona el problema (En el mundo)

En los Estados Unidos, cada vaca lechera produce, en promedio, 25 cuartos de leche por día. ¿Cuántos galones de leche produce una vaca por día?

- ¿Cuál es la relación entre los cuartos y los galones?

____

- ¿Por qué puedes multiplicar una cantidad por $\frac{1 \text{ gal}}{4 \text{ ct}}$ sin cambiar el valor de la cantidad?

____

____

Convierte 25 cuartos a galones.

Elige un factor de conversión. **Piensa:** Estoy convirtiendo *de* cuartos *a* galones.

1 galón = 4 cuartos, entonces usa la tasa $\frac{1 \text{ gal}}{4 \text{ ct}}$.

Multiplica 25 ct por el factor de conversión.

$$25 \text{ ct} \times \frac{1 \text{ gal}}{4 \text{ ct}} = \frac{25 \cancel{\text{ct}}}{1} \times \frac{1 \text{ gal}}{4 \cancel{\text{ct}}} = 6\frac{\square}{4} \text{ gal}$$

La parte fraccionaria del resultado puede nombrarse usando la unidad más pequeña.

$$6\frac{\square}{4} \text{ gal} = \_\_\_\_ \text{ galones, } \_\_\_\_ \text{ cuarto}$$

Entonces, una vaca produce ________ galones y ________ cuarto de leche por día.

¿Cuántas pintas de leche produce una vaca por día?

Elige un factor de conversión. **Piensa:** Estoy convirtiendo *de* cuartos *a* pintas.

2 pintas = 1 cuarto, entonces usa la tasa $\frac{\square \text{ pt}}{\square \text{ ct}}$.

Multiplica 25 ct por el factor de conversión.

$$25 \text{ ct} \times \frac{\square \text{ pt}}{\square \text{ ct}} = \frac{25 \cancel{\text{ct}}}{1} \times \frac{\square \text{ pt}}{\square \cancel{\text{ct}}} = \_\_\_\_ \text{ pt}$$

Entonces, una vaca produce ________ pintas de leche por día.

Unidades del sistema métrico Puedes usar un proceso similar para convertir unidades de capacidad del sistema métrico. Al igual que las unidades de longitud del sistema métrico, las unidades de capacidad del sistema métrico se relacionan con potencias de 10.

Unidades de capacidad del sistema métrico

1,000 mililitros (ml)	=	1 litro (l)
100 centilitros (cl)	=	1 litro
10 decilitros (dl)	=	1 litro
1 decalitro (dal)	=	10 litros
1 hectolitro (hl)	=	100 litros
1 kilolitro (kl)	=	1,000 litros

Ejemplo

Una pieza de alfarería de los indígenas americanos tiene una capacidad de 1.7 litros. ¿Cuál es la capacidad de la vasija en decalitros? ¿Cuál es su capacidad en mililitros?

De una manera Usa un factor de conversión.

1.7 litros = ■ decalitros

Elige un factor de conversión.

1 decalitro = 10 litros, entonces usa la tasa $\frac{\square \text{ dal}}{\square \text{ l}}$.

Multiplica 1.7 l por el factor de conversión.

$\frac{1.7 \not{l}}{1} \times \frac{\square \text{ dal}}{\square \not{l}} = \_\_\_\_\_\_\_\_ \text{ dal}$

Entonces, 1.7 litros equivalen a ________ decalitros.

De otra manera Usa potencias de 10.

kilo-	hecto-	deca-	litro	deci-	centi-	mili-

× 10 (entre cada unidad, hacia la derecha)

÷ 10 (entre cada unidad, hacia la izquierda)

1.7 litros = ■ mililitros

Usa la tabla.

Los mililitros están 3 lugares hacia la derecha de los litros. Entonces, corre el punto decimal 3 lugares hacia la derecha.

1.7 1700.

Entonces, 1.7 litros es igual a ________ mililitros.

Charla matemática PRÁCTICAS MATEMÁTICAS 6

Explica ¿Por qué en el sistema usual no puedes convertir de una unidad a otra corriendo el punto decimal hacia la derecha o la izquierda?

• PRÁCTICA MATEMÁTICA 6 **Describe un método** Describe cómo convertirías kilolitros a mililitros.

Nombre ______________________________

Comparte y muestra MATH BOARD

Convierte a la unidad dada.

1. 5 cuartos = ▪ tazas

factor de conversión: $\frac{\quad \text{tz}}{\quad \text{ct}}$

5 cuartos $= \frac{5 \text{ ct}}{1} \times \frac{4 \text{ tz}}{1 \text{ ct}} =$ ______ tz

2. 6.7 litros = __________ hectolitros

3. 5.3 kl = __________ l

4. 36 ct = __________ gal

5. 5,000 ml = __________ cl

Charla matemática PRÁCTICAS MATEMÁTICAS 6

Compara el sistema usual con el sistema métrico. ¿En qué sistema es más fácil convertir de una unidad a otra?

Por tu cuenta

6. Se necesitan 41 galones de agua para que una lavadora lave una carga de ropa. ¿Cuántos cuartos de agua se necesitan para lavar una carga?

____

7. Sam exprimió 4 naranjas y obtuvo 237 mililitros de jugo. ¿Cuántos litros de jugo obtuvo Sam?

____

8. PRÁCTICA MATEMÁTICA 2 **Razona de forma cuantitativa** Una botella contiene 3.78 litros de agua. Sin calcular, determina si hay más o menos que 3.78 decilitros de agua en la botella. Explica tu razonamiento.

____

____

9. MÁS AL DETALLE Tonya tiene tazones de 1 cuarto, 2 cuartos y 3 cuartos. Una receta le pide 16 onzas de leche. Si Tonya quiere triplicar la receta, ¿cuál es el tazón más pequeño que contendrá la leche?

____

Práctica: Copia y resuelve **Compara. Escribe $<$, $>$ o $=$.**

10. 700,000 l ◯ 70 kl

11. 6 gal ◯ 30 ct

12. 54 kl ◯ 540,000 dl

13. 10 pt ◯ 5 ct

14. 500 mL ◯ 50 l

15. 14 c ◯ 4 ct

Soluciona el problema En el mundo

16. PIENSA MÁS Jeffrey está colocando cajones de botellas de agua en un elevador de carga. En cada cajón hay 24 botellas de 1 pinta. El peso máximo que soporta el elevador de carga es 1,000 libras. Si 1 galón de agua pesa 8.35 libras, ¿cuál es el número máximo de cajones llenos que Jeffrey puede cargar en el elevador?

a. ¿Qué debes hallar?

b. ¿Cómo puedes hallar el peso de 1 cajón de botellas de agua? ¿Cuánto pesa?

c. ¿Cómo puedes hallar el número de cajones que Jeffrey puede cargar en el elevador?

d. ¿Cuál es la cantidad máxima de cajones llenos que Jeffrey puede cargar en el elevador?

17. MÁS AL DETALLE Mónica colocó 1 litro, 1 decilitro, 1 centilitro y 1 mililitro de agua en un tazón. ¿Cuántos mililitros de agua colocó en el tazón?

18. PIENSA MÁS Elige las conversiones que equivalen a 235 litros. Marca todas las opciones que correspondan.

Ⓐ 235,000 mililitros

Ⓑ 0.235 mililitros

Ⓒ 235,000 kilolitros

Ⓓ 0.235 kilolitros

Nombre ______________________

Convertir unidades de capacidad

Estándares comunes

ESTÁNDAR COMÚN—6.RP.A.3d
Entienden los conceptos de razón y utilizan el razonamiento proporcional para resolver problemas.

Convierte a la unidad dada.

1. 7 galones = ____ cuartos

factor de conversión: $\frac{4 \text{ ct}}{1 \text{ gal}}$

$7 \text{ gal} \times \frac{4 \text{ ct}}{1 \text{ gal}}$

$7 \text{ gal} = 28 \text{ ct}$

2. 5.1 litros = ____ kilolitros

Corre el punto decimal 3 lugares a la izquierda.

5.1 litros = 0.0051 kilolitros

3. 20 ct = ____ gal

4. 40 l = ____ ml

5. 33 pt = ____ ct ____ pt

6. 29 cl = ____ dal

7. 7.7 kl = ____ cl

8. 24 oz fl = ____ pt ____ tz

Resolución de problemas En el mundo

9. Una botella contiene 3.5 litros de agua. Una segunda botella contiene 3,750 mililitros de agua. ¿Cuántos mililitros más hay en la botella más grande en comparación con la botella más pequeña?

10. El carro de Arnie consumió 100 tazas de gasolina durante un viaje. Arnie pagó $3.12 por cada galón de gasolina. ¿Cuánto costó la gasolina?

11. ESCRIBE *Matemáticas* Explica en qué se parecen las unidades de longitud y capacidad en el sistema métrico.

Repaso de la lección (6.RP.A.3d)

1. Gina llenó una tina con 25 cuartos de agua. ¿Cuál es esta cantidad en galones y cuartos?

2. Cuatro caballos tiran de un carro. Cada caballo bebe 45,000 mililitros de agua por día. ¿Cuántos litros de agua beberán los caballos en 5 días?

Repaso en espiral (6.NS.C.8, 6.RP.A.2, 6.RP.A.3b, 6.RP.A.3c, 6.RP.A.3d)

3. En el mapa se muestra el pueblo de Henry. Cada unidad representa 1 kilómetro. Después de la escuela, Henry va caminando a la biblioteca. ¿Qué distancia recorre?

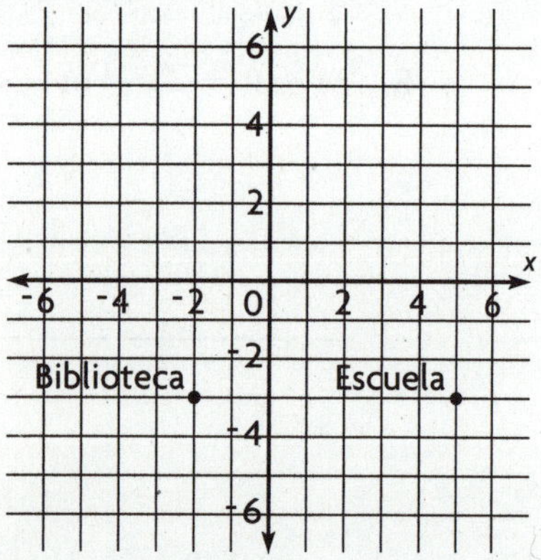

4. Un elevador recorre 117 pies en 6.5 segundos. ¿Cuál es la tasa por unidad del elevador?

5. El reproductor de MP3 de Julie tiene 860 canciones. Si el 20% de las canciones son canciones de rap y el 15% son canciones de R&B, ¿cuántas canciones pertenecen a otros tipos de música?

6. ¿Cuántos kilómetros son equivalentes a 3,570 metros?

PRACTICA MÁS CON EL Entrenador personal en matemáticas

Nombre ______________________________

Convertir unidades de peso y masa

Pregunta esencial ¿Cómo puedes usar el razonamiento proporcional para convertir de una unidad de peso o masa a otra?

Estándares comunes **Razones y relaciones proporcionales—6.RP.A.3d**
PRÁCTICAS MATEMÁTICAS
MP1, MP2, MP3, MP4

El peso de un objeto es una medida de cuán pesado es. Las unidades de peso comunes en el sistema de medición usual incluyen las onzas, las libras y las toneladas.

Unidades de peso del sistema usual
1 libra (lb) = 16 onzas (oz)
1 tonelada (t) = 2,000 libras

Soluciona el problema En el mundo

La perla más grande que se ha encontrado pesaba 226 onzas. ¿Cuál era el peso de la perla en libras?

- ¿Cuál es la relación entre onzas y libras?

____

- ¿Crees que la cantidad de libras será mayor que 226 o menor que 226? Explica.

____

Convierte 226 onzas a libras.

Elige un factor de conversión.
Piensa: Estoy convirtiendo *de* onzas *a* libras.

1 lb = 16 oz, entonces usa la tasa $\frac{\square \text{ lb}}{\square \text{ oz}}$.

Multiplica 226 onzas por el factor de conversión.

$$226 \text{ oz} \times \frac{1 \text{ lb}}{16 \text{ oz}} = \frac{226 \not{oz}}{1} \times \frac{1 \text{ lb}}{16 \not{oz}} = \square \frac{\square}{16} \text{ lb}$$

Piensa: La parte fraccionaria del resultado puede nombrarse usando la unidad más pequeña.

$$\square \frac{\square}{16} \text{ lb} = \_\_\_\_ \text{ lb}, \_\_\_\_ \text{ oz}$$

Entonces, la perla más grande pesaba _______ libras y _______ onzas.

La esmeralda más grande que se ha encontrado pesaba 38 libras. ¿Cuál era su peso en onzas?

Elige un factor de conversión.
Piensa: Estoy convirtiendo *de* libras *a* onzas.

16 oz = 1 lb, entonces usa la tasa $\frac{\square \text{ oz}}{\square \text{ lb}}$.

Multiplica 38 lb por el factor de conversión.

$$38 \text{ lb} \times \frac{16 \text{ oz}}{1 \text{ lb}} = \frac{38 \not{lb}}{1} \times \frac{16 \text{ oz}}{1 \not{lb}} = \_\_\_\_\_\_ \text{ oz}$$

Entonces, la esmeralda pesaba __________ onzas.

1. PRÁCTICA MATEMÁTICA 4 **Representa las matemáticas** Explica cómo convertirías el peso de la esmeralda a toneladas.

____

Unidades del sistema métrico La cantidad de materia de un objeto se llama masa. Las unidades de masa del sistema métrico se relacionan con potencias de 10.

Unidades de masa del sistema métrico
1,000 miligramos (mg) = 1 gramo (g)
100 centigramos (cg) = 1 gramo
10 decigramos (dg) = 1 gramo
1 decagramo (dag) = 10 gramos
1 hectogramo (hg) = 100 gramos
1 kilogramo (kg) = 1,000 gramos

Ejemplo

Corinne pescó una trucha arco iris que tenía una masa de 2,570 gramos. ¿Cuál era la masa de la trucha en centigramos? ¿Cuál era la masa en kilogramos?

De una manera Usa un factor de conversión.

2,570 gramos a centigramos

Elige un factor de conversión.

100 cg = 1 g, entonces usa la tasa $\frac{\_\_\_\ \text{cg}}{\text{g}}$.

Multiplica 2,570 g por el factor de conversión.

$\frac{2{,}570\ \cancel{\text{g}}}{1} \times \frac{100\ \text{cg}}{1\ \cancel{\text{g}}} =$ ____________ cg

Entonces, la masa de la trucha era ____________ centigramos.

De otra manera Usa potencias de 10.

Recuerda que las unidades del sistema métrico se relacionan unas con otras con factores de 10.

kilo-	hecto-	deca-	gramo	deci-	centi-	mili-

(× 10 hacia la derecha entre cada unidad; ÷ 10 hacia la izquierda entre cada unidad)

2,570 gramos a kilogramos

Usa la tabla.

Los kilogramos están 3 lugares hacia la izquierda de los gramos. Corre el punto decimal 3 lugares hacia la izquierda.

2570. 2.570

Entonces, 2,570 gramos = ____________ kilogramos.

Charla matemática PRÁCTICAS MATEMÁTICAS 2

Razona de forma cuantitativa Compara objetos que tengan masas de 1 dg y 1 dag. ¿Cuál tiene mayor masa? Explica.

2. PRÁCTICA MATEMÁTICA 1 **Describe relaciones** Imagina que jutos y flupos son unidades de peso y 2 jutos = 4 flupos. ¿Qué es más pesado, un juto o un flupo? Explica.

____

____

Nombre ______________________

Comparte y muestra MATH BOARD

Convierte a la unidad dada.

1. 9 libras = ☐ onzas

factor de conversión: $\frac{\square \text{ oz}}{\square \text{ lb}}$

9 libras = 9 lb × $\frac{16 \text{ oz}}{1 \text{ lb}}$ = ______ oz

2. 3.77 gramos = ______ decagramos

3. La computadora portátil de Amanda pesa 56 onzas. ¿Cuántas libras pesa?

____

4. Una abeja puede transportar una carga de 40 mg de néctar a la colmena. ¿Cuántos gramos de néctar puede transportar?

____

Charla matemática PRÁCTICAS MATEMÁTICAS 3

Compara ¿En qué se parecen las unidades de masa y de capacidad del sistema métrico? ¿En qué se diferencian?

Por tu cuenta

Convierte a la unidad dada.

5. 4 lb = ______ oz

6. 7.13 g = ______ cg

7. 3 T = ______ lb

8. La rana goliat africana puede llegar a pesar hasta 7 libras. ¿Cuántas onzas puede pesar la rana goliat?

____

9. MÁS AL DETALLE La masa de un disco de hockey estándar debe ser 156 gramos como mínimo. ¿Cuál es la masa mínima de 8 discos de hockey en kilogramos?

____

Práctica: Copia y resuelve. **Compara. Escribe <, > o =.**

10. 250 lb ◯ 0.25 t

11. 65.3 hg ◯ 653 dag

12. 5 T ◯ 5,000 lb

13. PIENSA MÁS La masa de las piedras preciosas se mide en quilates y 1 quilate = 200 miligramos. ¿Cuál es la masa de un diamante de 50 dg en quilates?

____

Resolución de problemas • Aplicaciones En el mundo

Usa la tabla para resolver los ejercicios 14 a 17.

Pesos de pelotas deportivas (en onzas)

 pelota de béisbol 5–5.25	 pelota de balonmano 2.1–2.3
 bola de bolos 160–256	 pelota de fútbol 14–16

14. Expresa el rango de peso para las bolas de bolos en libras.

____

15. MÁS AL DETALLE ¿Por cuántas libras el peso máximo permitido para una pelota de fútbol excede el peso máximo permitido para una pelota de béisbol? Redondea tu respuesta al centésimo más próximo.

____

16. PIENSA MÁS Una fábrica de pelotas produce 3 toneladas de pelotas de béisbol por día y las embala en cajas que contienen 24 pelotas cada una. Si todas las pelotas tienen el peso mínimo permitido, ¿cuántas cajas de pelotas produce la empresa por día?

Matemáticas al instante

____

17. PRÁCTICA MATEMÁTICA 5 **Comunica** Explica cómo usarías el cálculo mental para estimar la cantidad de pelotas de fútbol que se necesitarían para producir un peso total de 1 tonelada.

____

____

____

____

____

ESCRIBE Matemáticas • **Muestra tu trabajo**

18. PIENSA MÁS El bebé recién nacido de la familia Wilson pesa 84 onzas. Elige los números para mostrar el peso del bebé en libras y onzas.

5 6 7	libras	3 4 5	onzas

Nombre ______________________________

Convertir unidades de peso y masa

ESTÁNDAR COMÚN—6.RP.A.3d
Entienden los conceptos de razón y utilizan el razonamiento proporcional para resolver problemas.

Convierte a la unidad dada.

1. 5 libras = ____ onzas

factor de conversión: $\frac{16 \text{ oz}}{1 \text{ lb}}$

5 libras = $5 \text{ lb} \times \frac{16 \text{ oz}}{1 \text{ lb}} = \mathbf{80} \text{ oz}$

2. 2.36 gramos = ____ hectogramos

Corre el punto decimal **2** lugares a la izquierda.

2.36 gramos = **0.0236** hectogramos

3. 30 g = ____ dg

4. 17.2 hg = ____ g

5. 400 lb = ____ t

6. 38,600 mg = ____ dag

7. 87 oz = ____ lb ____ oz

8. 0.65 t = ____ lb

Resolución de problemas (En el mundo)

9. Maggie compró 52 onzas de pez espada que se vendía a $6.92 por libra. ¿Cuál fue el costo total?

10. Tres racimos de uvas tienen masas de 1,000 centigramos, 1,000 decigramos y 1,000 gramos, respectivamente. ¿Cuál es la masa total combinada de las uvas en kilogramos?

11. **ESCRIBE** *Matemáticas* Explica cómo harías para hallar el número de onzas en 0.25 t.

Repaso de la lección (6.RP.A.3d)

1. La muestra de piedras de Denise tiene una masa de 684 gramos. La muestra de piedras de Pauline tiene una masa de 29,510 centigramos. ¿Cuánta más masa que la muestra de Pauline tiene la muestra de Denise?

2. Un cartel al comienzo de un puente dice "Peso máximo permitido 2.25 toneladas". El camión de Jason pesa 2,150 libras. ¿Cuánto peso adicional puede transportar?

Repaso en espiral (6.RP.A.1, 6.RP.A.2, 6.RP.A.3a, 6.RP.A.3b, 6.RP.A.3c)

3. Hay 23 estudiantes en una clase de matemáticas. Doce de ellos son niños. ¿Cuál es la razón de niñas al número total de estudiantes?

4. Miguel caminó 3 millas en 54 minutos. A esa tasa, ¿cuánto tardará en caminar 5 millas?

5. Marco pidió prestados $150 a su hermano. Hasta ahora, le devolvió el 30%. ¿Cuánto dinero le debe todavía Marco a su hermano?

6. ¿Cuántos mililitros son equivalentes a 2.7 litros?

PRACTICA MÁS CON EL Entrenador personal en matemáticas

Nombre ____________________________________

Revisión de la mitad del capítulo

Entrenador personal en matemáticas
Evaluación e intervención en línea

Vocabulario

Elige el término del recuadro que mejor corresponda para completar la oración.

Vocabulario
capacidad
factor de conversión
sistema métrico

1. Un ______________________ es una tasa en la que dos cantidades son iguales, pero están expresadas en unidades diferentes. (pág. 315)

2. La ____________________ es la cantidad que puede contener un recipiente. (pág. 321)

Conceptos y destrezas

Convierte unidades para resolver los ejercicios. (6.RP.A.3d)

3. Una cancha de fútbol americano profesional mide 160 pies de ancho. ¿Cuál es el ancho de la cancha en yardas?

____

4. Julia bebe 8 vasos de agua por día. ¿Cuántos cuartos de agua bebe por día?

____

5. La masa del libro de matemáticas de Hinto es 4,458 gramos. ¿Cuál es la masa de 4 libros de matemáticas en kilogramos?

____

6. Si cierras la llave cuando te lavas los dientes, ahorras 379 centilitros de agua. ¿Cuántos litros de agua puedes ahorrar si cierras la llave cuando te lavas los dientes 3 veces?

____

Convierte a la unidad dada. (6.RP.A.3d)

7. 34.2 mm = ______ cm

8. 42 in = ______ pies

9. 1.4 km = ______ hm

10. 4 gal = ______ ct

11. 53 dl = ______ dal

12. 28 tz = ______ pt

13. La computadora portátil de Trenton mide 32 centímetros de ancho. ¿Cuál es el ancho de la computadora portátil en decímetros? (6.RP.A.3d)

14. Un camión transporta 8 carros que pesan un promedio de 4,500 libras cada uno. ¿Cuál es el peso total en toneladas de los carros que transporta el camión? (6.RP.A.3d)

15. MÁS AL DETALLE La sala de Ben es un rectángulo que mide 10 yardas por 168 pulgadas. ¿Por cuántos pies la longitud de la sala excede el ancho? (6.RP.A.3d)

16. Jessie sirvió 13 pintas de jugo de naranja en su fiesta. ¿Cuántos cuartos de jugo de naranja sirvió? (6.RP.A.3d)

17. El teléfono celular de Kaylah tiene una masa de 50,000 centigramos. ¿Cuál es la masa de su teléfono en gramos? (6.RP.A.3d)

Nombre ______________________

Transformar unidades

Pregunta esencial ¿Cómo puedes transformar unidades para resolver problemas?

Estándares comunes **Razones y relaciones proporcionales—6.RP.A.3d**
PRÁCTICAS MATEMÁTICAS **MP1, MP3, MP6**

A veces puedes usar las unidades de las cantidades de un problema como ayuda para decidir cómo resolver el problema.

Soluciona el problema En el mundo

El rendimiento de combustible de un carro es la distancia promedio que el carro puede recorrer con 1 galón de combustible. El carro de María tiene un rendimiento de 20 millas por galón. ¿Cuántas millas puede recorrer María con 9 galones de combustible?

- ¿Crees que el resultado será mayor o menor que 20 millas? ¿Por qué?

____

____

____

Analiza las unidades del problema.

PASO 1 Identifica las unidades.

Conoces dos cantidades: el rendimiento de combustible del carro y la cantidad de combustible.

Rendimiento de combustible: 20 millas por galón = $\frac{20\ \square}{1\ \square}$

Cantidad de combustible: 9 ______

Quieres conocer una tercera cantidad: la distancia que puede recorrer el carro.

Distancia: ■ ______

PASO 2 Determina la relación entre las unidades.

Piensa: El resultado debe tener unidades de millas. Si multiplico $\frac{20\text{ millas}}{1\text{ galón}}$ por 9 galones, puedo cancelar las unidades de galones. El producto tendrá unidades de ______, que es lo que necesito.

PASO 3 Usa la relación.

$$\frac{20\text{ mi}}{1\text{ gal}} \times 9\text{ gal} = \frac{20\text{ mi}}{1\,\cancel{\text{gal}}} \times \frac{9\,\cancel{\text{gal}}}{1} = \underline{\qquad\qquad}$$

Entonces, María puede recorrer ______ con 9 galones de combustible.

1. Explica por qué se tacharon las unidades de galones en el paso de multiplicación de arriba.

____

____

Es posible que a veces tengas que convertir las unidades antes de resolver un problema.

Ejemplo

El material para un toldo rectangular tiene un área de 315 pies cuadrados. Si el ancho del material es 5 yardas, ¿cuál es la longitud del material en pies? (Recuerda que el área de un rectángulo es igual a la longitud por el ancho).

PASO 1 Identifica las unidades.

Conoces dos cantidades: el área del material y el ancho del material.

Área: 315 pies cuad = 315 pies × pies

Ancho: 5 ______

Quieres conocer una tercera cantidad: la longitud del material.

Longitud: ▢ pies

Idea matemática

Puedes escribir las unidades de área como productos.

pies cuad = pies × pies

PASO 2 Determina la relación entre las unidades.

Piensa: El resultado debe tener unidades de pies. Entonces, debería convertir el ancho de yardas a pies.

Ancho: $\frac{5\ \cancel{yd}}{1} \times \frac{\square\ \text{pies}}{1\ \cancel{yd}} = \square$ pies

Piensa: Si divido el área entre el ancho, puedo cancelar las unidades de pies.

El cociente tendrá unidades de ______, que es lo que necesito.

PASO 3 Usa la relación.

Divide el área entre el ancho para encontrar su longitud.

315 pies cuad ÷ ______ pies

Escribe la división con una barra de fracciones.

$\frac{\square\ \text{pies cuad}}{15\ \text{pies}}$

Escribe las unidades de área como un producto y cancela las unidades comunes.

$\frac{\square\ \text{pies} \times \cancel{\text{pies}}}{\square\ \cancel{\text{pies}}} = \square$ pies

Entonces, la longitud del material es ______.

Charla matemática PRÁCTICAS MATEMÁTICAS 1

Analiza ¿Cómo examinar las unidades de un problema puede ayudarte a resolverlo?

2. PRÁCTICA MATEMÁTICA 3 **Aplica** Explica cómo saber hallar el área del rectángulo te ayudó a resolver el problema anterior.

______

______

3. PRÁCTICA MATEMÁTICA 6 **Explica** por qué el resultado está expresado en pies.

______

______

______

______

Nombre ____________________

Comparte y muestra

MATH BOARD

1. Una llave que gotea pierde 12 galones de agua por día. ¿Cuántos galones perderá la llave en 6 días?

Cantidades que conoces: $\frac{12}{1}$ ____ y ____ días

Cantidad que quieres conocer: ■ ____________

$\frac{\square \text{ gal}}{1 \text{ día}} \times \square$ días = ____________

Entonces, la llave perderá ____________ en 6 días.

2. Una libra de plátanos se vende a $0.44. ¿Cuánto costarán 7 libras de plátanos?

____

3. El parque Grizzly es un parque rectangular con un área de 24 millas cuadradas. El parque mide 3 millas de ancho. ¿Cuál es su longitud en millas?

____

Por tu cuenta

Multiplica o divide las cantidades.

4. $\frac{24 \text{ kg}}{1 \text{ min}} \times 15 \text{ min}$

____

5. 216 cm cuad ÷ 8 cm

____

6. $\frac{171}{1 \text{ h}} \times 9 \text{ h}$

____

7. MÁS AL DETALLE El tapete rectangular de la sala de Marcia mide 12 pies por 108 pulgadas. ¿Cuál es el área del tapete en pies cuadrados?

____

8. PRÁCTICA MATEMÁTICA 1 **Entiende los problemas** Una máquina hace cajas de cartón a una tasa de 72 cajas por minuto. ¿Cuántos minutos tardará en hacer 360 cajas?

____

Entrenador personal en matemáticas

9. PIENSA MÁS + El área de una piscina olímpica es 1,250 metros cuadrados. La longitud de la piscina es 5,000 centímetros. Elige Verdadero o Falso para cada uno de los siguientes enunciados.

9a. La longitud de la piscina es 50 metros. ○ Verdadero ○ Falso

9b. El ancho de la piscina es 25 metros. ○ Verdadero ○ Falso

9c. El área de la piscina es 1.25 kilómetros cuadrados. ○ Verdadero ○ Falso

Conectar con la Lectura

Haz predicciones

Una *predicción* es una conjetura sobre algo del futuro. Es más probable que una predicción sea acertada si se basa en hechos y razonamientos lógicos.

La represa Hoover es una de las productoras de energía hidroeléctrica más importantes de los Estados Unidos. Durante los períodos de máxima producción de electricidad, cada segundo pasan 300,000 galones de agua por los generadores de la represa. Predice la cantidad de agua que pasa por los generadores en media hora.

HECHO		PREDICCIÓN
300,000 galones por segundo	→	? galones en media hora

Usa lo que sabes acerca de transformar unidades para hacer una predicción.

Sabes la tasa a la que el agua pasa por los generadores y te dan la cantidad de tiempo.

Tasa de flujo: $\frac{\square \text{ gal}}{1 \text{ s}}$; tiempo: $\frac{1}{2}$ ______

Quieres hallar la cantidad de agua.

Cantidad de agua: ■ galones

Convierte la cantidad de tiempo a segundos para que coincida con las unidades de la tasa.

$\frac{1}{2}$ h = $\square$ min

$\frac{30 \text{ min}}{1} \times \frac{\square \text{ s}}{1 \text{ min}} =$ ______ s

Multiplica la tasa por la cantidad de tiempo para hallar la cantidad de agua.

$\frac{\square \text{ gal}}{\text{s}} \times \frac{\square \text{ s}}{1} =$ ______ gal

Entonces, una buena predicción de la cantidad de agua que pasa por los generadores en media hora es ______.

Convierte unidades para resolver los ejercicios.

10. Un promedio de 19,230 personas visitan la represa Hoover cada semana. Predice el número de personas que visitarán la represa en un año.

______

11. PIENSA MÁS La represa Hoover genera un promedio de aproximadamente 11,506,000 kilovatios-hora de electricidad por día. Predice el número de kilovatios-hora que genera en 7 semanas.

______

Matemáticas al instante

Nombre ____________________

Transformar unidades

Estándares comunes

ESTÁNDAR COMÚN—6.RP.A.3d
Entienden los conceptos de razón y utilizan el razonamiento proporcional para resolver problemas.

Multiplica o divide las cantidades.

1. $\frac{62 \text{ g}}{1 \text{ día}} \times 4 \text{ días}$

$\frac{62 \text{ g}}{1 \text{ día}} \times \frac{4 \text{ días}}{1} = 248 \text{ g}$

2. 322 yd cuad ÷ 23 yd

$\frac{322 \text{ yd cuad}}{23 \text{ yd}}$

$\frac{322 \text{ yd} \times \text{yd}}{23 \text{ yd}} = 14 \text{ yd}$

3. $\frac{128 \text{ kg}}{1 \text{ h}} \times 10 \text{ h}$ ____________

4. 136 km cuad ÷ 8 km ____________

5. $\frac{88 \text{ lb}}{1 \text{ día}} \times 12 \text{ días}$ ____________

6. 154 mm cuad ÷ 11 mm ____________

7. $\frac{\$150}{1 \text{ pie cuad}} \times 20 \text{ pies cuad}$ ____________

8. 234 pies cuad ÷ 18 pies ____________

Resolución de problemas En el mundo

9. Se venden uvas verdes a $2.50 la libra. ¿Cuánto costarán 9 libras?

____

10. Un carro recorre 32 millas con cada galón de combustible. ¿Cuántos galones de combustible necesita para recorrer 192 millas?

____

11. ESCRIBE *Matemáticas* Escribe y resuelve un problema en el que tengas que transformar unidades. Usa la tasa de 45 personas por hora en tu pregunta.

____

____

____

Repaso de la lección (6.RP.A.3d)

1. El área de un estacionamiento rectangular es de 682 yardas cuadradas. El estacionamiento mide 22 yardas de ancho. ¿Cuál es la longitud del estacionamiento?

2. Una máquina ensambla 44 llaveros por hora. ¿Cuántos llaveros se producen en 11 horas?

Repaso en espiral (6.RP.A.3a, 6.RP.A.3c)

3. Tres de estas razones son equivalentes a $\frac{8}{20}$. ¿Cuál NO es equivalente?

$\frac{2}{5}$ $\frac{12}{24}$ $\frac{16}{40}$ $\frac{40}{100}$

4. En la gráfica se muestra el dinero que gana Marco en diferente número de días trabajados. ¿Cuánto dinero gana por día?

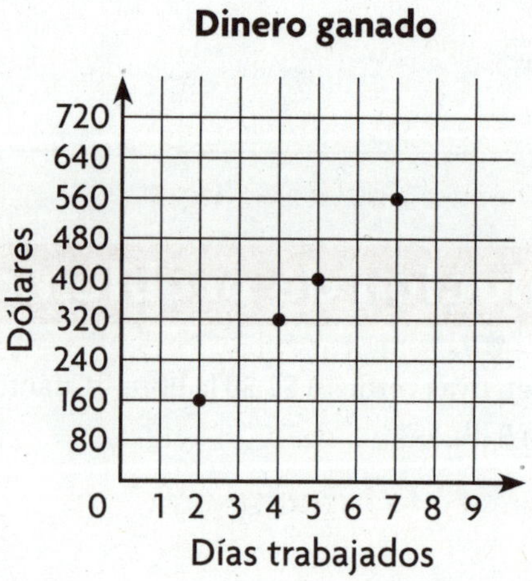

5. Megan respondió correctamente 18 preguntas de una prueba. Esto representa el 75% del número total de preguntas. ¿Cuántas preguntas tenía la prueba?

PRACTICA MÁS CON EL
Entrenador personal en matemáticas

Nombre ______________________

Resolución de problemas • Fórmulas para calcular la distancia, la tasa y el tiempo

Pregunta esencial ¿Cómo puedes usar la estrategia *usar una fórmula* para resolver problemas de distancia, tasa y tiempo?

Estándares comunes **Razones y relaciones proporcionales—6.RP.A.3d**
PRÁCTICAS MATEMÁTICAS
MP1, MP3, MP7

Puedes resolver problemas relacionados con la distancia, la tasa y el tiempo usando las siguientes fórmulas. En cada fórmula, d representa la distancia, t representa la tasa y T representa el tiempo.

Fórmulas de distancia, tasa y tiempo		
Para hallar la distancia, usa $d = t \times T$	Para hallar la tasa, usa $t = d \div T$	Para hallar el tiempo, usa $T = d \div t$

Soluciona el problema — En el mundo

Helena recorre 220 millas para visitar las cataratas del Niágara. Maneja a una velocidad promedio de 55 millas por hora. ¿Cuánto tiempo le toma el viaje?

Usa el organizador gráfico como ayuda para resolver el problema.

Lee el problema

¿Qué debo hallar?

Debo hallar la ______________ que toma el viaje.

¿Qué información debo usar?

Debo usar la ______________ que recorre Helena y la ________ de velocidad a la que se desplaza su carro.

¿Cómo usaré la información?

Primero, elegiré la fórmula ______________ porque debo hallar el tiempo. A continuación, reemplazaré d y t. Luego ______________ para hallar el tiempo.

Resuelve el problema

- Primero, escribe la fórmula para hallar el tiempo.

$T = d \div t$

- A continuación, reemplaza d y t con los valores.

$T = \_\_\_\_\_\_ \text{ mi} \div \frac{\square \text{ mi}}{1 \text{ h}}$

- Vuelve a escribir la división como una multiplicación por el recíproco de $\frac{55 \text{ mi}}{1 \text{ h}}$.

$T = \frac{\square \text{ mi}}{1} \times \frac{1 \text{ h}}{\square \text{ mi}} = \_\_\_\_\_\_ \text{ h}$

Entonces, el viaje le toma ________ horas.

Charla matemática PRÁCTICAS MATEMÁTICAS 7
Busca estructuras ¿Cómo sabes qué fórmula usar?

Haz otro problema

La clase de Santiago hizo una excursión al Museo de Ciencias Naturales. Para llegar al destino, el autobús viajó a una tasa de 65 millas por hora durante 2 horas. ¿Qué distancia recorrió la clase de Santiago?

Elige la fórmula apropiada.

$d = t \times T$ $t = d \div T$ $T = d \div t$

Usa el organizador gráfico a continuación como ayuda para resolver el problema.

Lee el problema	Resuelve el problema
¿Qué debo hallar?	
¿Qué información debo usar?	
¿Cómo usaré la información?	

Entonces, la clase de Santiago recorrió ______________ millas.

Charla matemática

PRÁCTICAS MATEMÁTICAS 1

Evalúa ¿Cómo puedes comprobar tu resultado resolviendo el problema de otra manera?

1. **¿Qué pasaría si** el autobús viajara a una tasa de 55 millas por hora durante 2.5 horas? ¿Cómo afectaría a la distancia?

2. PRÁCTICA MATEMÁTICA 7 **Identifica relaciones** Describe cómo hallar la tasa si conoces la distancia y el tiempo.

Nombre ____________________

Comparte y muestra MATH BOARD

1. Mariana corre a una tasa de 180 metros por minuto. ¿Cuánto corre en 5 minutos?

Primero, elige la fórmula apropiada.

____

A continuación, reemplaza con los valores en la fórmula y resuelve.

____

Entonces, Mariana corre ______________ en 5 minutos.

2. PIENSA MÁS **¿Qué pasaría si** Mariana corriera durante 20 minutos a la misma velocidad? ¿Cuántos kilómetros correría?

____

3. Un carro recorrió 130 millas en 2 horas. ¿A qué velocidad viajaba?

____

4. Un vagón del metro viaja a una tasa de 32 pies por segundo. ¿Cuánto recorre en 16 segundos?

____

5. Un caracol de jardín se desplaza a una tasa de 2.6 pies por minuto. A esta tasa, ¿cuánto le tomará recorrer 65 pies?

____

6. MÁS AL DETALLE Una ardilla puede correr a una velocidad máxima de 12 millas por hora. A esta tasa, ¿cuánto segundos le tomará correr 3 millas?

____

7. PIENSA MÁS Un ciclista recorre 8 millas en 32 minutos. ¿Cuál es la velocidad del ciclista en millas por hora?

____

Soluciona el problema

- ✓ Elige la fórmula apropiada.
- ✓ Incluye la unidad en tu resultado.

ESCRIBE *Matemáticas*

Muestra tu trabajo

Por tu cuenta

8. Un piloto vuela 441 kilómetros en 31.5 minutos. ¿Cuál es la velocidad del avión?

9. MÁS AL DETALLE Chris gastó la mitad de su dinero en un par de auriculares. Luego, gastó la mitad del dinero que le quedaba en algunos CD. Por último, gastó los $12.75 que le quedaban en un libro. ¿Cuánto dinero tenía al principio?

ESCRIBE ▸ *Matemáticas*
Muestra tu trabajo

10. PIENSA MÁS André y Yazmeen salen al mismo tiempo y viajan 75 millas hasta una feria. André recorre 11 millas en 12 minutos. Yazmeen recorre 26 millas en 24 minutos. Si continúan a las mismas tasas, ¿quién llegará primero a la feria? Explica.

Matemáticas al instante

11. PRÁCTICA MATEMÁTICA 3 **Argumenta** Bonnie dice que si maneja a una tasa promedio de 40 millas por hora, le tomará aproximadamente 2 horas recorrer las 20 millas para cruzar la ciudad. ¿Tiene sentido el enunciado de Bonnie? Explica.

Entrenador personal en matemáticas

12. PIENSA MÁS+ Claire dice que si corre a una tasa promedio de 6 millas por hora, correrá 18 millas en 2 horas. ¿Estás de acuerdo o no con Claire? Usa números y palabras para apoyar tu respuesta.

Nombre ______________________________

Resolución de problemas • Fórmulas para calcular la distancia, la tasa y el tiempo

ESTÁNDAR COMÚN—6.RP.A.3d
Entienden los conceptos de razón y utilizan el razonamiento proporcional para resolver problemas.

Lee cada problema y resuélvelo.

1. Un esquiador se desliza a una tasa de 0.5 millas por minuto. ¿Qué distancia recorrerá el esquiador en 18 minutos?

$d = r \times t$

$d = \frac{0.5 \text{ mi}}{1 \text{ min}} \times 18 \text{ min}$

$d = 9$ millas

2. ¿Cuánto tardará una foca en recorrer 52 millas si nada a una velocidad de 8 millas por hora? ______________

3. Una libélula viajó a una tasa de 35 millas por hora durante 2.5 horas. ¿Qué distancia recorrió la libélula? ______________

4. Un carro de carreras recorre 1,212 kilómetros en 4 horas. ¿Cuál es la tasa de velocidad del carro? ______________

5. Kim y Jay parten a la misma hora en carro para viajar 25 millas hasta la playa. Kim recorre 9 millas en 12 minutos. Jay recorre 10 millas en 15 minutos. Si ambos continúan a la misma tasa de velocidad, ¿quién llegará primero a la playa? ______________

6. **ESCRIBE** ▸ *Matemáticas* Describe el lugar de la variable d en las fórmulas que incluyen tasa, tiempo y distancia.

____

____

____

Repaso de la lección (6.RP.A.3d)

1. Mark recorrió 25 millas en su bicicleta a una tasa de 10 millas por hora. ¿Cuánto tardó Mark en recorrer 25 millas en su bicicleta?

2. Joy corrió 13 millas en $3\frac{1}{4}$ horas. ¿Cuál fue su tasa promedio?

Repaso en espiral (6.RP.A.3a, 6.RP.A.3c, 6.RP.A.3d)

3. Escribe dos razones que sean equivalentes a $\frac{9}{12}$.

4. En el presupuesto de la familia Chang, el 0.6% de los gastos corresponde al servicio de Internet. ¿Qué fracción de los gastos de la familia corresponde al servicio de Internet? Escribe la fracción en su mínima expresión.

5. ¿Cuántos metros son equivalentes a 357 centímetros?

6. ¿Cuál es el producto de las dos cantidades que se muestran abajo?

$$\frac{60 \text{ mi}}{1 \text{ h}} \times 12 \text{ h}$$

PRACTICA MÁS CON EL
Entrenador personal en matemáticas

Nombre ______________________________________

Repaso y prueba del Capítulo 6

Entrenador personal en matemáticas
Evaluación e intervención en línea

1. Los obreros de una obra necesitan remover 2.5 toneladas de piedras de río durante la construcción de un edificio de oficinas.

Las piedras pesan [800 | 2,000 | 5,000] libras.

2. Elige las conversiones equivalentes a 10 yardas. Marca todas las opciones que correspondan.

- (A) 20 pies
- (B) 240 pulgadas
- (C) 30 pies
- (D) 360 pulgadas

3. Meredith corre a una tasa de 190 metros por minuto. Usa la fórmula $d = t \times T$ para hallar cuánto puede correr en 6 minutos.

4. La tabla muestra los datos de 4 ciclistas durante un día de entrenamiento. Completa la tabla con la velocidad de cada ciclista. Usa la fórmula $t = d \div T$.

Ciclista	Distancia (mi)	Tiempo (h)	Tasa (mi por h)
Alisha	36	3	
José	39	3	
Raúl	40	4	
Ruthie	22	2	

APRENDE EN LÍNEA
Opciones de evaluación
Prueba del capítulo

5. En los ejercicios 5a a 5e, elige <, > o =.

5a. 5 kilómetros [< | > | =] 5,000 metros

5b. 254 centilitros [< | > | =] 25.4 litros

5c. 6 kilogramos [< | > | =] 600 gramos

6. Una receta indica 16 onzas líquidas de crema baja en grasas para batir. Si Anthony tiene 1 pinta de crema para batir en su refrigerador, ¿tiene suficiente para la receta? Usa números y palabras para explicar tu respuesta.

7. En los ejercicios 7a a 7d, elige <, > o =.

7a. 43 pies [< | > | =] 15 yardas

7c. 10 pintas [< | > | =] 5 cuartos

7b. 5 toneladas [< | > | =] 5000 libras

7d. 6 millas [< | > | =] 600 yardas

8. MÁS AL DETALLE La distancia que separa la casa de Caleb de la escuela es 1.5 millas y la distancia de la casa de Ashlee a la escuela es 3,520 pies. ¿Cuál de los dos, Caleb o Ashlee, vive más cerca de la escuela? Usa números y palabras para apoyar tu respuesta.

Nombre ______________________________

9. Escribe las medidas en orden de menor a mayor.

7.4 kilogramos	7.4 decigramos	7.4 centigramos

__________ __________ __________

10. El corazón de un elefante late 28 veces por minuto. Completa el producto para hallar cuántas veces late su corazón en 30 minutos.

$$\frac{\square \text{ latidos}}{1 \text{ minuto}} \times \frac{\square \text{ minutos}}{1} = \square \text{ latidos}$$

11. La longitud de un campo de fútbol americano rectangular, incluyendo ambas zonas de anotación, es 120 yardas. El área del campo es 57,600 pies cuadrados. En los ejercicios 11a a 11d, elige Verdadero o Falso para cada enunciado.

11a. El ancho del campo es 480 yardas. ○ Verdadero ○ Falso

11b. La longitud del campo es 360 pies. ○ Verdadero ○ Falso

11c. El ancho del campo es 160 pies. ○ Verdadero ○ Falso

11d. El área del campo es 6,400 yardas cuadradas. ○ Verdadero ○ Falso

12. Harry recibió un paquete para su cumpleaños. El paquete pesaba 357,000 centigramos. Elige las conversiones que equivalen a 357,000 centigramos. Marca todas las opciones que correspondan.

○ 3.57 kilogramos

○ 357 decagramos

○ 3,570 gramos

○ 3,570,000 decigramos

13. El Sr. Martin escribió el siguiente problema en el pizarrón.

> El carro de Juanita consume 1 galón de combustible cada 21 millas.
> ¿Cuántas millas puede viajar Juanita con 7 galones de combustible?

Alex usó la expresión $\frac{21 \text{ millas}}{1 \text{ galón}} \times \frac{1}{7 \text{ galones}}$ para hallar la respuesta. Explica el error de Alex.

14. El Sr. Chen llenó la piscina inflable de su hijo con 20 galones de agua.

20 galones equivalen a [80 / 60 / 40] cuartos.

15. Nadia tiene una lata de vegetales con una masa de 411 gramos. Escribe conversiones equivalentes en las casillas correctas.

4.11 | 41.1 | 0.411

kilogramos	hectogramos	decagramos

16. Steve está conduciendo 440 millas para visitar el Gran Cañón. Conduce a una tasa promedio de 55 millas por hora. Explica cómo puedes hallar la cantidad de tiempo que le tomará llegar al Gran Cañón.

Nombre ______________________

17. Lucy camina una vez alrededor del lago. Camina durante 1.5 horas a una tasa promedio de 3 millas por hora. ¿Cuál es la distancia, en millas, alrededor del lago?

______ millas

18. El estacionamiento de una tienda tiene un ancho de 20 yardas y 2 pies, y una longitud de 30 yardas.

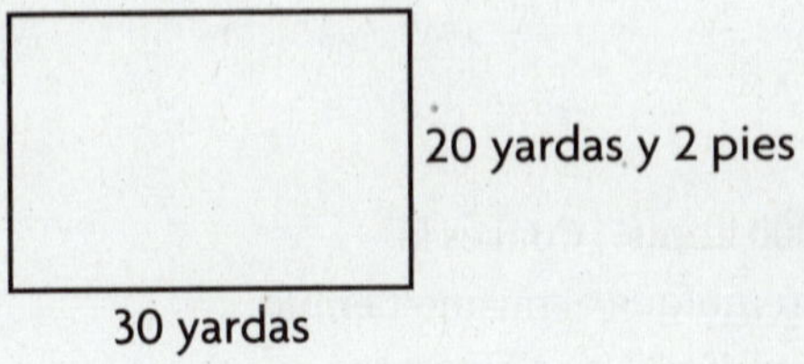

Parte A

Derrick dice que el ancho también puede escribirse como 22 pies. Explica si estás de acuerdo o no con Derrick.

Parte B

El costo para repavimentar el estacionamiento es $2 por pie cuadrado. Explica cuánto costará repavimentar el estacionamiento.

Entrenador personal en matemáticas

19. PIENSA MÁS + Jake está usando un remolque para llevar sus caballos a su nueva hacienda.

Parte A

Completa la tabla con el peso en libras del remolque de Jake y de cada caballo.

	Peso (t)	Peso (lb)
Caballo	0.5	
Remolque	1.25	

Parte B

El camión de Jake puede remolcar un máximo de 5,000 libras. ¿Cuál es la cantidad máxima de caballos que puede llevar en el remolque al mismo tiempo sin superar el peso máximo que puede remolcar su camión? Usa números y palabras para apoyar tu respuesta.

20. Una habitación rectangular mide 13 pies por 132 pulgadas. Tonya dijo que el área de la habitación es 1,716 pies cuadrados. Explica su error; luego halla el área en pies cuadrados.

Glosario

A

altura **height** La longitud de una línea perpendicular desde la base hasta la parte superior de una figura plana o un cuerpo geométrico
Ejemplo:

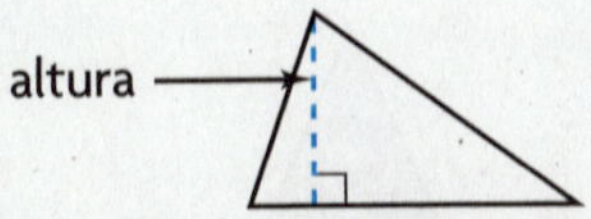

ángulo **angle** Una figura formada por dos semirrectas que comparten un mismo extremo
Ejemplo:

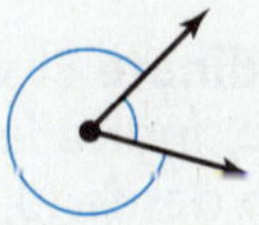

ángulo agudo **acute angle** Un ángulo que mide menos que un ángulo recto (menos de 90° y más de 0°)
Ejemplo:

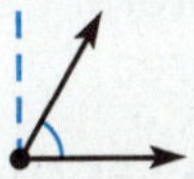

ángulo obtuso **obtuse angle** Un ángulo que mide más de 90° y menos de 180°
Ejemplo:

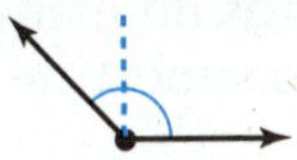

árbol de factores **factor tree** Un diagrama que muestra los factores primos de un número
Ejemplo:

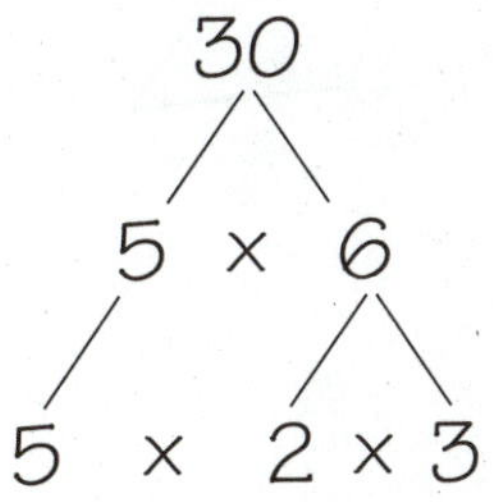

área **area** El número de unidades cuadradas que se necesitan para cubrir una superficie (pág. 533)

área lateral **lateral area** La suma de las áreas de las caras laterales de un cuerpo geométrico (pág. 616)

área total **surface area** La suma de las áreas de todas las caras, o superficies, de un cuerpo geométrico (pág. 603)

arista **edge** La línea donde se unen dos caras de un cuerpo geométrico
Ejemplo:

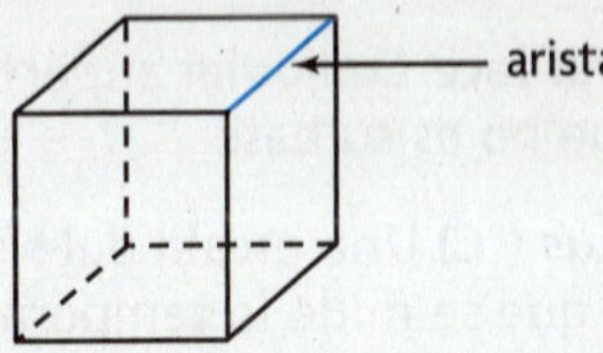

B

base (aritmética) **base** Un número que se usa como factor repetido (pág. 357)
Ejemplo: $8^3 = 8 \times 8 \times 8$. La base es 8.

base (geometría) **base** En figuras bidimensionales, uno de los lados de un triángulo o un paralelogramo que se usa para hallar el área. En figuras tridimensionales, una figura plana, por lo general un polígono o un círculo, que se usa para describir parcialmente un cuerpo geométrico y para hallar el volumen de algunos cuerpos geométricos. Ver también *altura*
Ejemplos:

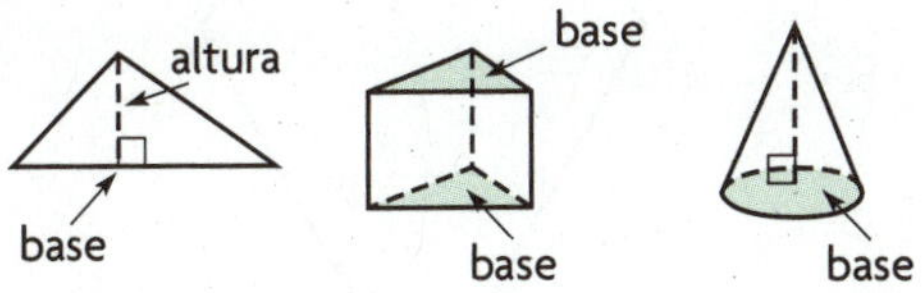

bidimensional **two-dimensional** Que se mide en dos direcciones, como la longitud y el ancho

C

capacidad **capacity** La cantidad que puede contener un recipiente (pág. 321)
Ejemplos: $\frac{1}{2}$ galón, 2 cuartos

cara **face** Un polígono que es una superficie plana de un cuerpo geométrico
Ejemplo:

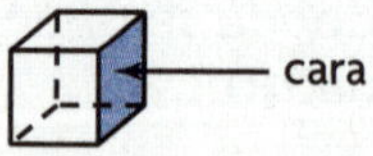

cara lateral **lateral face** Cualquier superficie de un poliedro que no es su base

Celsius (°C) **Celsius (°C)** Una escala del sistema métrico con la que se mide la temperatura

centésimo **hundredth** Una de cien partes iguales
Ejemplos: 0.56, $\frac{56}{100}$, cincuenta y seis centésimos

clave **key** La parte de un mapa o una gráfica que explica los símbolos

cociente **quotient** El resultado de una división
Ejemplo: $8 \div 4 = 2$. El cociente es 2.

coeficiente **coefficient** Un número que se multiplica por una variable (pág. 376)
Ejemplo: 6 es el coeficiente de x en $6x$.

cometa **kite** Un cuadrilátero que tiene exactamente dos pares de lados congruentes que están uno a continuación del otro; ningún par de lados es paralelo.
Ejemplo:

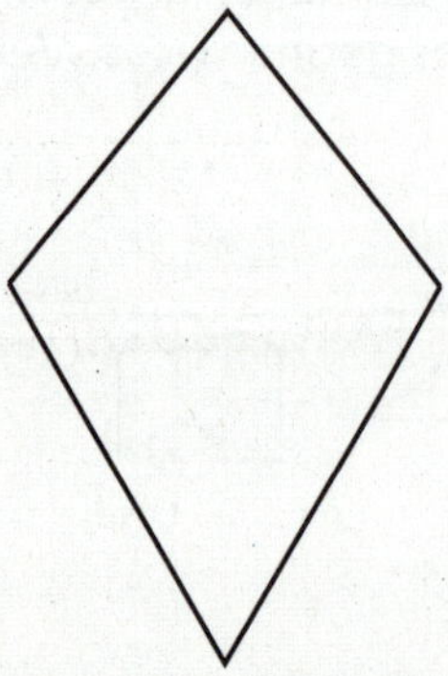

congruente **congruent** Que tiene el mismo tamaño y la misma forma (pág. 539)
Ejemplo:

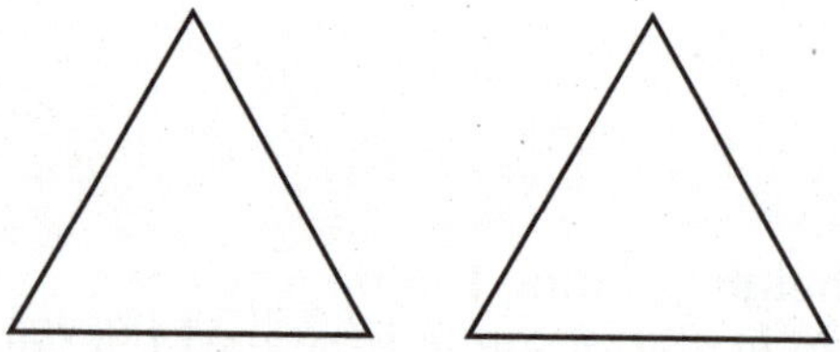

cono **cone** Un cuerpo geométrico que tiene una base circular plana y un vértice
Ejemplo:

coordenada *x* **_x_-coordinate** El primer número de un par ordenado; indica la distancia hacia la derecha o hacia la izquierda desde (0, 0) (pág. 177)

coordenada *y* **_y_-coordinate** El segundo número de un par ordenado; indica la distancia hacia arriba o hacia abajo desde (0, 0) (pág. 177)

cuadrado **square** Un polígono con cuatro lados iguales, o congruentes, y cuatro ángulos rectos

cuadrado de una unidad **unit square** Cuadrado con una longitud lateral de 1 unidad, que se utiliza para medir área

cuadrantes **quadrants** Las cuatro regiones del plano de coordenadas separadas por el eje x y el eje y (pág. 183)

cuadrícula **grid** Serie de cuadrados del mismo tamaño y dispuestos de manera uniforme sobre una figura o superficie plana

cuadrilátero **quadrilateral** Un polígono con cuatro lados y cuatro ángulos
Ejemplo:

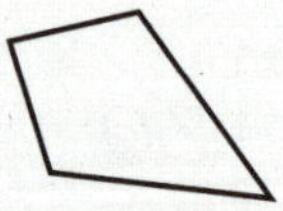

cubo **cube** Un cuerpo geométrico con seis caras cuadradas congruentes
Ejemplo:

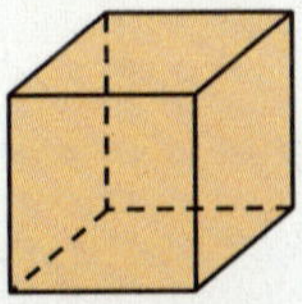

cubo unitario **unit cube** Cubo cuya longitud, ancho y altura es de 1 unidad

cuerpo geométrico **solid figure** Una figura tridimensional que tiene longitud, ancho y altura (pág. 597)

D

datos **data** Información que se recopila sobre personas o cosas, a menudo para sacar conclusiones sobre ellas (pág. 649)

decágono **decagon** Un polígono con diez lados y diez ángulos
Ejemplos:

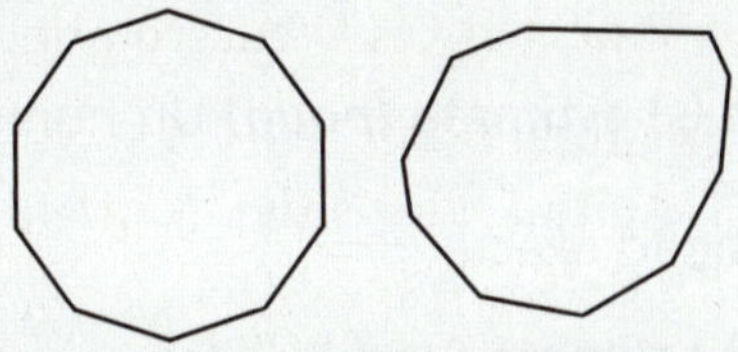

décimo **tenth** Una de diez partes iguales
Ejemplo: 0.7 = siete décimos

denominador **denominator** El número que está debajo de la barra en una fracción y que indica cuántas partes iguales hay en el entero o en el grupo

Ejemplo: $\frac{3}{4}$ ← denominador

denominador común **common denominator** Un múltiplo común de dos o más denominadores
Ejemplo: Algunos denominadores comunes de $\frac{1}{4}$ y $\frac{5}{6}$ son 12, 24 y 36.

descomposición en factores primos **prime factorization** Un número escrito como el producto de todos sus factores primos (pág. 11)

desigualdad **inequality** Un enunciado matemático que incluye el símbolo $<, >, \leq, \geq$ o $\neq$ (pág. 465)

desviación media absoluta **mean absolute deviation** La media de las distancias entre cada valor de un conjunto y la media del conjunto (pág. 720)

diagrama de árbol **tree diagram** Un diagrama de ramas que muestra todos los resultados posibles de un suceso

diagrama de caja **box plot** Una gráfica que muestra cómo se distribuyen los datos según la mediana, los cuartiles, el valor mínimo y el valor máximo (pág. 714)
Ejemplo:

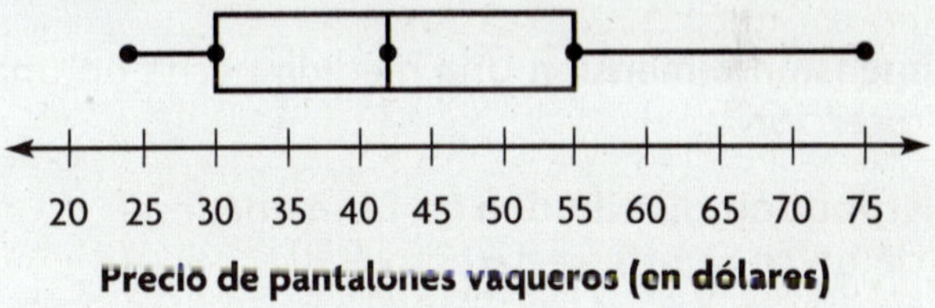

diagrama de escalera **ladder diagram** Un diagrama que muestra los pasos de una división repetida entre un número primo hasta llegar a un cociente de 1

diagrama de puntos **dot plot** Una gráfica que muestra la frecuencia de los datos en una recta numérica (pág. 661)
Ejemplo:

diagrama de Venn **Venn diagram** Un diagrama que muestra relaciones entre conjuntos de cosas
Ejemplo:

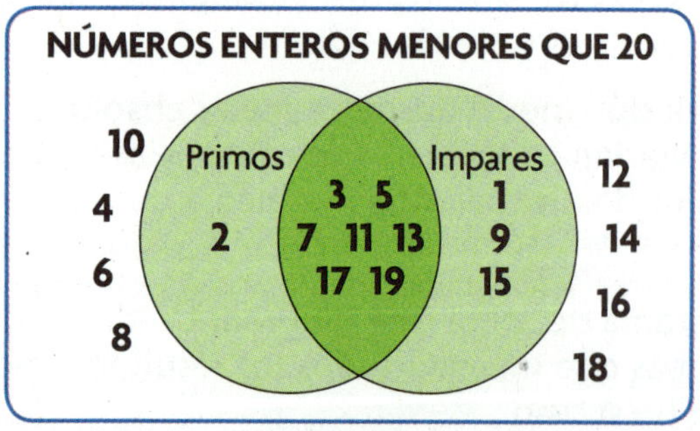

diferencia **difference** El resultado de una resta

dígito **digit** Cualquiera de los diez símbolos, 0, 1, 2, 3, 4, 5, 6, 7, 8, 9, que se usan para escribir números

dimensión **dimension** Una medida hecha en una dirección

distribución **distribution** La forma general de un conjunto de datos

dividendo **dividend** El número que se divide en una división
Ejemplo: $36 \div 6$; $6\overline{)36}$ El dividendo es 36.

dividir **divide** Separar en grupos iguales; operación opuesta a la multiplicación

divisible **divisible** Un número es divisible entre otro si el cociente es un número natural y el residuo es cero.
Ejemplo: 18 es divisible entre 3.

división **division** El proceso de repartir un número de elementos para hallar cuántos grupos iguales se pueden formar o cuántos elementos habrá en un grupo; operación opuesta a la multiplicación

divisor **divisor** El número entre el que se divide el dividendo
Ejemplo: $15 \div 3$; $3\overline{)15}$ El divisor es 3.

E

ecuación **equation** Un enunciado algebraico o numérico que indica que dos cantidades son iguales (pág. 421)

ecuación lineal **linear equation** Una ecuación que, al representarse gráficamente, forma una línea recta (pág. 517)

eje *x* ***x*-axis** La recta numérica horizontal en un plano de coordenadas (pág. 177)

eje *y* ***y*-axis** La recta numérica vertical en un plano de coordenadas (pág. 177)

eje de simetría **line of symmetry** Una línea que divide una figura en dos mitades que son reflejo una de la otra (pág. 184)

equivalente **equivalent** Que tiene el mismo valor

estimación (s) **estimate *(noun)*** Un número cercano a
una cantidad exacta

estimar (v) **estimate *(verb)*** Hallar un número cercano a una cantidad exacta

evaluar **evaluate** Hallar el valor de una expresión numérica o algebraica (pág. 363)

exponente **exponent** Un número que indica cuántas veces se usa la base como factor (pág. 357)
Ejemplo: $10^3 = 10 \times 10 \times 10$;
3 es el exponente.

Origen de la palabra

La palabra *exponente* proviene de la combinación de dos raíces latinas: *ex* ("fuera") + *ponere* ("colocar"). En el siglo XVII, los matemáticos comenzaron a trabajar con cantidades complejas. La idea de posicionar un número elevándolo "fuera de lugar" data de los tiempos de René Descartes.

expresión expression Una frase matemática o parte de un enunciado numérico que combina números, signos de operación y, a veces, variables, pero que no tiene un signo de la igualdad o desigualdad

expresión algebraica algebraic expression Una expresión que incluye al menos una variable (pág. 369)
Ejemplos: $x + 5$, $3a - 4$

expresión numérica numerical expression Una expresión matemática en la que solo se usan números y símbolos de operaciones (pág. 363)

expresiones equivalentes equivalent expressions Expresiones que son iguales entre sí para cualquiera de los valores de sus variables (pág. 401)
Ejemplo: $2x + 4x = 6x$

F

factor factor Un número que se multiplica por otro para hallar un producto

factor común common factor Un número que es factor de dos o más números (pág. 23)

factor de conversión conversion factor Una tasa en la que dos cantidades son iguales, pero se expresan en unidades diferentes (pág. 315)

factor primo prime factor Un factor que es un número primo

Fahrenheit (°F) Fahrenheit (°F) Una escala del sistema usual con la que se mide la temperatura

familia de operaciones fact family Un conjunto de ecuaciones de multiplicación y división o de suma y resta relacionadas
Ejemplo: $7 \times 8 = 56$; $8 \times 7 = 56$;
$56 \div 7 = 8$; $56 \div 8 = 7$

figura abierta open figure Una figura que no comienza ni termina en el mismo punto

figura bidimensional two-dimensional figure Ver *figura plana*

figura cerrada closed figure Una figura que comienza y termina en el mismo punto

figura compuesta composite figure Una figura formada por dos o más figuras más simples, como triángulos y cuadriláteros (pág. 571)
Ejemplo:

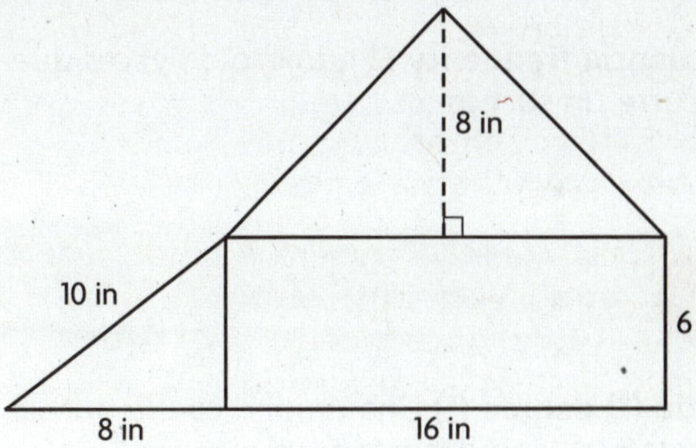

figura plana plane figure Una figura que se ubica sobre un plano; figura con longitud y ancho

figura tridimensional **three-dimensional solid**
Ver *cuerpo geométrico*

forma desarrollada **expanded form** Una manera de escribir los números mostrando el valor de cada dígito
Ejemplo: 832 = 800 + 30 + 2

forma normal **standard form** Una manera de escribir los números con los dígitos 0 a 9, en la que cada dígito tiene un valor posicional
Ejemplo: 456 ← forma normal

fórmula **formula** Un conjunto de símbolos que expresa una regla matemática
Ejemplo: $A = b \times h$

fracción **fraction** Un número que nombra una parte de un entero o una parte de un grupo

fracción unitaria **unit fraction** Una fracción que tiene 1 como numerador

fracciones equivalentes **equivalent fractions** Fracciones que nombran la misma cantidad o parte
Ejemplo: $\frac{3}{4} = \frac{6}{8}$

fracciones no semejantes **unlike fractions** Fracciones con diferente denominador

frecuencia **frequency** El número de veces que ocurre un suceso (pág. 661)

G

grado (°) **degree (°)** Una unidad con la que se miden los ángulos o la temperatura

grado Celsius (°C) **degree Celsius (°C)** Una unidad del sistema métrico con la que se mide la temperatura

grado Fahrenheit (°F) **degree Fahrenheit (°F)** Una unidad del sistema usual con la que se mide la temperatura

gráfica con dibujos **pictograph** Una gráfica que muestra datos numéricos con símbolos o dibujos
Ejemplo:

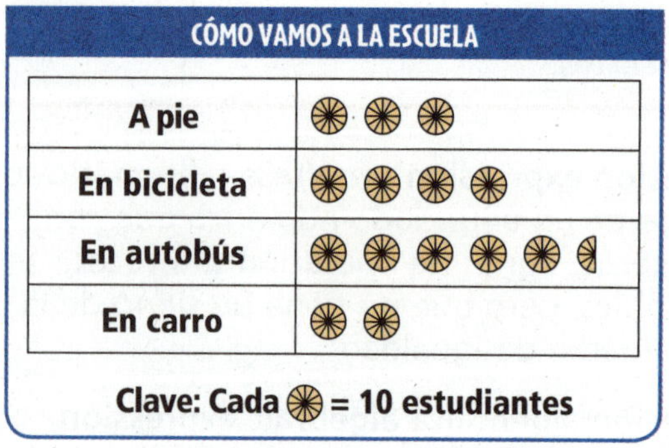

gráfica de barras **bar graph** Una gráfica en la que se usan barras horizontales o verticales para mostrar datos numéricos
Ejemplo:

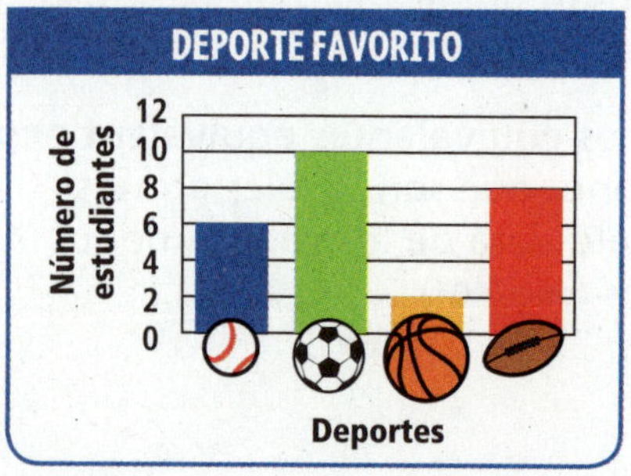

gráfica lineal **line graph** Una gráfica en la que se usan segmentos para mostrar cómo cambian los datos a lo largo del tiempo

H

hexágono **hexagon** Un polígono con seis lados y seis ángulos
Ejemplos:

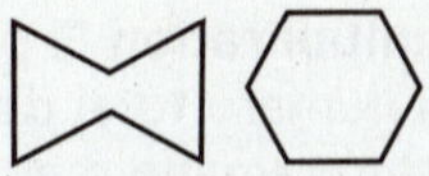

histograma **histogram** Un tipo de gráfica de barras que muestra las frecuencias de los datos en intervalos (pág. 667)
Ejemplo:

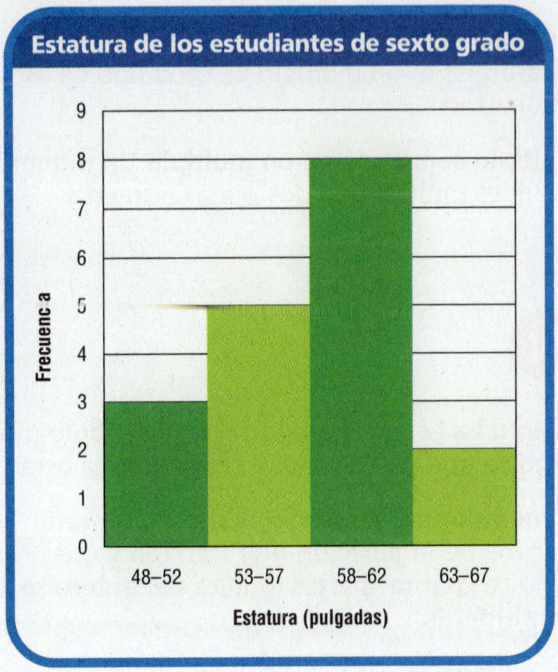

horizontal **horizontal** Que se extiende hacia la izquierda y hacia la derecha

I

impar **odd** Un número entero que tiene un 1, un 3, un 5, un 7 o un 9 en el lugar de las unidades

inverso aditivo **additive inverse** El número que, cuando se suma a un número dado, es igual a cero

inverso multiplicativo **multiplicative inverse** El recíproco de un número que, al multiplicarse por ese número, da un producto de 1 (pág. 108)

L

líneas secantes **intersecting lines** Rectas que se cruzan entre sí en un único punto
Ejemplo:

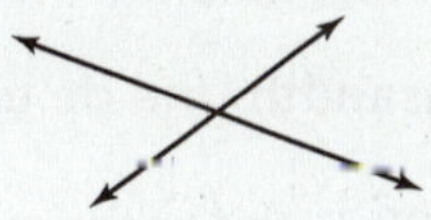

M

matriz **array** Una disposición de objetos en hileras y columnas
Ejemplo:

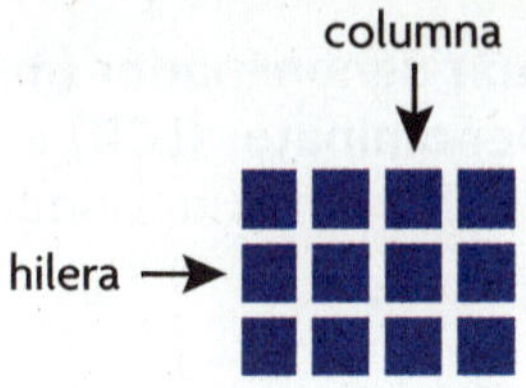

máximo común divisor (MCD) greatest common factor (GCF) El mayor de los divisores que dos o más números tienen en común (pág. 23)
Ejemplo: 6 es el MCD de 18 y 30.

media mean La suma de un conjunto de datos dividida entre el número de datos (pág. 681)

mediana median El valor del centro cuando un conjunto de datos se escribe de menor a mayor, o la media de los dos valores del centro cuando hay un número par de valores (pág. 681)

medida de dispersión measure of variability Un único valor que se usa para describir cómo se distribuyen los valores de un conjunto de datos (pág. 725)
Ejemplos: rango, rango intercuartil, desviación media absoluta

medida de tendencia central measure of center Un único valor que se usa para describir el centro de un conjunto de datos (pág. 681)
Ejemplos: media, mediana, moda

milésimo thousandth Una de un millar de partes iguales
Ejemplo: 0.006 = seis milésimos

millardo billion 1,000 millones; se escribe 1,000,000,000.

millón million 1,000 millares; se escribe 1,000,000.

mínima expresión simplest form Una fracción está en su mínima expresión cuando el numerador y el denominador solo tienen 1 como factor común.

mínimo común denominador (m.c.d.) least common denominator (LCD) El mínimo común múltiplo de dos o más denominadores
Ejemplo: El m.c.d. de $\frac{1}{4}$ y $\frac{5}{6}$ es 12.

mínimo común múltiplo (m.c.m.) least common multiple (LCM) El menor número que es múltiplo común de dos o más números (pág. 17)

moda mode El valor (o valores) de un conjunto de datos que ocurre con mayor frecuencia (pág. 681)

multiplicación multiplication El proceso por el cual se halla el número total de elementos en grupos del mismo tamaño o el número total de elementos en un número dado de grupos; es la operación opuesta a la división.

multiplicar multiply Combinar grupos iguales, para hallar cuántos elementos hay en total; es la operación opuesta a la división.

múltiplo multiple El producto de dos números naturales es un múltiplo de cada uno de esos números.

múltiplo común common multiple Un número que es múltiplo de dos o más números

N

no igual a (≠) not equal to (≠) Un símbolo que indica que una cantidad no es igual a otra

numerador numerator El número que está arriba de la barra en una fracción y que indica cuántas partes iguales del entero se consideran
Ejemplo: $\frac{3}{4}$ ← numerador

número compuesto composite number Un número que tiene más de dos factores
Ejemplo: 6 es un número compuesto, puesto que sus factores son 1, 2, 3 y 6.

número decimal **decimal** Un número con uno o más dígitos a la derecha del punto decimal

número entero **whole number** Uno de los números 0, 1, 2, 3, 4,...; el conjunto de los números enteros no tiene fin.

número entero negativo **negative integer** Cualquier número entero menor que cero
Ejemplos: −4, −5 y −6 son números enteros negativos.

número entero positivo **positive integer** Cualquier número entero mayor que cero

número mixto **mixed number** Un número formado por un número entero y una fracción
Ejemplo: $1\frac{5}{8}$

número primo **prime number** Un número que tiene exactamente dos factores: 1 y él mismo
Ejemplos: 2, 3, 5, 7, 11, 13, 17 y 19 son números primos. 1 no es un número primo.

número racional **rational number** Cualquier número que se puede escribir como una razón $\frac{a}{b}$, donde a y b son números enteros y $b \neq 0$. (pág. 151)

números compatibles **compatible numbers** Números que son fáciles de calcular mentalmente

números decimales equivalentes **equivalent decimals** Números decimales que indican el mismo número o la misma cantidad
Ejemplo: 0.4 = 0.40 = 0.400

números enteros **integers** El conjunto de los números enteros y sus opuestos (pág. 139)

O

octágono **octagon** Un polígono con ocho lados y ocho ángulos
Ejemplos:

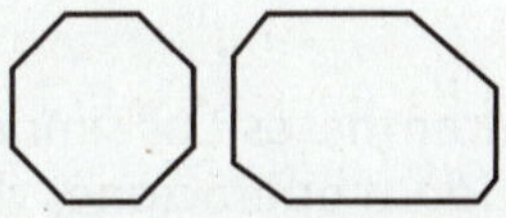

operaciones inversas **inverse operations** Operaciones opuestas u operaciones que se cancelan entre sí, como la suma y la resta o la multiplicación y la división (pág. 439)

opuestos **opposites** Dos números que están a la misma distancia de cero en una recta numérica, pero en direcciones opuestas (pág. 139)

orden de las operaciones **order of operations** Un conjunto de reglas que establece el orden en que se hacen los cálculos en una expresión (pág. 363)

origen **origin** El punto donde se intersecan los dos ejes de un plano de coordenadas; (0, 0) (pág. 177)

P

par **even** Un número entero que tiene un 0, un 2, un 4, un 6 o un 8 en el lugar de las unidades

par ordenado **ordered pair** Un par de números que se usa para ubicar un punto en una cuadrícula. El primer número indica la posición horizontal y el segundo, la posición vertical. (pág. 177)

paralelogramo **parallelogram** Un cuadrilátero con lados opuestos paralelos y congruentes
Ejemplo:

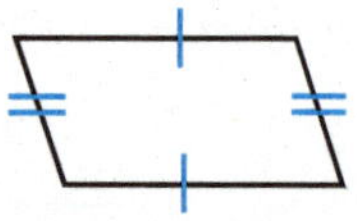

paréntesis **parentheses** Los símbolos que indican qué operación u operaciones de una expresión se deben realizar primero

patrón **pattern** Un conjunto ordenado de números u objetos; el orden permite predecir qué sigue a continuación.
Ejemplos: 2, 4, 6, 8, 10

pentágono **pentagon** Un polígono con cinco lados y cinco ángulos
Ejemplos:

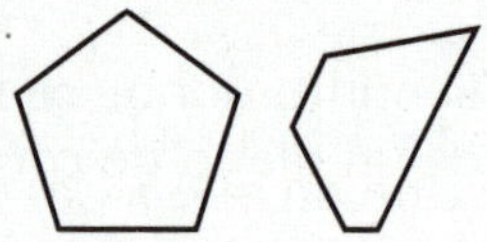

perímetro **perimeter** La distancia alrededor de una figura plana cerrada

período **period** Cada uno de los grupos de tres dígitos separados por comas en un número de varios dígitos
Ejemplo: 85,643,900 tiene tres períodos.

peso **weight** Cuán pesado es un objeto

pirámide **pyramid** Un cuerpo geométrico con una base poligonal y todas las demás caras son triángulos que se unen en un vértice común
Ejemplo:

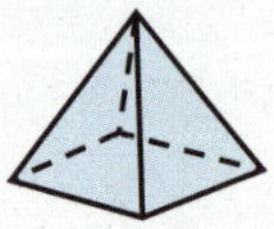

Origen de la palabra

Las fogatas a veces tienen forma de pirámide: tienen una base ancha y una punta arriba. Quizá de esta imagen provenga la palabra *pirámide*. En griego, *fuego* se decía *pura*; esta palabra pudo haberse combinado con la palabra egipcia *mer*.

pirámide cuadrada **square pyramid** Un cuerpo geométrico con una base cuadrada y cuatro caras triangulares que tienen un vértice común
Ejemplo:

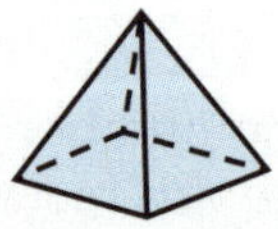

plano **plane** Una superficie plana que se extiende sin fin en todas las direcciones
Ejemplo:

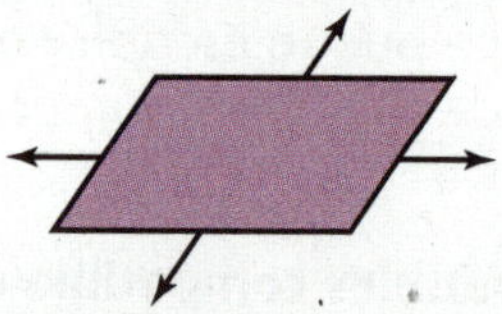

plano de coordenadas **coordinate plane** Un plano formado por una línea horizontal llamada eje *x* y una línea vertical llamada eje *y* (pág. 177)
Ejemplo:

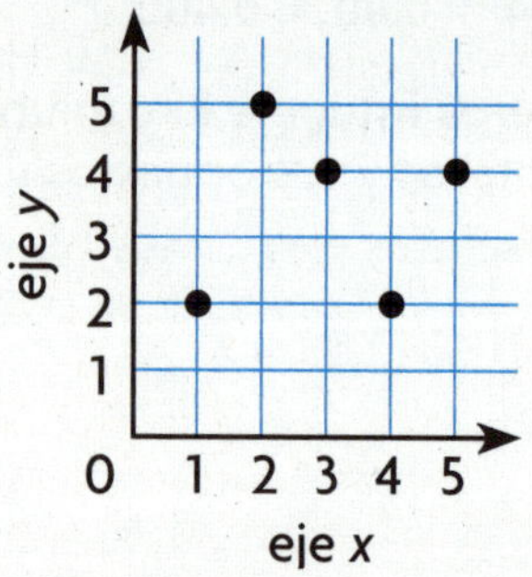

plantilla **net** Un patrón bidimensional que se puede plegar y transformarse en un poliedro tridimensional (pág. 597)
Ejemplo:

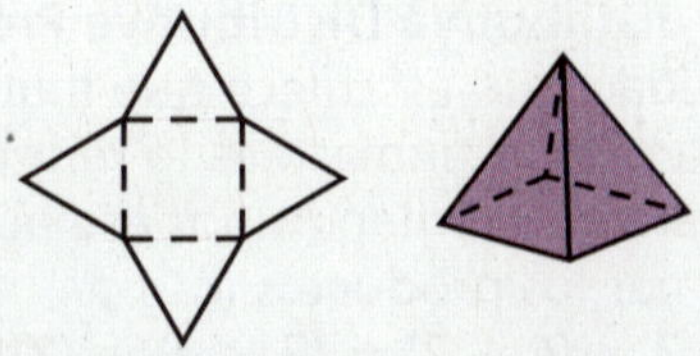

poliedro **polyhedron** Un cuerpo geométrico con caras que son polígonos
Ejemplos:

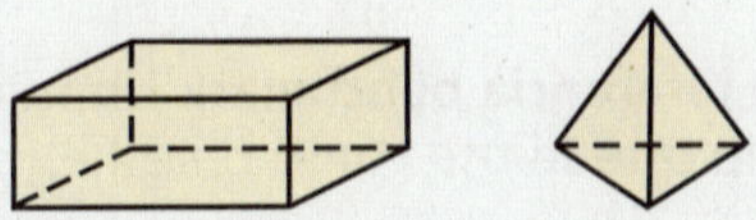

polígono **polygon** Una figura plana cerrada formada por tres o más segmentos
Ejemplos:

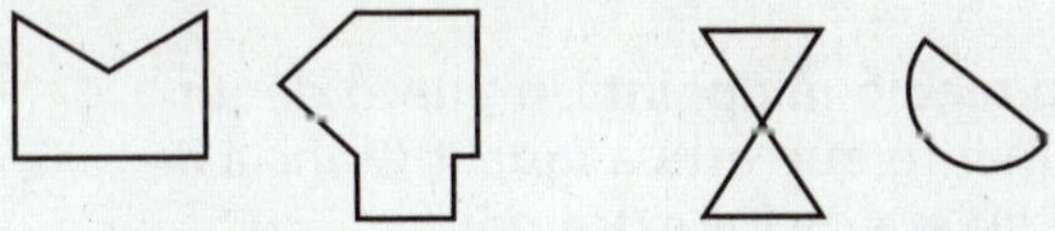

Polígonos No son polígonos.

polígono regular **regular polygon** Un polígono con todos los lados y todos los ángulos congruentes (pág. 565)

porcentaje **percent** La comparación de un número con 100; porcentaje significa "cada cien". (pág. 269)

pregunta estadística **statistical question** Una pregunta sobre un conjunto de datos que pueden variar (pág. 649)
Ejemplo: ¿Cuántos escritorios hay en cada salón de clases de mi escuela?

primer cuartil **lower quartile** La mediana de la mitad inferior de un conjunto de datos (pág. 713)

prisma **prism** Un cuerpo geométrico con dos bases congruentes de forma poligonal y otras caras que son todas rectángulos
Ejemplos:

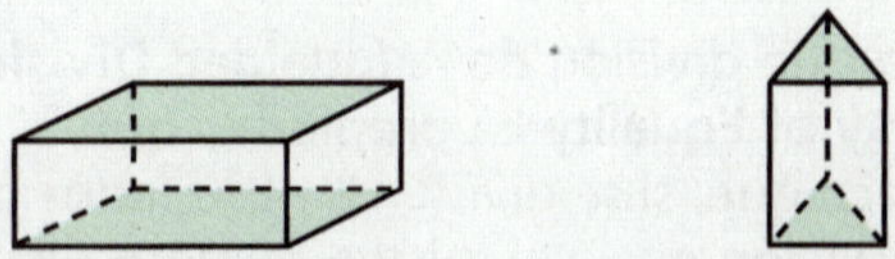

prisma rectangular prisma triangular

prisma rectangular **rectangular prism** Un cuerpo geométrico con seis caras que son rectángulos
Ejemplo:

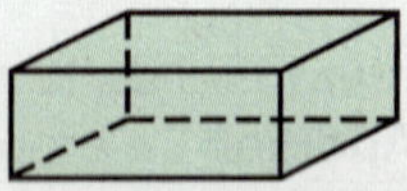

prisma triangular **triangular prism** Un cuerpo geométrico con dos bases triangulares y tres caras rectangulares

producto **product** El resultado de una multiplicación

producto parcial **partial product** Un método de multiplicación en el que las unidades, las decenas, las centenas, etc., se multiplican por separado y luego se suman los productos

propiedad asociativa de la multiplicación **Associative Property of Multiplication** La propiedad que establece que, cuando los factores se agrupan de otra manera, el producto sigue siendo el mismo
Ejemplo: $(2 \times 3) \times 4 = 2 \times (3 \times 4)$

propiedad asociativa de la suma **Associative Property of Addition** La propiedad que establece que, cuando los sumandos se agrupan de otra manera, el total sigue siendo el mismo
Ejemplo: $(5 + 8) + 4 = 5 + (8 + 4)$

propiedad conmutativa de la multiplicación **Commutative Property of Multiplication** La propiedad que establece que, cuando cambia el orden de dos factores, el producto es el mismo
Ejemplo: $4 \times 5 = 5 \times 4$

propiedad conmutativa de la suma **Commutative Property of Addition** La propiedad que establece que, cuando cambia el orden de dos sumandos, el total es el mismo
Ejemplo: $4 + 5 = 5 + 4$

propiedad de división de la igualdad **Division Property of Equality** La propiedad que establece que, si se dividen ambos lados de una ecuación entre el mismo número distinto de cero, los lados siguen siendo iguales

propiedad de identidad de la multiplicación **Identity Property of Multiplication** La propiedad que establece que el producto de cualquier número y 1 es ese número

propiedad de identidad de la suma **Identity Property of Addition** La propiedad que establece que, cuando se suma cero a cualquier número, el resultado es ese número

propiedad de multiplicación de la igualdad **Multiplication Property of Equality** La propiedad que establece que, si se multiplican ambos lados de una ecuación por el mismo número, los lados siguen siendo iguales

propiedad de resta de la igualdad **Subtraction Property of Equality** La propiedad que establece que, si se resta el mismo número de ambos lados de una ecuación, los lados siguen siendo iguales

propiedad de suma de la igualdad **Addition Property of Equality** La propiedad que establece que, si se suma el mismo número a ambos lados de una ecuación, los lados siguen siendo iguales

propiedad de sustitución de la igualdad **Substitution Property of Equality** La propiedad que establece que, si hay una cantidad igual a otra, se puede reemplazar esa cantidad por la otra en una ecuación

propiedad del cero de la multiplicación **Zero Property of Multiplication** La propiedad que establece que, cuando se multiplica por cero, el producto es cero

propiedad distributiva **Distributive Property** La propiedad que establece que multiplicar una suma por un número es lo mismo que multiplicar cada sumando por ese número y luego sumar los productos (pág. 24)
Ejemplo: $3 \times (4 + 2) = (3 \times 4) + (3 \times 2)$
$3 \times 6 = 12 + 6$
$18 = 18$

punto **point** Una ubicación exacta en el espacio

punto de referencia **benchmark** Un número conocido que se usa como parámetro

punto decimal **decimal point** Un símbolo que se usa para separar los dólares de los centavos en las cantidades de dinero y el lugar de las unidades del de los décimos en un número decimal

punto medio **midpoint** Un punto de un segmento que está a igual distancia de cualquiera de los extremos

R

rango **range** La diferencia entre el número mayor y el número menor de un conjunto de datos (pág. 726)

rango intercuartil **interquartile range** La diferencia entre el primer cuartil y el tercer cuartil de un conjunto de datos (pág. 726)

razón **ratio** Una comparación entre dos números, *a* y *b*, que se puede escribir como una fracción $\frac{a}{b}$ (pág. 211)

razones equivalentes **equivalent ratios** Razones que nombran la misma comparación (pág. 223)

reagrupar **regroup** Intercambiar cantidades de igual valor para convertir un número
Ejemplo: 5 + 8 = 13 unidades o 1 decena y 3 unidades

recíproco **reciprocal** Dos números son recíprocos entre sí si su producto es igual a 1. (pág. 108)

recta **line** Una trayectoria recta que se extiende en ambas direcciones y no tiene extremos
Ejemplo:

recta numérica **number line** Una línea en la que se pueden ubicar los números
Ejemplo:

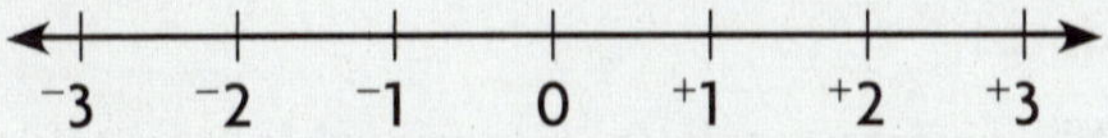

rectángulo **rectangle** Un paralelogramo con cuatro ángulos rectos
Ejemplo:

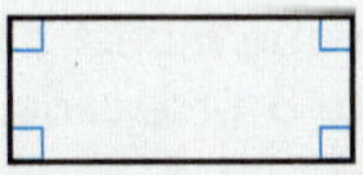

rectas paralelas **parallel lines** Rectas ubicadas en el mismo plano que nunca se intersecan y siempre están a la misma distancia entre sí
Ejemplo:

rectas perpendiculares **perpendicular lines** Dos rectas que se intersecan y forman cuatro ángulos rectos
Ejemplo:

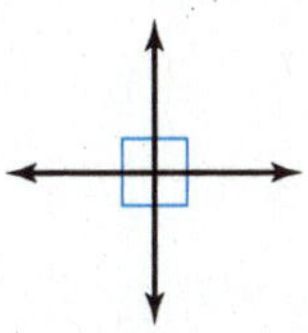

redondear **round** Reemplazar un número por otro que es más sencillo y tiene aproximadamente el mismo tamaño que el número original
Ejemplo: 114.6 redondeado a la decena más próxima es 110 y a la unidad más próxima es 115.

reflexión **reflection** El movimiento de una figura a una nueva posición al invertirla sobre una línea; inversión
Ejemplo:

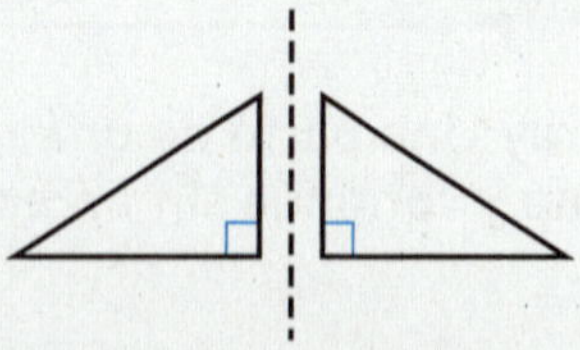

residuo **remainder** La cantidad que queda cuando no se puede dividir un número en partes iguales

resta **subtraction** El proceso de hallar cuántos elementos quedan cuando se quita un número de elementos de un grupo; el proceso de hallar la diferencia cuando se comparan dos grupos; la operación opuesta a la suma

rombo **rhombus** Un paralelogramo con cuatro lados congruentes
Ejemplo:

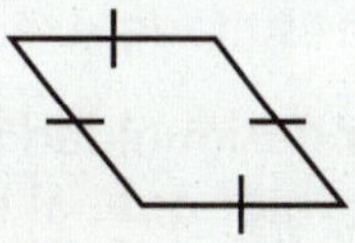

Origen de la palabra

La palabra *rombo* es casi idéntica a la palabra original en griego, *rhombos*, que significaba "trompo" o "rueda mágica". Al observar un rombo, que es un paralelogramo equilátero, es fácil imaginar su relación con un trompo.

S

secuencia **sequence** Un conjunto ordenado de números

segmento **line segment** Una parte de una recta que incluye dos puntos llamados extremos y todos los puntos que hay entre ellos
Ejemplo:

semirrecta **ray** Una parte de una recta; tiene un extremo y continúa sin fin en una sola dirección.
Ejemplo:

simetría axial **line symmetry** Una figura tiene simetría axial si se puede plegar a lo largo de una línea de manera que sus dos partes coincidan totalmente. (pág. 184)

simplificar **simplify** El proceso de dividir el numerador y el denominador de una fracción o una razón entre un factor común

sobrestimar **overestimate** Hacer una estimación mayor que el resultado exacto

solución de una desigualdad **solution of an inequality** Un valor que, al reemplazar la variable, hace verdadera la desigualdad (pág. 465)

solución de una ecuación **solution of an equation** Un valor que, al reemplazar la variable, hace verdadera una ecuación (pág. 421)

subestimar **underestimate** Hacer una estimación menor que el resultado exacto

suma **addition** El proceso de hallar el número total de elementos cuando se juntan dos o más grupos de elementos; la operación opuesta a la resta

suma o total **sum** El resultado de una suma

sumando **addend** Un número que se suma a otro en una suma

T

tabla de conteo **tally table** Una tabla en la que se usan marcas de conteo para registrar los datos

tabla de frecuencia **frequency table** Una tabla en la que se registran datos numéricos sobre con qué frecuencia ocurre un suceso (pág. 662)

tabla de frecuencia relativa **relative frequency table** Una tabla que muestra el porcentaje de tiempo en el que ocurre cada dato (pág. 662)

tasa **rate** Una razón que compara dos cantidades que se expresan en diferentes unidades de medida (pág. 218)

tasa por unidad **unit rate** Una tasa que se expresa de manera que el segundo término de la razón es una unidad (pág. 218)
Ejemplo: 55 mi por h

tendencia **trend** Un patrón observable en el tiempo, en toda una gráfica o en parte de ella, en el que los datos aumentan, disminuyen o permanecen iguales

tercer cuartil **upper quartile** La mediana de la mitad superior de un conjunto de datos (pág. 713)

términos **terms** Las partes de una expresión que están separadas por un signo de suma o de resta (pág. 376)

términos semejantes **like terms** Expresiones que tienen la misma variable con el mismo exponente (pág. 395)

trapecio **trapezoid** Un cuadrilátero con un solo par de lados paralelos (pág. 551)
Ejemplos:

triángulo **triangle** Un polígono con tres lados y tres ángulos
Ejemplos:

triángulo acutángulo **acute triangle** Un triángulo que tiene tres ángulos agudos

triángulo equilátero **equilateral triangle** Un triángulo con tres lados congruentes
Ejemplo:

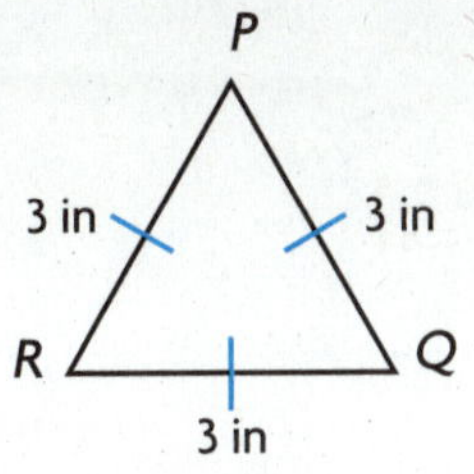

triángulo obtusángulo **obtuse triangle** Un triángulo con un ángulo obtuso

triángulo rectángulo **right triangle** Un triángulo con un ángulo recto
Ejemplo:

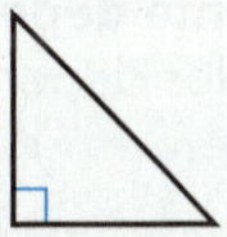

tridimensional **three-dimensional** Que se mide en tres direcciones, como la longitud, el ancho y la altura

U

unidad cuadrada **square unit** Una unidad con la que se mide el área, como pie cuadrado (ft^2), metro cuadrado (m^2), etc.

unidad cúbica **cubic unit** Una unidad con la que se mide el volumen, como pie cúbico (ft^3), metro cúbico (m^3), etc.

unidad lineal **linear unit** Una medida de longitud, ancho, altura o distancia

V

valor absoluto **absolute value** La distancia entre un número entero y cero en una recta numérica (pág. 165)

valor atípico **outlier** Un valor mucho mayor o menor que los demás valores de un conjunto de datos (pág. 687)

valor posicional **place value** El valor que tiene cada dígito en un número según su ubicación

variable **variable** Una letra o un símbolo que representa uno o varios números desconocidos (pág. 369)

variable dependiente **dependent variable** Una variable cuyo valor depende del valor de otra cantidad (pág. 491)

variable independiente **independent variable** Una variable cuyo valor determina el valor de otra cantidad (pág. 491)

vertical **vertical** Que se extiende hacia arriba y hacia abajo

vértice **vertex** El punto en el que se unen dos o más semirrectas; punto de intersección de dos lados de un polígono; punto de intersección de tres (o más) aristas de un cuerpo geométrico; punta de un cono

Ejemplos:

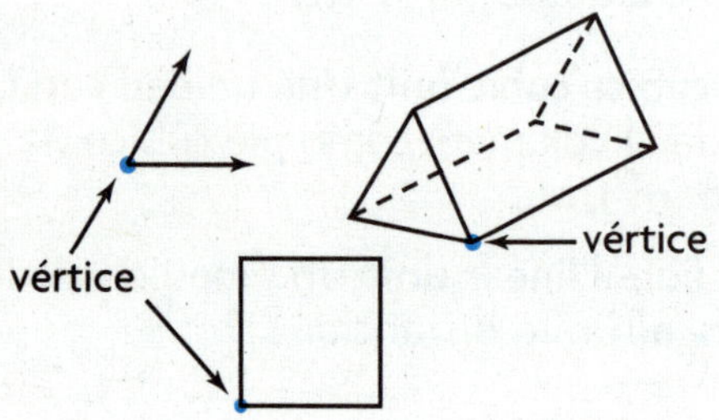

volumen **volume** La medida del espacio que ocupa un cuerpo geométrico (pág. 623)

Correlaciones

ESTÁNDARES ESTATALES COMUNES

Estándares que aprenderás

Prácticas matemáticas		Algunos ejemplos son:
MP1	Dan sentido a los problemas y perseveran en su resolución.	Lecciones 1.1, 2.6, 2.9, 6.3, 6.5, 7.6, 8.7, 12.8, 13.2, 13.7
MP2	Razonan de forma abstracta y cuantitativa.	Lecciones 1.1, 2.3, 3.1, 7.3, 7.4, 7.9, 11.2, 12.7, 13.5
MP3	Construyen argumentos viables y critican el razonamiento de otros.	Lecciones 1.2, 2.3, 3.5, 6.4, 7.7, 8.1, 11.4, 12.5, 13.7
MP4	Representación a través de las matemáticas	Lecciones 1.4, 2.5, 2.8, 6.3, 7.2, 8.2, 10.4, 12.4, 13.3
MP5	Utilizan las herramientas apropiadas estratégicamente.	Lecciones 2.8, 3.4, 5.1, 6.3, 8.3, 9.2, 12.3, 12.8, 13.7
MP6	Ponen atención a la precisión.	Lecciones 1.6, 2.9, 3.5, 7.4, 7.9, 8.1, 13.6, 13.7, 13.8
MP7	Reconocen y utilizan estructuras.	Lecciones 1.2, 2.9, 3.1, 5.2, 6.5, 8.6, 13.1, 13.4, 13.8
MP8	Reconocen y expresan regularidad en el razonamiento repetitivo.	Lecciones 1.9, 2.7, 3.2, 4.5, 6.1, 7.1, 10.2, 12.5, 13.1
Área: Razones y relaciones proporcionales		**Lecciones del Libro del estudiante**
Entienden los conceptos de razón y utilizan el razonamiento proporcional para resolver problemas.		
6.RP.A.1	Entienden el concepto de una razón y utilizan el lenguaje de las razones para describir una relación de razón entre dos cantidades.	Lecciones 4.1, 4.2
6.RP.A.2	Entienden el concepto de una tasa por unidad *a/b* asociada con una razón *a:b* para $b \neq 0$, y utilizan el lenguaje de las tasas en el contexto de una relación de razones.	Lecciones 4.2, 4.6

Estándares que aprenderás

Área: Razones y relaciones proporcionales *(continuación)*		Lecciones del Libro del estudiante
6.RP.A.3	Utilizan el razonamiento sobre las razones y tasas para resolver problemas matemáticos y del mundo real, por ejemplo, al razonar sobre tablas de razones equivalentes, diagramas de cintas, diagramas de rectas numéricas dobles, o ecuaciones.	
	a. Crean tablas de razones equivalentes relacionando cantidades a medidas de números enteros, hallan valores que faltan en las tablas, y marcan pares de valores en el plano de coordenadas. Utilizan tablas para comparar razones.	Lecciones 4.3, 4.4, 4.5, 4.8
	b. Resuelven problemas sobre tasas de unidad, incluyendo aquellos problemas relacionados al precio por unidad y la velocidad constante.	Lecciones 4.6, 4.7
	c. Hallan el porcentaje de una cantidad como una tasa por 100 (por ejemplo, 30% de una cantidad significa 30/100 veces la cantidad); resuelven problemas en los que se debe hallar un entero dados una parte y el porcentaje.	Lecciones 5.1, 5.2, 5.3, 5.4, 5.5, 5.6
	d. Utilizan el razonamiento proporcional para convertir unidades de medida; manipulan y transforman unidades correctamente al multiplicar o dividir cantidades.	Lecciones 6.1, 6.2, 6.3, 6.4, 6.5

Estándares que aprenderás

Estándares que aprenderás		Lecciones del Libro del estudiante
Área: El sistema numérico		
Aplican y extienden conocimientos previos de multiplicación y división para dividir fracciones entre fracciones.		
6.NS.A.1	Interpretan y calculan cocientes de fracciones, y resuelven problemas verbales relacionados a la división de fracciones entre fracciones, por ejemplo, al utilizar modelos visuales de fracciones y ecuaciones para representar el problema.	Lecciones 2.5, 2.6, 2.7, 2.8, 2.9, 2.10
Calculan con facilidad números de múltiples dígitos, y hallan factores y múltiplos comunes.		
6.NS.B.2	Dividen con facilidad números de múltiples dígitos utilizando el algoritmo convencional.	Lección 1.1
6.NS.B.3	Suman, restan, multiplican y dividen decimales de múltiples dígitos utilizando el algoritmo convencional para cada operación, con facilidad.	Lecciones 1.6, 1.7, 1.8, 1.9
6.NS.B.4	Hallan el máximo común divisor de dos números enteros menores que o iguales a 100, y hallan el mínimo común múltiplo de dos números enteros menores que o iguales a 12. Utilizan la propiedad distributiva para expresar la suma de dos números enteros entre 1 y 100 que tienen un factor común como un múltiplo de la suma de dos números enteros que no tienen un factor común.	Lecciones 1.2, 1.3, 1.4, 1.5, 2.3, 2.4

Estándares que aprenderás

Estándares que aprenderás		Lecciones del Libro del estudiante
Aplican y extienden conocimientos previos sobre números al sistema de números racionales.		
6.NS.C.5	Entienden que los números positivos y negativos se usan juntos para describir cantidades que tienen valores o sentidos opuestos (por ejemplo, la temperatura sobre/bajo cero, la elevación sobre/bajo el nivel del mar, los créditos/débitos, la carga eléctrica positiva/negativa); utilizan números positivos y negativos para representar cantidades en contextos del mundo real, explicando el significado del 0 en cada situación.	Lecciones 3.1, 3.3
6.NS.C.6	Entienden un número racional como un punto en una recta numérica. Extienden el conocimiento adquirido en los grados anteriores sobre las rectas numéricas y los ejes de coordenadas para representar puntos de números negativos en la recta y en el plano de coordenadas.	
	a. Reconocen que los signos opuestos de un número indican posiciones opuestas a ambos lados del 0 en la recta numérica; reconocen que el opuesto del opuesto de un número es el número mismo, por ejemplo, $-(-3) = 3$, y que 0 es su propio opuesto.	Lecciones 3.1, 3.3
	b. Entienden que los signos de los números en los pares ordenados indican sus posiciones en los cuadrantes del plano de coordenadas; reconocen que cuando dos pares ordenados difieren solo en sus signos, las posiciones de los puntos están relacionadas por reflexiones a través de uno o ambos de los ejes.	Lección 3.8
	c. Hallan y colocan números enteros y otros números racionales en una recta numérica horizontal o vertical; hallan y colocan pares de números enteros y otros números racionales en un plano de coordenadas.	Lecciones 2.1, 3.1, 3.3, 3.7

Estándares que aprenderás

Lecciones del Libro del estudiante

Aplican y extienden conocimientos previos sobre números al sistema de números racionales. *(continuación)*		
6.NS.C.7	Entienden el ordenamiento de números y el valor absoluto de los números racionales.	
	a. Interpretan los enunciados de desigualdad como enunciados sobre la posición relativa de dos números en una recta numérica.	Lecciones 2.2, 3.2, 3.4
	b. Escriben, interpretan y explican los enunciados sobre orden con números racionales en contextos del mundo real.	Lecciones 3.2, 3.4
	c. Entienden el valor absoluto de un número racional como su distancia a partir del 0 en la recta numérica; interpretan el valor absoluto como una magnitud para una cantidad positiva o negativa en una situación en el mundo real.	Lección 3.5
	d. Distinguen entre las comparaciones de valores absolutos y los enunciados sobre orden.	Lección 3.6
6.NS.C.8	Resuelven problemas matemáticos y del mundo real al marcar puntos en los cuatro cuadrantes de un plano de coordenadas. Incluyen el uso de coordenadas y el valor absoluto para hallar las distancias entre puntos que tienen la misma primera o segunda coordenada.	Lecciones 3.9, 3.10

Estándares que aprenderás

		Lecciones del Libro del estudiante
Área: Expresiones y ecuaciones		
Aplican y extienden conocimientos previos sobre la aritmética a las expresiones algebraicas.		
6.EE.A.1	Escriben y evalúan expresiones numéricas relacionadas a los exponentes de números enteros.	Lecciones 7.1, 7.2
6.EE.A.2	Escriben, leen y evalúan expresiones en las cuales las letras representan números.	
	a. Escriben expresiones que representan operaciones mediante números y letras que simbolizan números.	Lección 7.3
	b. Identifican las partes de una expresión usando términos matemáticos (suma, término, producto, factor, cociente, coeficiente); consideran una o más partes de una expresión como una entidad única.	Lección 7.4
	c. Evalúan expresiones para valores específicos de sus variables. Incluyen expresiones que surgen de fórmulas utilizadas en problemas en el mundo real. Efectúan cálculos aritméticos, incluyendo aquellos con exponentes de números enteros, en el orden convencional cuando no haya paréntesis que especifique un orden en particular (Orden de las operaciones).	Lecciones 7.5, 10.1, 10.3, 10.5, 10.6, 10.7, 11.3, 11.4, 11.6
6.EE.A.3	Aplican las propiedades de las operaciones para generar expresiones equivalentes.	Lecciones 7.7, 7.8

Estándares que aprenderás

Estándares que aprenderás		Lecciones del Libro del estudiante
Aplican y extienden conocimientos previos sobre la aritmética a las expresiones algebraicas. *(continuación)*		
6.EE.A.4	Identifican cuándo es que dos expresiones son equivalentes (por ejemplo: cuándo ambas expresiones simbolizan el mismo número sin importar el valor que se sustituya en ellas). *Por ejemplo, la expresión $y + y + y$ es equivalente a la expresión $3y$ porque ambas simbolizan el mismo número sin importar el número que represente y.*	Lección 7.9
Razonan y resuelven ecuaciones de una sola variable y ecuaciones con desigualdades.		
6.EE.B.5	Entienden el resolver una ecuación o una desigualdad como un proceso en el cual se contesta una pregunta: ¿qué valores de un conjunto especificado, si es que los hay, hacen que la ecuación o la desigualdad sea verdadera? Utilizan la sustitución para determinar si un número dado en un conjunto especificado hace que una ecuación o desigualdad sea verdadera.	Lecciones 8.1, 8.8
6.EE.B.6	Utilizan variables para representar números y escribir expresiones al resolver problemas matemáticos o del mundo real; entienden que una variable puede representar un número desconocido, o, según el propósito, cualquier número en un conjunto especificado.	Lección 7.6
6.EE.B.7	Resuelven problemas matemáticos o del mundo real al escribir y resolver ecuaciones de la forma $x + p = q$ además $px = q$ en casos en los que p, q además de x son todos números racionales no negativos.	Lecciones 8.2, 8.3, 8.4, 8.5, 8.6, 8.7, 10.1
6.EE.B.8	Escriben una desigualdad de la forma $x > c$ o $x < c$ para representar una restricción o condición en un problema matemático o del mundo real. Reconocen que las desigualdades de la forma $x > c$ o $x < c$ tienen un número infinito de soluciones; representan las soluciones de dichas desigualdades sobre una recta numérica.	Lecciones 8.9, 8.10

Estándares que aprenderás

		Lecciones del Libro del estudiante
Representan y analizan las relaciones cuantitativas entre variables dependientes e independientes.		
6.EE.C.9	Usan variables para representar dos cantidades que cambian en relación una con la otra, en un problema del mundo real; escriben una ecuación para expresar una cantidad, considerada como la variable dependiente, en términos de la otra cantidad, considerada como la variable independiente. Analizan la relación entre variables dependientes e independientes utilizando gráficas y tablas, y relacionan éstas a la ecuación. *Por ejemplo, en un problema que tenga que ver con movimiento a velocidad constante, hacen una lista y una gráfica de pares ordenados de distancias y tiempos, y escriben la ecuación* $d = 65t$ *para representar la relación entre la distancia y el tiempo.*	Lecciones 9.1, 9.2, 9.3, 9.4, 9.5
Área: Geometría		
Resuelven problemas matemáticos y del mundo real relacionados al área, el área total y el volumen.		
6.G.A.1	Hallan el área de triángulos rectos, otros triángulos, cuadriláteros especiales, y polígonos mediante su composición en rectángulos o su descomposición en triángulos y otras figuras geométricas; aplican estas técnicas al contexto de la resolución de problemas matemáticos y del mundo real.	Lecciones 10.1, 10.2, 10.3, 10.4, 10.5, 10.6, 10.7, 10.8, 11.7
6.G.A.2	Hallan el volumen de un prisma recto rectangular con longitudes de arista fraccionarias rellenándolo con bloques de unidades cuyas longitudes corresponden a las aristas fraccionarias, y muestran que el volumen es igual al que se hallaría multiplicando las longitudes de las aristas del prisma. Aplican las fórmulas $V = lah$ y $V = bh$ para hallar los volúmenes de prismas rectos rectangulares con longitudes de arista fraccionarias en el contexto de la resolución de problemas matemáticos y del mundo real.	Lecciones 11.5, 11.6, 11.7

Estándares que aprenderás

Lecciones del Libro del estudiante

Resuelven problemas matemáticos y del mundo real relacionados al área, el área total y el volumen. *(continuación)*		
6.G.A.3	Dibujan polígonos en un plano de coordenadas dadas las coordenadas para los vértices; utilizan coordenadas para hallar la longitud de un lado que conecta dos puntos cuya primera o segunda coordenada es la misma. Aplican estas técnicas al contexto de la resolución de problemas matemáticos y del mundo real.	Lección 10.9
6.G.A.4	Representan figuras tridimensionales utilizando modelos planos compuestos de rectángulos y triángulos, y utilizan los modelos planos para hallar el área total de estas figuras. Aplican estas técnicas al contexto de la resolución de problemas matemáticos y del mundo real.	Lecciones 11.1, 11.2, 11.3, 11.4, 11.7
Área: Estadísticas y probabilidad		
Desarrollan la comprensión sobre la variabilidad estadística.		
6.SP.A.1	Reconocen la pregunta estadística como una pregunta que anticipa la variabilidad de los datos relacionados a la pregunta y la justifica en las respuestas. *Por ejemplo, "¿Qué edad tengo?" no es una pregunta estadística, pero "¿Qué edad tienen los estudiantes de mi escuela?" sí es una pregunta estadística porque existe una variabilidad anticipada en las edades de los estudiantes.*	Lección 12.1
6.SP.A.2	Entienden que un conjunto de datos reunidos para contestar una pregunta estadística tiene una distribución que puede describirse según su centro, su dispersión, y su forma general.	Lecciones 12.6, 13.1, 13.4, 13.6, 13.7, 13.8
6.SP.A.3	Reconocen que una medida de tendencia central de un conjunto de datos numéricos sirve para resumir todos sus valores con un número único, mientras que una medida de variabilidad usa un número único para describir cómo varían esos valores.	Lecciones 12.6, 13.4, 13.6

Estándares que aprenderás

Lecciones del Libro del estudiante

Resumen y describen distribuciones.		
6.SP.B.4	Representan datos numéricos en diagramas sobre una recta numérica, incluyendo los diagramas de punto, los histogramas y los diagramas de caja.	Lecciones 12.3, 12.4, 12.8, 13.2
6.SP.B.5	Resumen conjuntos de datos numéricos en relación a su contexto, mediante:	
	a. El reporte del número de observaciones.	Lección 12.2
	b. La descripción de la naturaleza del atributo bajo investigación, incluyendo la manera en que se midió y las unidades de medida que se utilizaron.	Lección 12.2
	c. Las medidas cuantitativas de tendencia central (mediana y/o media) y la variabilidad (rango entre cuartiles y/o desviación media absoluta), así como la descripción de cualquier patrón general y las desviaciones notables en ese patrón general, con referencia al contexto en el que se juntaron los datos.	Lecciones 12.5, 12.6, 12.7, 13.1, 13.3, 13.4, 13.8
	d. La relación entre la elección de las medidas de centro y la variabilidad a la forma de la distribución de los datos y el contexto en el que los datos se reunieron.	Lecciones 12.7, 13.5, 13.7

Índice

A

B

C

D

E

F

G

H

I

K

L

M

N

O

P

Q

R

S

T

U

Tabla de medidas

SISTEMA MÉTRICO	SISTEMA USUAL
Longitud	
1 metro (m) = 1,000 milímetros (mm)	1 pie (ft) = 12 pulgadas (in)
1 metro = 100 centímetros (cm)	1 yarda (yd) = 3 pies
1 metro = 10 decímetros (dm)	1 yarda = 36 pulgadas
1 decámetro (dam) = 10 metros	1 milla (mi) = 1,760 yardas
1 hectómetro (hm) = 100 metros	1 milla = 5,280 pies
1 kilómetro (km) = 1,000 metros	
Capacidad	
1 litro (l) = 1,000 mililitros (ml)	1 taza (tz) = 8 onzas fluidas (oz fl)
1 litro = 100 centilitros (cl)	1 pinta (pt) = 2 tazas
1 litro = 10 decilitros (dl)	1 cuarto (ct) = 2 pintas
1 decalitro (dal) = 10 litros	1 cuarto = 4 tazas
1 hectolitro (hl) = 100 litros	1 galón (gal) = 4 cuartos
1 kilolitro (kl) = 1,000 litros	
Masa/Peso	
1 gramo (g) = 1,000 miligramos (mg)	1 libra (lb) = 16 onzas (oz)
1 gramo = 100 centigramos (cg)	1 tonelada (t) = 2,000 libras
1 gramo = 10 decigramos (dg)	
1 decagramo (dag) = 10 gramos	
1 hectogramo (hg) = 100 gramos	
1 kilogramo (kg) = 1,000 gramos	

TIEMPO	
1 minuto (min) = 60 segundos (s)	1 año (a.) = aproximadamente 52 semanas
1 hora (h) = 60 minutos	1 año = 12 meses (mes.)
1 día = 24 horas	1 año = 365 días
1 semana (sem.) = 7 días	1 década = 10 años
	1 siglo = 100 años
	1 milenio = 1,000 años

SIGNOS

$=$	es igual a	10^2	diez al cuadrado
$\neq$	no es igual a	10^3	diez al cubo
$\approx$	es aproximadamente igual a	2^4	2 a la cuarta potencia
$>$	es mayor que	$\lvert {}^{-}4 \rvert$	el valor absoluto de $^{-}4$
$<$	es menor que	%	porcentaje
$\geq$	es mayor o igual que	(2, 3)	par ordenado (x, y)
$\leq$	es menor o igual que	°	grado

FÓRMULAS

Perímetro y circunferencia		Área	
Polígono	P = suma de la longitud de los lados	Rectángulo	$A = la$
Rectángulo	$P = 2l + 2a$	Paralelogramo	$A = bh$
Cuadrado	$P = 4L$	Triángulo	$A = \frac{1}{2}bh$
		Trapecio	$A = \frac{1}{2}(b_1 + b_2)h$
		Cuadrado	$A = L^2$

Volumen		Área total	
Prisma rectangular	$V = lah$ o Bh	Cubo	$At = 6L^2$
Cubo	$V = L^3$		